冶金工业出版社

高职高专"十四五"规划教材

物联网技术基础及应用项目式教程

（微课版）

主　编　刘金亭　刘文晶
副主编　李　川　林麒麟
参　编　李　婷　夏　扬

扫一扫查看全书数字资源　　　扫一扫查看视频1

U0342594

北　京
冶金工业出版社
2023

内 容 提 要

本书分基础篇和提升篇两篇，共包括 6 个项目，主要内容包括：由浅入深全面认知物联网基础知识、基本架构——物联网的三大层次、5G IoT 基础、AIoT——智能物联网基础、5G IoT 面向行业应用案例、物联网虚拟仿真资源平台。本书配有微课视频、习题及电子课件等资料，读者可扫描书中二维码查看、学习。

本书可作为高职院校电子、通信、人工智能、物联网及相关专业的教学用书，也可作为开放大学、成人教育、自学考试、中职学校和有关培训教材，还可供物联网工程技术人员参考。

图书在版编目(CIP)数据

物联网技术基础及应用项目式教程：微课版/刘金亭，刘文晶主编. —北京：冶金工业出版社，2022.8（2023.7 重印）

高职高专"十四五"规划教材

ISBN 978-7-5024-9175-8

Ⅰ.①物…　Ⅱ.①刘…　②刘…　Ⅲ.①物联网—高等职业教育—教材 Ⅳ.①TP393.4　②TP18

中国版本图书馆 CIP 数据核字（2022）第 092201 号

物联网技术基础及应用项目式教程（微课版）

出版发行	冶金工业出版社	电　话	(010)64027926
地　址	北京市东城区嵩祝院北巷 39 号	邮　编	100009
网　址	www. mip1953. com	电子信箱	service@ mip1953. com

责任编辑　王　颖　美术编辑　彭子赫　版式设计　郑小利

责任校对　窦　唯　责任印制　禹　蕊

北京虎彩文化传播有限公司印刷

2022 年 8 月第 1 版，2023 年 7 月第 2 次印刷

787mm×1092mm　1/16；15 印张；361 千字；228 页

定价 49.90 元

投稿电话　（010）64027932　投稿信箱　tougao@cnmip.com.cn

营销中心电话　（010）64044283

冶金工业出版社天猫旗舰店　yjgycbs.tmall.com

（本书如有印装质量问题，本社营销中心负责退换）

前　言

　　随着 5G 物联网技术的逐步成熟，5G 物联网应用由试点、试商用到规模化发展，5G 物联网新技术不断拓展其应用范围和应用领域，催生了垂直行业大量的新业务与新应用，推动行业应用创新发展。因此，5G 物联网产业需要大量的高素质、技能型工程技术应用人才。许多高职院校利用自身优势，开设了物联网应用技术专业，为 5G IoT 新型产业培养社会紧缺的技能型人才。目前市场上的物联网技术参考书大多偏理论，并且缺少全面系统介绍 5G 与物联网相关技术及应用的书籍，为此，编者结合"物联网国家级双高专业群"建设项目成果及企业职业岗位技能需求编写了本书。

　　本书以典型项目案例为主线，通过不同的任务要求，介绍物联网相关基础知识、最新技术及应用案例，侧重基本概念和基本技能的介绍，强化案例教学。全书内容编排由浅入深、具有较强的可读性和前沿性，书中加入大量的图表，便于阅读和理解，同时融入了最新的 5G 和物联网的研究成果及应用案例。本书配有微课视频、习题及电子课件等资料，读者可扫描书中二维码查看、学习。

　　本书分基础篇和提升篇两篇，共包括 6 个项目，项目 1 为由浅入深全面认知物联网基础知识，本项目从四个方面（物联网发展的社会背景、物联网发展的技术背景、物联网的定义和技术特征、物联网与互联网的异同点）详细介绍了物联网的基础知识。项目 2 为基本架构——物联网的三大层次，本项目围绕物联网的三层架构系统地介绍了感知层、网络层、应用层的概念及特征，详细介绍了感知层的关键技术：RFID 与自动识别技术、传感器技术与无线传感器网络、智能感知设备与嵌入式技术，详细介绍了计算机网络技术与移动通信技术，详细介绍了云计算技术与大数据技术。项目 3 为 5G IoT 基础，本项目围绕 5G IoT 的基本概念、5G IoT 系统架构、5G IoT 平台关键技术、5G IoT 网络关键技术及 5G IoT 终端技术全面介绍了 5G IoT 的相关基础知识及关键应用技术。项目 4 为 AIoT——智能物联网基础，本项目围绕 AIoT 的基本概念、A IoT 与物联网的关系、AIoT 关键技术及应用、AIoT 芯片及 AIoT 的应用场景等全面介绍了 AIoT 的基础知识及关键技术应用。项目 5 为 5G IoT 面向行业应用案例，本项目主要围绕 5G IoT 在不同行业中的应用进行展开，包括工业数据采集、智慧物流、智慧城市建设及智慧医疗。项目 6 为物联网虚拟仿真资源平台，本项目主要介绍了虚拟仿真的概念及特征分析、物联网虚拟仿真平台、虚拟仿真平台操作等内容。

本书内容涉及的研究得到了 2021 年度重庆开放大学（重庆工商职业学院）校级教育教学改革研究项目年度教学改革项目 "'1+X' 背景下'双育人、三对接、四驱动'高职物联网专业创新人才培养模式研究与实践"（GZND2113007）、2021 年度重庆市高等职业教育教学改革研究重大项目 "物联网应用技术专业群智能网联领域实训教学改革探索与实践"（Z211016）、2021 年度重庆开放大学（重庆工商职业学院）校级教育教学改革研究项目年度教学改革项目 "高职院校智能网联方向'教赛学'一体化教学范式改革研究与实践"（GZND2113008）等教学研究项目的支持，还得到了 2021 年重庆工商职业学院教师教学创新团队 "物联网应用技术智能网联虚拟仿真"（GZZX2124022）项目的支持，在此一并感谢。

本书由重庆开放大学（重庆工商职业学院）刘金亭、刘文晶担任主编，李川、林麒麟担任副主编，李婷、夏扬参编。其中项目 1、项目 2 由刘金亭编写，项目 3 由刘文晶编写，项目 4 由刘文晶、李川共同编写，项目 5 由刘金亭、林麒麟共同编写，项目 6 由刘金亭、李婷、夏扬共同编写。全书由刘金亭统编和定稿。本书在编写过程中，得到了重庆大学微电子与通信工程学院博士生导师李明玉教授的指导，还参考了有关学者的文献资料，在此一并表示真诚的感谢。

由于编者水平所限，书中难免存在疏漏和不妥之处，敬请广大读者批评指正。

编　者

2022 年 2 月

目 录

基 础 篇

提 升 篇

基础篇

项目 1 由浅入深全面认知物联网基础知识

项目思维导图

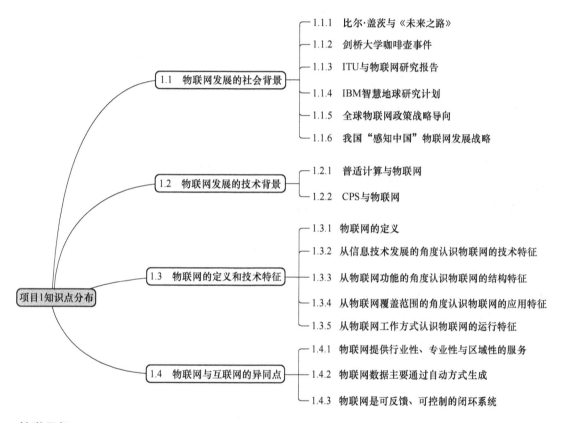

教学目标

* **知识目标**
(1) 了解物联网发展的社会背景与技术背景。
(2) 掌握物联网的定义与技术特征。
(3) 理解物联网的结构特点。
(4) 理解物联网与互联网的区别和联系。
(5) 了解物联网的关键技术与产业发展趋势。

* **技能目标**
(1) 能够分析智慧地球、物联网、互联网与云计算的关系。
(2) 能够阐述"感知中国"物联网发展战略中的重要事件和影响。
(3) 能够分析普适计算与物联网的关系。

（4）能够分析 CPS 与物联网的关系。

（5）能够从不同的技术角度分析和理解物联网。

∗思政目标

（1）具备航天精神与创新意识。

（2）具备大国工匠精神。

（3）具备实事求是精神。

（4）具备职业道德与操守。

扫一扫查看视频 2

1.1　物联网发展的社会背景

在讨论物联网发展的社会背景时，人们一般会联想到下面几件事：比尔·盖茨与《未来之路》、剑桥大学咖啡壶事件、国际电信联盟（ITU）与研究报告《The Internet of Things》以及 IBM 智慧地球研究计划。

1.1.1　比尔·盖茨与《未来之路》

1995 年，比尔·盖茨出版了《未来之路》一书。他在前言里写道："我写这本书的目的就是要向世人介绍未来的互联网时代将会发生哪些变化。"他希望通过这本书，描述他对未来互联网憧憬，同时希望起到"促进理解、思考"的作用。

《未来之路》的第十章"不出户，知天下"提出了"人–机–物"融合的设想。比尔·盖茨用两句话来描述他在西雅图华盛顿湖畔的住所，他说"我的房子用木材、玻璃、水泥、石头建成"，同时"我的房子也是用芯片和软件建成的"。读到这段文字时，我们不能不联想到当前讨论的智能家居的应用场景。图 1-1 是比尔·盖茨在西雅图华盛顿湖畔住所的照片。

图 1-1　比尔·盖茨在西雅图华盛顿湖畔住所的照片

书中还介绍了一种嵌入式智能硬件设备——电子别针。当你进入住所时，第一件事是戴上一个电子别针，这个电子别针会把你与房子里面的各种电子设备与服务"连接"起来。借助电子别针中的传感器，嵌入在房子中的智能管理系统就可以知道你是谁、你在哪里、你要到哪里去。"房子"将通过分析获取到的信息来尽量满足甚至预见你的需求。当你沿着大厅行走时，前面的灯光会逐渐变亮，而后面的灯光逐渐消失；音乐会随着你一起移动，而其他人却听不到声音；你关心的新闻与电影将跟着你在房子里移动；如果有一个需要你接的电话，只有离你最近的电话机才会响；手持遥控器能够扩大电子别针的控制能力，你可以通过遥控器发出指令，或者从数千张图片、录音、电影、电视节目中选择你所需要的信息。

比尔·盖茨在描述自己住所的未来发展前景时说："微处理器芯片和存储器以及控制它们运行的软件，这些都会在最近几年里随着信息高速公路进入数百万个家庭。""我要用的技术在现在是试验性的，但过一段时间我正在做的部分事情会被广为接受。"

现在读这些话，我们会发现这与物联网中讨论的"物理世界与信息世界的融合""人-机-物融合""智能家居"设计的思路是如此吻合，我们对物联网、智慧地球与智能家居的设想，不可能不受到比尔·盖茨前瞻性预见的启发。

同时，在回顾第一台个人计算机的编程语言 BASIC 和微软公司成功的时候，比尔·盖茨不无感慨地说："这种成功不会有一个简单的答案，但运气是一个因素，然而我想最重要的因素还是我们最初的远见。"借用比尔·盖茨的这句话，我们想说：当物联网时代来临的时候，对于每一个胸怀梦想的人而言，"运气"已经给了大家，重要的是谁能够有"远见"，像比尔·盖茨当年抓住个人计算机操作系统与应用软件的机遇那样，在物联网领域捷足先登，占据天时地利，朝着通往未来之路的正确方向前进。

1.1.2 剑桥大学咖啡壶事件

"特洛伊"咖啡壶事件发生在 1991 年。剑桥大学特洛伊计算机实验室的科学家们在工作时，要下两层楼梯到楼下看咖啡煮好了没有，但常常空手而归，这让工作人员觉得很烦恼。

为了解决这个麻烦，特洛伊计算机实验室的科学家们编写了一套程序，并在咖啡壶旁边安装了一个便携式摄像机，镜头对准咖啡壶，利用计算机图像捕捉技术，以 3 帧/s 的速率传递到实验室的计算机上，以方便工作人员随时查看咖啡是否煮好，省去了上上下下的麻烦。这样，他们就可以随时了解咖啡煮沸情况，咖啡煮好之后再下去拿。图 1-2 为剑桥大学咖啡壶事件卡通形象图。

1993 年，这套简单的本地"咖啡观测"系统又经过其他同事的更新，更是以 1 帧/s 的速率通过实验室网站链接到了互联网上。没想到的是，仅仅为了窥探"咖啡煮好了没有"，全世界互联网用户蜂拥而至，近 240 万人点击过这个名噪一时的"咖啡壶"网站。就网络数字摄像机而言，确切地说：其市场开发、技术应用以及日后的种种网络扩展都是源于这个世界上最负盛名的"特洛伊咖啡壶"。

此外，还有数以万计的电子邮件涌入剑桥大学旅游办公室，希望能有机会亲眼看看这个神奇的咖啡壶。具有戏剧效果的是，这只被全世界偷窥的咖啡壶因为网络而闻名，最终也通过网络找到了归宿，最后关于这只咖啡壶的新闻是：数字世界最著名的咖啡壶日前在 eBay 拍卖网站以 7300 美元的价格卖出，时间大约在 2001 年 8 月。一个不经意的发明，居然在全世界引起了如此大的轰动。

至于是谁最先想到这个发明的，剑桥大学的科学家们显然不愿意归功于个人。高登是

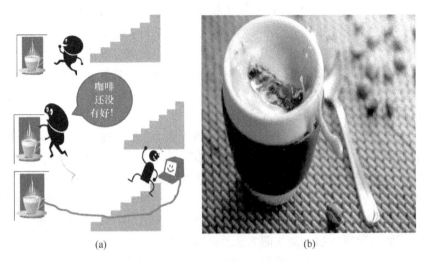

(a)　　　　　　　　　　　　　　(b)

图 1-2　剑桥大学咖啡壶事件卡通形象图

（a）卡通形象图；（b）安装便携式摄像机的咖啡壶

1991 年参与建立这个系统的成员之一，他说："没有人确定到底是谁的主意。我们一致认为这是个好想法，于是就把它编到我们的内部系统里去了。"

1.1.3　ITU 与物联网研究报告

在讨论物联网概念形成的过程时，我们一定会提到国际电信联盟（ITU）的互联网研究报告。

国际电信联盟（ITU）是电信行业最有影响的国际组织。20 世纪 90 年代，当互联网应用进入快速发展阶段时，ITU 的研究人员就前瞻性地认识到：互联网的广泛应用必将影响电信业今后发展的方向。于是，他们将互联网应用对电信业发展的影响作为一个重要的课题开展研究，并从 1997~2005 年发表了七份 "ITU Internet Reports" 系列研究报告，见表 1-1。

表 1-1　ITU 提出物联网概念的过程

研究报告日期	研究报告名称	研究报告主要内容
1997 年	《Challenges to the Network：Telecoms and the Internet》（网络挑战：电信和网络	互联网的发展对电信业的挑战
1999 年	《Internet for Development》（互联网发展）	互联网应用对于未来社会发展的影响
2001 年	《IP Telephony》（IP 电话）	IP 电话的技术标准、服务质量、带宽、编码与网络结构等问题
2002 年	《Internet for a Mobile Generation》（移动互联网时代）	移动互联网发展的背景、技术与市场需求以及手机上网与移动互联网服务
2003 年	《Birth of Broadband》（宽带的诞生）	宽带技术发展的过程以及宽带技术对全世界电信业发展的影响

续表 1-1

研究报告日期	研究报告名称	研究报告主要内容
2004 年	《The Portable Internet》（便携式互联网）	主要讨论了应用于移动互联网的高速无线上网便携式设备的市场潜力、商业模式、发展战略与市场监管等问题
2005 年	《The Internet of Things》（物联网）	描述了世界上的万事万物，只要嵌入一个微型的 RFID 芯片或传感器芯片，通过互联网就能够实现物与物之间的信息交互，从而形成一个无所不在的"物联网"

综上所述，从这七份研究报告讨论的主题与内容中可以得出两点结论：

第 1，ITU 从互联网发展对电信业影响的角度开展了对互联网发展趋势的研究，总结出计算机网络正在从互联网、移动互联网向物联网方向发展的趋势。

第 2，ITU 在跟踪互联网、移动互联网发展的过程中，逐步认识到物联网发展的必然性，并前瞻性地提出物联网的概念、技术特征，系统地研究了物联网的技术发展趋势及其对未来社会发展的影响。

因此，我们在讨论物联网发展的社会背景和出现的必然性时，不能不提到 ITU 关于互联网的系列研究报告。

1.1.4　IBM 智慧地球研究计划

回顾历史，每一次经济危机都会催生一些新的技术与行业，引领和支撑经济的复苏，带动世界经济进入新的上升期。在讨论如何破解 21 世纪初出现的世界范围内的金融危机与欧债危机时，人们不能不联想到 IBM 公司的"智慧地球"研究计划。图 1-3 为 IBM 公司大楼。

扫一扫
查看视频 3

图 1-3　IBM 公司大楼

1.1.4.1　"智慧地球"研究计划提出的背景

20 世纪 90 年代，克林顿政府提出的"信息高速公路"发展战略使美国经济走上了长达 10 年的繁荣。21 世纪初的金融危机出现之后，奥巴马政府希望通过信息技术对经济的拉动作用和"智慧地球"发展战略，来寻找美国经济新的增长点。2009 年 1 月，奥巴马就任美国总统后，与美国工商业领袖举行了一次"圆桌会议"。当时 IBM 公司首席执行官彭明盛首次提出"智慧地球"的概念，建议政府投资新一代的智慧型基础设施。奥巴马对此发表的意见是："经济刺激资金将会投入到宽带网络等新兴技术中去，毫无疑问，这就是美国在 21 世纪保持和夺回竞争优势的方式。"奥巴马政府的积极回应，使得"智慧地球"的战略构想上升为美国的国家级发展战略，随后出台了《经济复苏和再投资法》与总额为 7870 亿美元的经费，推动国家战略的落实。

1.1.4.2　"智慧地球"研究计划的主要内容

IBM 公司提出了"智慧地球＝互联网＋物联网"的概念，描述将大量的传感器嵌入和装备到电网、铁路、桥梁、隧道、公路、建筑、供水系统、大坝、油气管道等各种物体中，并通过超级计算机和云计算组成物联网，实现"人-机-物"的深度融合。图 1-4 为 IBM 智慧地球 Logo。

图 1-4　IBM 智慧地球 Logo

"智慧地球"研究计划试图通过在基础设施和制造业中大量嵌入传感器，捕捉运行过程中的各种信息，然后通过无线网络接入互联网，再通过计算机分析、处理和发出指令，反馈给控制器，远程执行指令。控制的对象小到一个电源开关、一个可编程控制器、一个机器人，大到一个地区的智能交通系统，甚至是国家级的智能电网。通过"智慧地球"技术的实施，人类可以用更加精细和动态的方式管理生产与生活，提高资源利用率和生产能力，改善环境，促进社会的可持续发展。

IBM 提出，要在六大领域开展智慧行动的方案，这六大领域如图 1-5 所示。

图 1-5　"智慧地球"研究领域

1.1.4.3 "智慧地球"研究目标

"智慧地球"不是简单地实现"鼠标"+"水泥"的数字化与信息化，而是需要进行更高层次的整合，实行"透彻地感知、广泛地互通互联、智慧地处理"，提高信息交互的正确性、灵活性、效率与响应速度，实现"人–机–物"与信息基础设施的完美结合。利用网络的信息传输能力，以及超级计算机、云计算的数据存储、处理与控制的能力，实现信息世界与物理世界的融合，达到"智慧"的状态，如图 1-6 所示。

1.1.4.4 智慧地球、物联网、互联网与云计算的关系

IBM 的学者认为：云计算作为一种新兴的计算模式，可以使物联网中海量数据的实时动态管理与智能分析变为可能，可以促进物联网与互联网的智慧融合，从而构成智慧地球。这种深层次的融合需要依靠高效、动态、可扩展的计算资源与计算能力的支持，而云计算模式能够适应这种需求。云计算的服务交付模式可以实现新的商业模式的快速创新，促进物联网与互联网融合。按照这个观点，智慧地球、物联网、互联网与云计算的关系可以用图 1-7 表示。

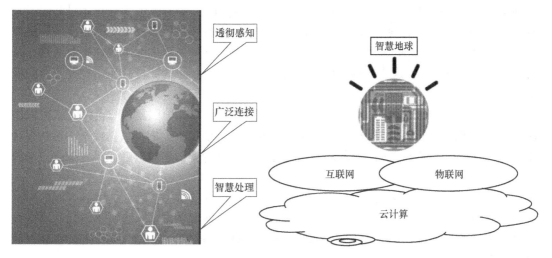

图 1-6 "智慧地球"的研究目标　　　　图 1-7 智慧地球、物联网、互联网与云计算的关系

1.1.5 全球物联网政策战略导向

在经济全球化的背景下，生产的国际化加快了商品生产在全球的布局，传统产业的升级改造和转型要求工业与信息的快速融合。为寻找新的产业和新的发展机会，全球主要国家和地区都提出了以物联网为核心的发展战略。

在当前趋势下，全球一致认为，加快发展物联网产业，不仅是国家和地区提升信息产业综合竞争力、培育经济新增长点的重要途径，也是促进产业结构优化调整、提升城市管理水平的重要举措。

扫一扫
查看视频 4

1.1.5.1　美国的物联网设想

美国非常重视物联网的战略地位，美国国防高级研究计划局（Defense Advanced Research Projects Agency，DARPA）早在 2001 年就设立了可面向军事应用的传感网技术研究项目。加州大学伯克利分校 2001 年完成研究后，首次提出了"智能微尘"（Smart Dust）的概念。

2005 年 8 月，美国 NSF 提出了全球网络调研环境计划（Global Environment for Network Investigations，GENI），致力于建立一个分布式的网络创新环境，扩展新一代网络研究，实现普适计算，分布式的网络创新环境具备可操作性、易用性和安全性，支持新型服务及应用。

2008 年，美国国家情报委员会（National Intelligence Council，NIC）发表的《2025 对美国利益潜在影响的关键技术报告》中，物联网被列为 6 种关键技术之一。

2008 年 11 月，IBM 公司总裁彭明盛在纽约对外关系理事会上发表题为《智慧的地球：下一代领导人议程》的讲话，正式提出"智慧的地球"（Smart Planet）设想；该设想建议新政府投资新一代的智慧型基础设施，并阐明其短期和长期效益。

2009 年 1 月，美国智库机构信息技术与创新基金会和 IBM 公司一起向政府提交了"The Digital Road to Recover：A Stimulus Plan to Great Jobs，Boost Productivity and Revitalize America"，该提议得到了政府的积极回应。政府把宽带网络等新兴技术定位为振兴经济和确立美国全球竞争优势地位的关键性战略，其中，物联网的发展主要集中在智能电网、智能医疗和宽带网络三大领域，美国将物联网发展的重心落在了物联网技术研发和产业的应用上。

2009 年 2 月 17 日，美国总统奥巴马签署生效的《2009 年美国复苏与再投资法案》中提出，要在智能电网、卫生医疗信息技术应用和教育信息技术上进行大量投资，这些投资建设与物联网技术直接相关。物联网与新能源一起，成为美国摆脱金融危机并振兴经济的两大核心武器。

2014 年，GE、AT&T、Intel、Cisco、IBM 5 家公司发起成立了工业互联网联盟（Industrial Internet Consortium，IIC），以集合整个工业互联网的生态链，合力推动物联网产业发展，2015 年该联盟宣布投入 1.6 亿美元推动智慧城市计划，将物联网应用试验平台的建设作为首要任务。

2016 年 6 月 16 日，美国陆军发布了《2016—2045 年新兴科技趋势——领先预测综合报告》，该报告在美国政府机构、咨询机构、智囊团、科研机构等发表的 32 份科技趋势相关研究调查报告的基础上提炼而成，确定了 20 项最值得关注的科技发展领域，包括物联网、机器人与自动化系统、智能手机与云端计算、智能城市、量子计算、混合现实、数据分析、人类增强、网络安全、社交网络、先进数码设备、先进材料、太空科技、合成生物科技、增材制造、医学、能源、新型武器、食物与淡水科技、对抗全球气候变化。

当然，随着物联网技术的不断发展，相关技术领域之间也渐渐存在交叉，如苹果公司与飞利浦（Philips）公司合作推出的 Home Kit 灯光控制服务产品，实现了两家公司品牌产品之间的互操作和协同，形成了典型的终端与平台融合的物联网应用系统。

表 1-2 列出了美国典型企业的物联网战略布局情况，可以据此简要了解典型企业的物联网服务领域和战略发展方向。

表 1-2 美国典型企业的物联网战略布局

企业名称	成立时间	市值/亿美元	物联网产品领域	备注
思科（Cisco）	1984 年	2458	物联网平台、无线技术、信息安全	思科是互联网与物联网解决方案的全球领导者，拥有全球领先的物联网平台 Jasper
微软（Microsoft）	1975 年	10500	物联网操作系统、数据处理、物联网平台	2017 年，微软推出了开放、可扩展的物联网软件即服务（Microsoft IoT Central）平台，该平台便于支撑第三方开发，快速生成新物联网应用程序
亚马逊（Amazon）	1995 年	9444	物联网操作系统、云计算、物联网平台	推出 AWS 云计算平台，面向物联网领域时，能够提供稳定、具有扩充弹性的云服务，布局和发展人工智能，将机器学习引入 AWS 数据中心
英特尔（Intel）	1968 年	2113	物联网芯片、物联网平台、云计算、计算机视觉	作为全球最大的芯片公司，英特尔在芯片需求旺盛的物联网领域表现抢眼，主要发展方向包括研制适合物联网应用的芯片、引领边缘负载整合、实现基于人工智能的计算机视觉
甲骨文（Oracle）	1977 年	1948	云服务、物联网平台	据统计，甲骨文公司在云端 SaaS 的收入全球最高，其推出的 Oracle Io 应用程序支持工业级物联网云服务，提供了内嵌 AI 并可用于安全或机器维护等工业物联网解决方案
通用电气（GE）	1892 年	927	物联网平台	GE 公司推出了 HPE 物联网平台，可管理和连接多组异类的 IoT 设备，并支持对分布于全球各地的 M2M 设备执行垂直应用操作等
苹果（Apple）	1976 年	9177	智能家居、智能穿戴	苹果公司推出了智能家居 Home Kit 套件，以 Siri 语音助手作为交互接口，同时推出了 Apple Watch，作为智能穿戴服务的承载主体

1.1.5.2 欧洲的"物联网行动"计划

欧盟早在 2006 年就成立了"欧洲 RFID 研究项目组"（Cluster of European RFID Projects），专门进行 RFID 技术研究。2008 年 10 月，欧盟将该研究项目组更新为欧洲 RFID 项目组物联网小组（CERP-IoT），其工作主要是促进 RFID 和物联网的研究项目之间的沟通、协调和合作等，目标是推广、共享和宣传有关 RFID 及物联网的研究项目的相关研究成果，促进 RFID 和物联网相关产业及应用在欧洲范围内的发展。在此基础上，其发布了《2020 年的物联网——未来路线》。

2009 年，CERP-IoT 在欧盟委员会的资助下制定了《物联网战略研究路线图》《RFID 与物联网模型》等意见书。2009 年 6 月，欧盟制订了《物联网——欧洲行动计划》，该计划涵盖了行政管理、安全保护、隐私控制、基础设施建设、标准制定、技术研发、产业合作、项目落实、通报制度、国际合作等重要内容。该计划已被视为重振欧洲的战略组成部分，也是被欧洲视作世界范围内第一个系统提出物联网发展和管理的计划，其目标是确保欧洲在构建物联网的过程中起主导作用。

2011 年，在汉诺威工业博览会上，德国提出了工业 4.0（Industrie 4.0）计划。2012 年，德国政府出面，联合主要企业，成立了"工业 4.0 工作组"，将工业 4.0 上升为"德国 2020"战略项目，德国政府投资 2 亿欧元支持工业 4.0 发展。

2015 年，欧盟成立物联网创新联盟（Alliance for Internet of Things Innovation, AIOTI），旨在推进参与联盟企业之间的密切合作，以组建充满活力的欧洲物联网生态系统。物联网创新联盟的成员包括 Bosch、Philips、Sigfox 等欧洲大型企业，以及更多的中小企业、新创企业和垂直应用企业。AIOTI 设立了"四横七纵"体系架构，包括 4 个横向工作组（物联网欧洲研发群、创新生态体系、物联网标准化、政策议题）和 7 个垂直行业工作组（智能生活、智慧农业及食品安全、可穿戴设备、智慧城市、智能交通、智能环境、智能制造），如图 1-8 所示。

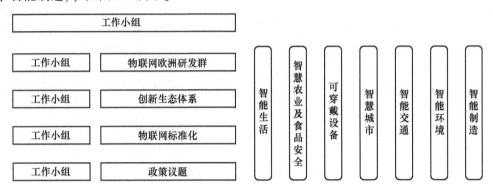

图 1-8　AIOT 设立的"四横七纵"体系架构

1.1.5.3　日本的"超智能社会"战略

2000 年，日本政府首先提出了"IT 基本法"，其后隶属于日本首相官邸的 IT 战略本部提出了"e-Japan 战略"，希望能推进日本整体 ICT 的基础建设。2004 年 5 月，日本总务省向日本经济财政咨询会议正式提出了以发展泛在网络社会为目标的 U-Japan 构想，此构想于 2004 年 5 月，日本总务省向日本经济财政咨询会议正式提出了以发展泛在网络社会为目标的 U-Japan 构想，此构想于 2004 年 6 月 4 日被日本内阁通过。

日本的 U-Japan 构想首先提出了"泛在"网络理念，以人为本，实现人与人、物与物、人与物之间的连接，即所谓的 4U（Ubiquitous 无处不在，Universal 普及，User-oriented 用户导向，Unique 独特）。U-Japan 计划以基础设施建设和信息技术应用为核心，重点工作在以下 4 个方面展开。

（1）泛在网络社会的基础建设，希望实现从有线到无线、从网络到终端，包括认证、数据交换在内的无缝连接泛在网络环境，100% 的国民可以利用高速或超高速网络；

（2）推进电子政府的便利性、地方公共团体的业务标准化，通过一站式服务、业务系统的最优化、行政审批的电子化、数据标准化，促进共同外包业务、统一业务系统框架，进一步提高利用者对电子政府的满意度；

（3）ICT 的广泛应用，希望通过 ICT 的有效应用，促进社会系统的改革，解决老年化社会的医疗福利、环境能源、防灾治安、教育人才、劳动就业等一系列社会问题；

（4）泛在社会网络基础建设和 ICT 应用的安全，强化公共网络基础设施、政府平台和数据、企业运营数据和个人隐私数据的安全。

物联网包含在泛在网络的概念之中，并服务于 U-Japan 及后续的信息化战略。2009 年 8 月，日本将 U-Japan 升级为"I-Japan"战略，提出"智慧泛在"构想，将传感网列为其国家重点战略之一，致力于构建一个个性化的物联网智能服务体系，充分调动日本电子信息企业的积极性，确保日本在信息时代的国家竞争力始终位于全球第一阵营。同时，日本政府希望通过物联网技术的产业化应用，减轻人口老龄化所带来的医疗、养老等社会负担，并由此实现积极自主的创新，催生出新的活力，改革整个经济社会。

2015 年 10 月，日本经产省和总务省协调组织成立了物联网推进联盟，该机构主要解决物联网技术开发、解决方案和相关产业政策等问题。在物联网推进联盟下共有 4 个工作组（Working Group，WG），分别是技术开发 WG、先进实证事业推进 WG、物联网安全 WG 及促进数据流通 WG。

2016 年 1 月，日本政府颁布了第 5 期《科学技术基本计划》（日本 5 年规划），首次提出建立高度融合的网络空间和物理空间，并提供以个性化产品和服务为核心的"超智能社会"战略，其中包括推进"IoT 服务创建支持工程"。"超智能社会"是指将各种"物"经由网络连接成系统，通过收集分析数据促进各系统跨领域应用，从而创造出新价值和新服务的社会形态。

"超智能社会"着眼于按所需之量将物品和服务提供给所需之人，能够超越年龄、地区、性别、语言、职业等差异，满足人与社会的各种个性化需求，使每个人都能享受到高质量的服务。因此，为所有人提供个性化服务是"超智能社会"的核心所在。日本"超智能社会"建设的重点领域见表 1-3。

表 1-3 日本"超智能社会"建设的重点领域

领域	服务	内容概括
健康、医疗服务	新型健康、医疗、护理系统	建立整合并覆盖患者所有体检、就诊信息和物联网设备使用信息的"国家保健医疗信息网络"，医患双方均可在获得授权许可后自由浏览相关信息；建设"保健医疗数据平台"，将健康、医疗、护理等大数据与个人信息结合起来进行分析，便于医学研究者、保险业者等进行科学研究时使用
	医疗救助领域	针对糖尿病等与日常生活习惯紧密相关的病症提供早期疾病预防服务，远程监测患者血压、血糖等体征，将远程医疗与面诊相结合，基于图像辅助判读、药品开发、辅助手术、染色体筛查、辅助诊治和医疗护理被确定为未来医疗领域广泛应用的六大方向
自动驾驶与无人机交通运输工具	无人驾驶	2017 年 5 月 30 日，日本发布《官民智能交通系统构想路线图》，从官方角度确立了推进无人驾驶相关核心技术的国家发展战略，战略指出应整合研究机构，改进相关制度和基础设施环境建设，制定开发计划，简化行政审批手续，鼓励发展无人交通工具和自动驾驶辅助装置。至 2020 年国内生产的车辆将全部安装自动制动装置、20% 的车辆将配备安全驾驶辅助系统，2030 年将基本普及安全驾驶辅助系统
	小型无人机物流载具	在福岛县试验场进行无人机视距外自主飞行试验和冲突回避等技术的演示检验工作，基于航空法修改无人机准入、飞行许可审查流程，并加快制定无人机飞行国际标准，争取 2020 年正式达成利用无人机在人口密度较高的城市内运送货物的目标
	无人船物流载具	在无人船方面，2023 年前完成有关船内设备信息数据传输国际标准的制定工作，到 2025 年基本实现无人船的实用化，应用最先进数据传输技术的新式无人船投入运营

领域	服务	内容概括
基础设施与海上运输信息化	"智能建筑"管理系统	建设以高规格干线公路和各级新干线铁路为中心的高速交通网络，根据政产学一体的智能建筑推进财团计划委员会于 2016 年底确立的路线图，2019 年底将除桥梁、隧道和水库外的所有基础设施工程纳入基于信息通信技术的"智能建筑"管理系统，并实现全部基础设施信息数据开放
	智能航运	针对稳居世界第二位的造船业，根据修订后的《海上运输法》，把信息通信技术引入船舶的开发、制造到运营、维护的全生命周期中，发展提升日本航海业竞争力的"智能航运"战略，争取在 2025 年将日本在世界造船业中的市场份额由 20% 提高到 30%
智能供应链	联结性产业社会	利用物联网等设备和卓越的"技术力量"、高"现场力"，实现人与机械的系统性协作和生产者与消费者的互通互联，产生和创造新价值或者附加值，解决社会问题。同时，通过分析商品从接受订单到设计、生产、物流、销售、消费乃至保养的全生命周期的数据，为消费者量身打造商品和服务

1.1.5.4　韩国的"U-Korea"战略

2004 年，韩国提出为期十年的"U-Korea"战略，设立了以总统为首的国家信息化指挥、决策和监督机构信息化战略会议，以及由总理负责的信息化促进委员会，目标是在全球最优的泛在基础设施上，将韩国建设成全球第一个泛在社会。

2009 年 10 月 13 日，韩国通信委员会（Korea Commnications Comision，KCC）通过了《物联网基础设施构建基本规划》，将物联网市场确定为新增长动力，确定了"通过构建世界最先进的物联网基础设施，打造未来广播通信融合领域超流 ICT 强国"的发展目标。为实现这一目标，韩国确定了构建基础设施、应用、技术研发、营造可扩散环境四大领域共 12 项课题。其中，较为典型的物联网应用是配合"U-Korea"推出的"U-Home"项目，作为韩国信息通信发展计划的八大创新服务之一，其最终目的是让韩国民众能够通过有线或无线的方式控制家电设备，并能在家享受高品质的双向、互动的多媒体服务，如远程教学、健康医疗、视频点播、居家购物、家庭银行等。近年来，韩国新建的民宅基本上具有了"U-Home"功能。

2011 年 3 月，韩国知识经济部在经济政策调整会议上发布了"RFID 推广战略"。在制药、酒类、时装、汽车、家电、物流、食品七大领域扩大 RFID 的使用范围，分别推行符合各领域自身特点的相应项目。其中，在制药和酒类两大领域，将推行 RFID 标签，而在食品领域，将推行 RFID 示范项目，以增强食品流通记录的透明度。韩国计划研发在 900Hz 和 13.56MHz 带宽上均可使用的双读写芯片，并推广拥有双读写芯片的经济型手机 USIM 卡。同时，2015 年在流动人口密集地区规划 50 个智能 RFID 区，使人群在此类区域里可以利用装有 RFID 读写器的手机享受定位查询、信息检测、购物结算、演出票购买、观看视频等服务。

2013 年 10 月，韩国政府发布了 ICT 研究与开发计划"ICT WAVE"目标是未来 5 年投入 8.5 万亿韩元（约 80 亿美元），在内容、平台、网络、设备和安全五大领域发展十大 ICT 关键技术和 15 项关键服务，其中物联网平台被列入十大关键技术之一。

2014 年 5 月，韩国发布《物联网基本规划》。在规划中，韩国政府提出成为"超联数字革命领先国家"的战略远景，计划提升相关软件、设备、零件、传感器等的技术竞争力，并培育一批能主导服务及产品创新的中小及中坚企业；同时，通过物联网产品及服务的开发，打造安全、活跃的物联网发展平台，并推进政府内部及官民合作等，最终力争使韩国在物联网服务开发及运用领域成为全球领先的国家。《物联网基本规划》首先提出了至 2020 年的具体战略目标，包括扩大市场规模、扩大中坚企业和中小企业的数量及增加雇佣人数，提高物联网技术的应用效率等。《物联网基本规划》提出了促进产业生态界内部参与者之间的合作、推进开放创新、开发及扩大服务、实施企业支援等四大推进战略，并细化了涉及三大领域的 12 个具体战略实施课题，见表 1-4。

表 1-4 韩国《物联网基本规划》三大领域的 12 个具体战略实施课题

三大领域	12 个具体战略实施课题
开拓及扩大创意型物联网服务市场	开发有前景的物联网平台，扩大服务
	开发融合型 ICBM（物联网-IoT、云-Cloud、大数据-Big Data、移动-Mobile）新服务
	开发以使用者为主的创意服务
培育全球物联网专门企业	推进构建开放型全球伙伴关系
	培育智能设备产业
	培育智能传感器产业
	支援传统产业和软件新产业共同发展
	提供企业成长全周期综合支援
构建安全活跃的物联网发展基础设施环境	强化信息保护基础设施
	扩大有线及无线基础设施
	技术开发、标准化及人员培养
	构建开放、健康的产业环境

1.1.5.5 新加坡的"智慧国"计划

2006 年 6 月，新加坡资讯通信发展管理局启动了第 6 个信息化产业十年计划——"智慧国 2015（IN2015）"，"智慧国"计划工作职能规划如图 1-9 所示。计划提出创新、整合和国际化三大原则，希望将新加坡建设成一个以信息通信为驱动的智慧化国度。随着不断创新发展，目前，新加坡信息技术发展和应用已经处于世界领先地位。

在埃森哲咨询公司 2014 年的一份研究报告中，在"电子政务"方面，新加坡排名世界第一；在世界经济论坛发布的《2014 全球信息技术报告》中的"最佳互联国家"评估中，新加坡排名第二（韩国排名第一）。2014 年，新加坡公布了"智慧国家 2025"十年计划，"智慧国家 2025"从连接、收集、理解 3 个核心出发，实现智慧国战略。

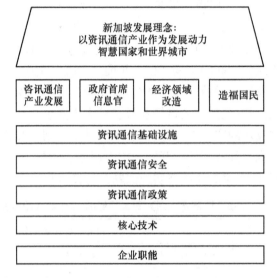

图 1-9　"智慧国"计划工作职能规划

1.1.6　我国"感知中国"物联网发展战略

扫一扫
查看视频 5

在物联网发展模式上，我国采用了以物联网基地作为产业源头，以源头带动区域物联网产业发展的模式。

2009 年 8 月，国务院总理温家宝在无锡考察传感网产业发展做出以下指示：

（1）把传感系统和中国 3G 中的 TD 技术结合起来；

（2）在国家重大科技专项中，加快推进传感网发展；

（3）要积极创造条件，在无锡建立中国的传感网中心（即"感知中国"中心），发展物联网。

2009 年 11 月，时任总理温家宝在人民大会堂向科技界发表了题为《让科技引领中国可持续发展》的讲话，其中提到要着力突破传感网、物联网的关键技术，及早部署后 IP 时代相关技术研发，使信息网络产业成为推动产业升级、迈向信息社会的"发动机"。

2009～2020 年，物联网应用从闭环、碎片化走向开放、规模化，智慧城市、工业物联网、车联网等率先突破。中国物联网行业规模不断提升，行业规模保持高速增长，江苏、浙江、广东三省行业规模均超千亿元。

截止到 2019 年，我国物联网市场规模已发展到 1.5 万亿元。未来巨大的市场需求将为物联网带来难得的发展机遇和广阔的发展空间。

近年来，我国政府出台各类政策大力发展物联网行业，不少地方政府也出台物联网专项规划、行动方案和发展意见，从土地使用、基础设施配套、税收优惠、核心技术和应用领域等多个方面为物联网产业的发展提供政策支持。在工业自动控制、环境保护、医疗卫生、公共安全等领域开展了一系列应用试点和示范，并取得了初步进展。

目前我国物联网行业规模已达万亿元，中国物联网行业规模超预期增长，网络建设和应用推广成效突出。在网络强国、新基建等国家战略的推动下，中国加快推动 IPv6、NB-

IoT、5G 等网络建设，消费物联网和产业物联网逐步开始规模化应用，5G、车联网等领域发展取得突破。

1.1.6.1 利好政策推动我国物联网高速发展

自 2013 年《物联网发展专项行动计划》印发以来，国家鼓励应用物联网技术来促进生产生活和社会管理方式向智能化、精细化、网络化方向转变，对于提高国民经济和社会生活信息化水平，提升社会管理和公共服务水平，带动相关学科发展和技术创新能力增强，推动产业结构调整和发展方式转变具有重要意义。

以数字化、网络化、智能化为本质特征的第四次工业革命正在兴起。物联网作为新一代信息技术与制造业深度融合的产物，通过对人、机、物的全面互联，构建起全要素、全产业链、全价值链全面连接的新型生产制造和服务体系，是数字化转型的实现途径，是实现新旧动能转换的关键力量。表 1-5 为截至 2020 年我国物联网相关政策和规划汇总。

表 1-5　截至 2020 年我国物联网相关主要政策和规划汇总

时间	发布部门	政策名称	政策内容摘要
2020 年 7 月	工业互联网专项工作组	《工业互联网专项工作组 2020 年工作计划》	工业和信息化部提出了提升基础设施能力、加强统筹推进、推动政策落地等 10 大任务类别 54 项具体举措
2020 年 5 月	工业和信息化部	《关于深入推进移动物联网全面发展的通知》	提出到 2020 年底，NB-IoT 网络实现县级以上城市主城区普遍覆盖，重点区域深度覆盖；移动物联网连接数达到 12 亿；推动 NB-IoT 模组价格与 2G 趋同，引导新增物联网终端向 NB-IoT 迁移；打造一批 NB-IoT 应用标杆工程和 NB-IoT 百万级连接规模应用场景
2019 年 6 月	工业和信息化部	《电信和互联网行业提升网络数据安全保护能力专项行动方案》	加强网络数据保护，要求对全部基础电信企业（含专业公司）、重点互联网企业以及主流 App 数据进行安全检查，并制定行业网络数据安全标准规范
2019 年 5 月	工业和信息化部	《2019 年智能网联汽车标准化工作要点》	2019 年将稳步推动先进驾驶辅助系统（ADAS）标准制定，全面开展自动驾驶相关标准研制，有序推进汽车信息安全标准制定，协同开展汽车网联相关标准制定，积极履行国际协调职责，加强标准交流与合作
2018 年 12 月	国务院办公厅	《"无废城市"建设试点工作方案》	建立政府固体废物环境管理平台与市场化固体废物公共交易平台信息交换机制，充分运用物联网、全球定位系统等信息技术，实现固体废物收集、转移、处置环节信息化、可视化，提高监督管理效率和水平
2018 年 8 月	中央全面深化改革委员会	《关于改革完善医疗卫生行业综合监管制度的指导意见》	建立风险预警和评估机制，充分运用云计算、大数据、物联网等现代信息技术，整合抽查抽检、定点监测、违法失信、投诉举报等相关信息，加强风险评估和分析，提高发现问题和防范化解重大风险能力

续表 1-5

时间	发布部门	政策名称	政策内容摘要
2018 年 8 月	工业和信息化部	《扩大和升级信息消费三年行动计划（2018—2020 年）》	加快新型显示产品发展，支持企业加大技术创新投入，突破新型背板、超高清、柔性面板等量产技术，带动产品创新，实现产品架构调整，推动面板企业与终端企业扩展互联网、物联网、人工智能等不同领域应用
2018 年 6 月	工业和信息化部、公安部、国家标准化管理委员会	《国家车联网产业标准体系建设指南（总体要求）》	提出车联网产业的整体标准体系结构、建设内容，指导车联网产业标准化总体工作，推动逐步形成统一、协调的国家车联网产业标准体系架构
2018 年 6 月	工业和信息化部	《工业互联网发展行动计划（2018—2020 年）》	到 2020 年底，初步建成工业互联网基础设施和产业体系。到 2020 年底，初步建成适用于工业互联网高可靠、广覆盖、大带宽、可定制的企业外网络基础设施，企业外网络基本具备互联网协议第六版（IPv6）支持能力等
2018 年 5 月	国务院	《关于促进"互联网+医疗健康"发展的意见》	健全"互联网+医疗健康"服务体系，完善"互联网+医疗健康"支撑体系，加强行业监管和安全保障

1.1.6.2　中国物联网行业呈高速增长状态，未来将有更广阔的空间

自 2013 年以来我国物联网行业规模保持高速增长，增速一直维持在 15% 以上，江苏、浙江、广东三省行业规模均超千亿元。中国通信工业协会的数据表明，随着物联网信息处理和应用服务等产业的发展，中国物联网行业规模已经从 2013 年的 4896 亿元增长至 2019 年的 1.5 万亿元。

虽然我国物联网发展显著，但我国物联网行业仍处于成长期的早中期阶段。目前我国物联网及相关企业超过 3 万家，其中中小企业占比超过 85%，创新活力突出，对产业发展推动作用巨大。

物联网作为中国新一代信息技术自主创新突破的重点方向，蕴含着巨大的创新空间，在芯片、传感器、近距离传输、海量数据处理以及综合集成、应用等领域，创新活动日趋活跃，创新要素不断积聚。

物联网在各行各业的应用不断深化，将催生大量的新技术、新产品、新应用、新模式，未来巨大的市场需求将为物联网带来难得的发展机遇和广阔的发展空间。

在政策、经济、社会、技术等因素的驱动下，2020 年 GSMA 移动经济发展报告预测，2019~2025 年复合增长率在 9% 左右，2020 年中国物联网行业规模目标 1.6 亿元，按照目前物联网行业的发展态势，预计到 2025 年，中国物联网行业规模将超过 2.5 万亿元。图 1-10 是 2021~2025 年中国物联网行业规模（按销售额）预测情况。

1.1.6.3　未来物联网行业将向着多元方向发展

标准化是物联网发展面临的最大挑战之一，它是希望在早期主导市场的行业领导者之间的一场竞争。目前我国物联网行业百家争鸣，还没有一个统一的标准出现。因此在未来

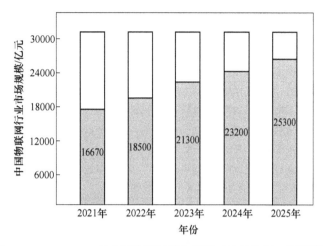

图 1-10　2021~2025 年中国物联网行业规模（按销售额）预测情况

可能通过不断竞争将会出现有限数量的供应商主导市场，类似于现在使用的 Windows、Mac 和 Linux 操作系统。合规化同样是当下物联网面临的问题之一，特别是数据隐私问题。目前数据隐私已成为网络社会的一个关键词，各种用户数据泄露或被滥用的事件频发，特别是 Facebook 的丑闻引发了全球担忧。

因此在未来，我国各种立法和监管机构将提出更加严格的用户数据保护规定，用户的敏感数据可能会随着时间的推移而受到更严格的监管。安全化是指预防物联网软件遭受网络黑客攻击，在未来，以安全为重点的物联网设施将受到更多的关注，特别是某些特定的基础行业，如医疗健康、安全安防、金融等领域。表 1-6 是我国物联网未来发展方向。

表 1-6　我国物联网未来发展方向

概　　念	发　展　方　向
标准化	有限数量的供应商主导市场，允许客户选择其中一个使用，并在任何其他的联网设备上坚持使用它
合规化	中国实施等保 2.0 物联网合规方案，其中物联网扩展要求适用于所有从事物联网设备制造、运营以及与设备紧密相关的行业企业
安全化	通过硬件本身执行受信任的操作系统和应用程序可以帮助缓解网络攻击和威胁

1.1.6.4　多重技术推动物联网技术创新

从技术创新趋势来看，物联网行业发展的内生动力正在不断增强。连接技术不断突破，NB-Iot、eMTC、Lora 等低功耗广域网全球商用化进程不断加速；物联网平台迅速增长，服务支撑能力迅速提升。

区块链、边缘计算、人工智能等新技术题材不断注入物联网，为物联网带来新的创新活力。受技术和产业成熟度的综合驱动，物联网呈现"边缘的智能化、连接的泛在化、服务的平台化、数据的延伸化"等特点。表 1-7 为物联网技术环境创新趋势四大特征。

表 1-7　物联网技术环境创新趋势四大特征

特征	概　要
边缘的智能化	各类终端持续向智能化的方向发展，操作系统等促进终端软硬件不断解耦合，不同类型的终端设备协作能力加强，边缘计算为终端设备之间的协作提供了重要支撑
连接的泛在化	局域网、低功耗广域网、第五代移动通信网络等陆续商用为物联网提供泛在连接能力，物联网网络基础设施迅速完善，互联效率不断提升
服务的平台化	通用水平化和垂直专业化平台互相渗透，平台开放性不断提升，人工智能技术不断融合，基于平台的智能化服务水平持续提升
数据的延伸化	先联网后增值的发展模式进一步清晰，新技术赋能物联网，不断推进横向跨行业、跨环节"数据流动"和纵向平台、边缘"数据使能"创新

1.2　物联网发展的技术背景

扫一扫
查看视频 6

在讨论了物联网发展的社会背景之后，我们有必要进一步研究与物联网相关的两项重要技术，即"普适计算"与"信息物理融合系统"。

1.2.1　普适计算与物联网

1.2.1.1　普适计算的概念

普适计算也称为下一代计算模式。随着计算机及相关技术的发展，通信能力和计算能力的价格正变得越来越便宜，所占用的体积也越来越小，各种新形态的传感器、计算/联网设备蓬勃发展；同时由于人类对生产效率、生活质量的不懈追求，人们开始希望能随时、随地、无困难地享用计算能力和信息服务，由此带来了计算模式的新变革，这就是计算模式的第三个时代——普适计算（Pervasive Computing 或 Ubiquitous Computing）时代。

普适计算的含义十分广泛，所涉及的技术包括移动通信技术、小型计算设备制造技术、小型计算设备上的操作系统技术及软件技术等。

间断连接与轻量计算（即计算资源相对有限）是普适计算最重要的两个特征，普适计算的软件技术就是要实现在这种环境下的事务和数据处理。在信息时代，普适计算可以降低设备使用的复杂程度，使人们的生活更轻松、更有效率。实际上，普适计算是网络计算的自然延伸，它使得不仅个人电脑，而且其他小巧的智能设备也可以连接到网络中，从而方便人们即时地获得信息并采取行动。

仅从字面上读者很难理解普适计算概念的深刻内涵，我们可以用图 1-11 所示的"3D 试衣镜"应用实例来形象地解释普适计算的概念，

图 1-11　3D 试衣镜

总结普适计算的主要技术特征。

很多商场已经在服装销售中使用一种被称为"魔镜"的 3D 试衣镜。希望购买衣服的顾客可以在 3D 试衣镜前用手势或语音指令来指示更换不同款式与颜色的衣服，从而选择出他（她）心仪的品牌、颜色、款式的衣服。后台的计算机系统将自动根据试衣间摄像头传过来的顾客体态数据，分析这位顾客的指令与他（她）对服饰的喜好，从数据库中挑出合适的服装，结合顾客的体态数据将不同服饰的效果图以三维的形式通过试衣镜展示给顾客，供顾客挑选。在挑选衣服的过程中，顾客不需要操作计算机，也不知道计算机在哪里，以及计算机是如何工作的，顾客要做的事就是比较不同服饰的穿着效果，享受购物的乐趣。最终，顾客试衣和购买的过程可以在愉悦的气氛中自动地完成。

从这个例子中可以看出：普适计算不是强调"计算设备无处不在"，而是描述了"计算如何无处不在地融入我们的日常生活当中"，实现"计算能力的无处不在"，从而达到"环境智能"的境界。这是普适计算研究的基本内容，也是物联网研究所要实现的目标。

1.2.1.2 普适计算的技术特征

通过"3D 试衣镜"应用实例，我们可以分析出普适计算的几个主要的技术特征。

A　计算能力的"无处不在"与计算设备的"不可见"

"无处不在"是指随时随地访问信息的能力；"不可见"是指在物理环境中提供多个传感器、嵌入式设备、移动设备，以及其他任何一种有计算能力的设备，可以在用户不觉察的情况下进行计算、通信，提供各种服务，以最大限度地减少用户的介入。

B　信息空间与物理空间的融合

普适计算是一种建立在分布式计算、通信网络、移动计算、嵌入式系统、传感与智能等技术基础上的新型计算模式。它反映出人类对于信息服务需求的提高，具有随时随地享受计算资源、信息资源与信息服务的能力，以实现人类生活的物理空间与信息空间的融合。随着无线传感器网络（Wireless Sensor Network，WSN）、射频标签（RFID）技术的迅速发展，人们惊奇地发现：普适计算的概念在 WSN 与 RFID 应用中得到很好的实践与延伸。作为普适计算实现的重要途径之一，借助大量部署的传感器与 RFID 的感知节点，可以实时地感知与传输我们周边的环境信息，从而将真实的物理世界与虚拟的信息世界融为一体，深刻地改变人与自然界的交互方式，将人与人、人与机器、机器与机器的交互最终统一为人与自然的交互，达到"环境智能"的境界。

C　以人为本与自适应的网络服务

我们平常在办公室处理公文需要坐在办公桌的计算机前，即使是使用笔记本电脑也需要随身携带。仔细品味普适计算的概念之后，我们会发现：在桌面计算模式中，是人围绕着计算机，是"以计算机为本"的。而普适计算研究的目标就是突破桌面计算的模式，摆脱计算设备对人类活动范围与工作方式的约束，通过计算与网络技术的结合，将计算能力与通信能力嵌入环境与日常工具中去，让计算设备本身从人们的视线中"消失"，从而让人们的注意力回归到要完成的任务本身。

1.2.1.3 普适计算与物联网的关系

综上所述，普适计算与物联网的关系可以总结为：

（1）普适计算与物联网从研究目标到工作模式都有很多相似之处；

（2）普适计算的研究方法与研究成果对于物联网研究与应用有重要的借鉴与启示作用；

（3）物联网的出现使我们在实现普适计算的道路上前进了一大步。

1.2.2　CPS 与物联网

1.2.2.1　CPS 的概念

在研究物联网形成与发展的过程中，与物联网发展密切相关的另一项重要的研究计划就是 CPS。CPS（Cyber Physical Systems）中文译为"信息物理融合系统"，是一个综合计算、网络和物理环境的多维复杂系统，通过 3C 技术（计算 Computing、通信 Communication、控制 Control，见图 1-12）的有机融合与深度协作，实现大型工程系统的实时感知、动态控制和信息服务。通过计算、通信与物理系统的一体化设计，以使系统更加可靠和高效。

图 1-12　3C 技术

CPS 概念最早由美国国家基金委员会在 2006 年提出，被认为有望成为继计算机、互联网之后世界信息技术的第三次浪潮。

按现在普遍的观点，信息物理系统是由信息世界和物理世界实体的世界组成的系统，CPS 概念是从 20 世纪 80 年代的嵌入式系统演变而来。经历 1990 年的泛在计算、1994 年的普适计算、2000 年的环境智能，直到 2006 年才发展成了信息物理系统，CPS 的演进过程如图 1-13 所示。

1.2.2.2　CPS 的技术特征

CPS 在环境感知的基础上，形成可控、可信与可扩展的网络化智能系统，扩展新的功能，使系统具有更高的智慧。CPS 系统的主要技术特征总结如下：

（1）"感"：是指多种传感器协同感知物理世界的状态信息；

（2）"联"：是指连接物理世界与信息世界的各种对象，实现信息交互；

（3）"知"：是指通过对感知信息的智能处理，正确、全面地认识物理世界；

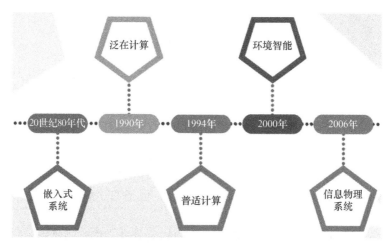

图 1-13　CPS 的演进过程

（4）"控"：是指根据正确的认知，确定控制策略，发出指令，指挥执行器处理物理世界的问题。

CPS 是环境感知、嵌入式计算、网络通信深度融合的系统。图 1-14 给出了 CPS 中物理世界与信息世界交互过程的示意图。

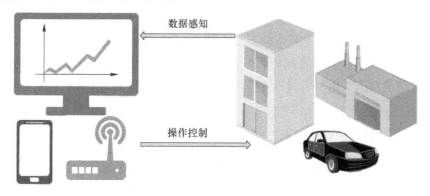

图 1-14　CPS 中物理世界与信息世界交互过程示意图

1.2.2.3　CPS 研究与物联网之间的关系

CPS 研究与物联网之间的关系如下：

（1）CPS 研究的目标与物联网未来的发展方向是一致的；

（2）CPS 与物联网都会催生大量的智能设备与智能系统；

（3）CPS 的理论研究与技术研究的成果，对物联网未来的发展有着重要的启示与指导作用。

在讨论了普适计算、CPS 研究之后，我们可以得出如下结论：普适计算与 CPS 作为一种全新的计算模式，跨越计算机、软件、网络与移动计算、嵌入式系统、人工智能等多个研究领域。它向我们展示了"世界万事万物，凡存在皆联网，凡联网皆计算，凡计算皆智能"的发展趋势，这也正是物联网要实现的目标。

1.3　物联网的定义和技术特征

1.3.1　物联网的定义

扫一扫
查看视频 7

1.3.1.1　什么是物联网

在讨论了物联网发展的社会背景与技术背景之后，我们需要进一步讨论物联网定义涵盖的内容与主要的技术特征。物联网概念的兴起，很大程度上得益于 ITU 在 2005 年发布的互联网研究报告，但是 ITU 的研究报告并没有给出一个清晰的物联网的定义。

所有参与物联网研究的技术人员都有一个美好的愿景：将传感器或射频标签嵌入到电网、建筑物、桥梁、公路、铁路以及我们周围的环境和各种物体之中，并且将这些物体互联成网，形成物联网，实现信息世界与物理世界的融合，使人类对客观世界具有更加全面的感知能力、更加透彻的认知能力、更加智慧的处理能力。如果说互联网、移动互联网的应用主要关注人与信息世界的融合，那么物联网将实现物理世界与信息世界的深度融合。

尽管我们可以在一些文章与著作中看到多种关于物联网的不同定义，但是，至今仍然没有形成一个公认的定义。出现这种现象一点也不奇怪，从 20 世纪 90 年代互联网大规模应用开始，所有从事互联网应用研究的学者就一直在争论"什么是互联网的问题"。

在比较了各种物联网定义的基础上，根据目前对物联网技术特点的认知水平，我们提出的物联网定义是：按照约定的协议，将具有"感知、通信、计算"功能的智能物体、系统、信息资源互联起来，实现对物理世界"泛在感知、可靠传输、智慧处理"的智能服务系统。

1.3.1.2　什么是物联网中的"物"

物联网中的"智能物体"或者"智能对象"指的是现实物理世界的人或物，只是我们给它增加了"感知""通信"与"计算"的能力。例如，我们可以给商场中出售的微波炉贴上 RFID（Radio Frequency Identification）标签。当顾客打算购买这台微波炉时，他将微波炉放到购货车上，购货车经过结算的柜台时，RFID 读写器就会通过无线信道直接读取 RFID 标签的信息，知道微波炉的型号、生产公司、价格等信息。这时，这台贴有 RFID 标签的微波炉就是物联网中的一个具有"感知""通信"与"计算"能力的智能物体（Smart Thing）或者称为智能对象（Smart Object）。在智能电网应用中，每一个用户家中的智能电表就是一个智能物体；每个安装有传感器的变电器监控装置，将这台变电器也变成一个智能物体。在智能交通应用中，安装有智能传感器的汽车就是一个智能物体；安装在交通路口的视频摄像头也是一个智能物体。在智能家居应用中，安装了光传感器的智能照明控制开关是一个智能物体，安装了传感器的冰箱也是一个智能物体。在水库安全预警、环境监测、森林生态监测、油气管道监测应用中，无线传感器网络中的每一个传感器节点都是一个智能物体。在智能医疗应用中，带有生理指标传感器的每一位老人是一个智能物体。在食品可追溯系统中，打上 RFID 耳钉的牛、一枚贴有 RFID 标签的鸡蛋也是一个智能物体。因此，在不同的物联网应用系统中，智能物体的差异可以很大，它可以是小到你用肉眼几乎看不见的物体，也可以是一个大的建筑物；它可以是固定的，也可以是移动的；它可以是有生命的，也可以是无生命的；它可以是人，也可以是动物。智能物体是对连接到物联网中的人与物的种抽象。图 1-15 回答了什么是物联网中"物"的问题。

可以大到智能电网中的高压铁搭、智能交通系统中的无人驾驶汽车与道路基础设施

什么是物联网中的"物"？

物联网中的"物"被抽象为"智能物体"或"智能对象"

智能物体

可以小到一个智能手表、智能手环、智能眼镜、一个RFID标签，其至是纳米传感器

可以是有生命的人或者带耳钉的牛，也可以是无生命的植物、山体岩石、公路或桥梁

可以是智能传感器、纳米传感器、无线传感器网络节点、GPS终端，或者随处可见的摄像头

可以是服务机器人、工业或农业机器人、水下机器人、无人机、家用电器、智能医疗设备或可穿戴装置

图 1-15 物联网中的"物"

1.3.2　从信息技术发展的角度认识物联网的技术特征

扫一扫
查看视频 8

支撑信息技术的三个支柱是感知、通信与计算，它分别对应于电子科学、通信工程与计算机科学这三个重要的工科学科。电子科学、通信工程与计算机科学这三门学科的高度发展与交叉融合，为物联网技术的产生与发展奠定了重要的基础，形成了物联网多学科交叉的特征。

我们还可以从网络技术发展历程的角度来认识物联网的技术特征。20 世纪 60 年代之前，计算机技术与通信技术独立发展。当计算技术与通信技术发展到一定的程度，并且社会上产生了将这两项技术交叉融合的需求时，计算机网络出现了。20 世纪 90 年代，计算机网络最成功的应用——互联网出现。随着应用的发展，互联网"由表及里"地渗透到社会的各个方面，在潜移默化地改变着人们的生活方式、工作方式与思维方式时，移动通信技术出现了突破性的发展，智能手机接入互联网促进了移动互联网的发展。在互联网、移动互联网应用快速发展的同时，感知技术、智能技术与控制技术的研究出现了重大的突破，很多有很高应用价值的技术，如云计算、大数据、嵌入式、机器智能、智能人机交互、智能机器人、可穿戴计算等开始进入应用阶段，进一步促进了物联网的发展。

回顾物联网发展的过程，我们看到：物联网与云计算、大数据、智能技术之间有着密不可分的关系。云计算促进了物联网的发展；物联网应用中产生与积累的数据是大数据主要的组成部分，为大数据研究的发展提供了重要的推动力；物联网与大数据的研究又进一步对智能技术提出了强烈的应用需求，加速了智能技术应用的发展。互联网、移动互联网与物联网，以及物联网与云计算、大数据、智能技术的关系如图 1-16 所示。

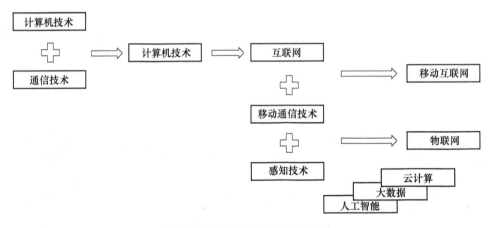

图 1-16　物联网的多学科交叉融合

1.3.3　从物联网功能的角度认识物联网的结构特征

研究物联网的技术特征时，我们有必要将物联网的工作过程与人对于外部客观物理世界的感知与处理过程做一个比较。我们的感知器官，如眼、耳、鼻、舌头、皮肤各司其职。眼睛能够看到外部世界，耳朵能够听到声音，鼻子能够嗅到气味，舌头可以尝到味道，皮肤能够感知温度。人将感官所感知的信息由神经系统传递给大脑，再由大脑根据综合感知的信息和存储的知识来做出判断，从而选择处理问题的最佳方案，这对于每一个能够正常思维的人都是司空见惯的事。但是，如果将人对问题智慧处理的能力形成过程与物联网工作过程做一个比较，不难看出两者有惊人的相似之处。人的感官用来获取信息，人的神经用来传输信息，人的大脑用来处理信息，使人具有智慧处理各种问题的能力。物联网的结构如图 1-17 所示。

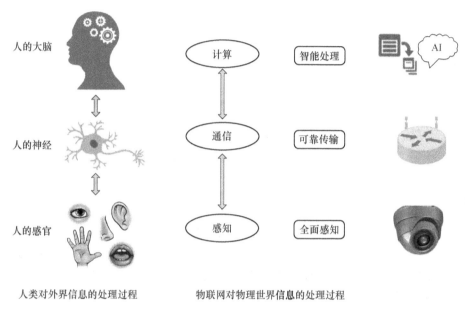

人类对外界信息的处理过程　　　　　　物联网对物理世界信息的处理过程

图 1-17　人与物联网处理信息的类比过程

物联网的功能可以总结为：全面感知，可靠传输与智能计算。物联网能够实现"信息世界与物理世界"与"人-机-物"的深度融合，使人类对客观世界具有更透彻的感知能力、更全面的认知能力、更智慧的处理能力。因此，物联网可以分为三层：感知层、网络层和应用层。物联网的三层结构模型如图 1-18 所示。

1.3.3.1　感知层

感知层不但包括各种传感器，还包括各种执行设备与装置，因此也称为"感知执行层"。人们将 RFID 形容成能够让物体"开口"的技术。RFID 标签中存储了物体的信息，通过无线信道将它们存储的数据传送到 RFID 应用系统中，一般的传感器只具有感知周围环境参数的能力。例如，在环境监测系统中，温度传感器可以实时地传输它所测量到的环境温度，但是它对环境温度不具备控制能力。对于一个精准农业物联网应用系统中的植物定点浇灌传感器节点，系统设计者希望它能够在监测到土地湿度低于某一个设定的数值时，就自动打开开关，给果树或蔬菜浇水，这种感知节点同时具有控制能力。在物联网突发事件应急处理的应用系统中，处理核泄漏现场的机器人可以根据指令进入指定的位置，通过传感器将周边的核泄漏相关参数测量出来，传送给指挥中心。根据指挥中心的指令，机器人需要打开某个开关或关闭某个开关。从这个例子可以看出，作为具有智能处理能力

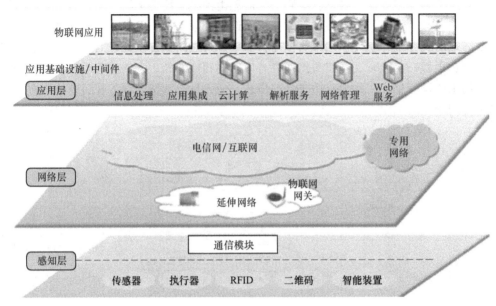

图 1-18　物联网的三层结构模型

的传感器节点，必须同时具备感知和控制能力，以及适应周边环境的动态适应能力。因此，从一块简单的 RFID 标签芯片、一个温度传感器或测控装置，到一个复杂的智能机器人，它们之间最重要的区别表现在：智能物体是否需要同时具备感知能力和控制、执行能力，以及需要什么样的控制、执行能力。

1.3.3.2　网络层

网络层又称为网络与数据通信层。物联网网络层的功能首先是将感知设备与执行设备接入物联网、完成将感知数据传送到应用层，再将应用层的控制指令传送到执行设备的任务。物联网应用系统多种多样，有小范围的简单应用、有中等规模的协同感知应用，也有大规模的行业性应用。小型的物联网应用系统可以是一个文物和珠宝展览大厅的安保系统、一个智能家居系统、一幢大楼的监控系统、一个仓库的物流管理系统；中等规模的物联网应用系统可以是集装箱码头和保税区物流系统、城市智能交通系统、智能医疗保健系统；大规模的物联网应用系统可以是国际民用航空运输的物联网应用系统、海运物流应用系统，也可以是国家级的智能电网、智能环保系统。不同类型的物联网应用系统使用的传感器与 RFID 类型、传感器与 RFID 标签的接入方式、数据量与数据传输方式都会有很大的差别。

网络层可以采用所有可能的有线或无线通信与网络技术，将大量的感知设备与系统中的计算机、服务器、云计算平台互联起来，组成支撑物联网应用的网络系统，实现物联网的服务功能。物联网的网络层使用的技术包括互联网中的广域网、城域网和局域网技术。

由于物联网感知层大量使用移动计算方式，因此无线通信与网络技术在物联网中尤为重要。目前使用的无线通信与网络技术包括无线广域网、无线城域网、无线局域网（WiFi）、无线个人区域网（蓝牙或 ZigBee）与无线人体区域网。移动通信 4G 技术已经在物联网中开始广泛使用，接下来的几年 5G 与窄带 NB-IoT 将为物联网终端设备的大量接入提供更安全、便捷与高性能的通信服务。为了适应物联网应用的快速发展，世界各国都在规划和推进新一代无线通信与网络技术的研究。

1.3.3.3 应用层

在云计算与高性能计算技术的支持下，应用层将利用搜索引擎、数据挖掘、智能决策对采集到的海量数据进行处理，为智能工业、智能农业、智能交通、智能医疗、智能家居、智能电网等各行各业的应用提供服务。

1.3.4 从物联网覆盖范围的角度认识物联网的应用特征

从空间的角度，物联网将覆盖从地球的内部到表层、从基础设施到外部环境、从陆地到海洋、从地表到空间的所有部分。

从行业角度，物联网将覆盖包括工业、农业、交通、电力、物流、环保、医疗、家居、安防、军事等各行各业，以及智慧城市、政府管理、应急处置、社交服务等各个领域。

1.3.5 从物联网的工作方式认识物联网的运行特征

从物联网"泛在感知、可靠传输与智慧认知"的工作方式看，物联网的运行特征是：物联网可以在任何时候、任何地点与任何一个物体之间的通信，交换和共享信息，实现智能服务的功能。

1.4 物联网与互联网的异同点

扫一扫
查看视频 9

物联网是在互联网的基础上发展起来的，在网络体系结构研究方法、网络核心技术与网络安全技术等方面可以看到两者的相同之处，互联网成功的经验、理论和方法都可以应用到物联网研究之中。但是，在学习物联网技术时，我们还需要注意物联网和互联网的不同之处。

1.4.1 物联网提供行业性、专业性与区域性的服务

互联网所提供的服务主要用于全球客户的信息交互与共享，如 E-mail、Web、搜索引擎服务，以及即时通信、网络音乐、网络视频服务、基于位置的服务。而物联网设计思路是不同的，从物联网重点发展的智能工业、智能农业、智能电网、智能交通、智能物流等九大行业的应用可以清晰地看出：物联网应用主要是面向行业、专业和区域性的，如图 1-19 所示。

1.4.2 物联网数据主要通过自动方式生成

互联网上传输的文本、语音、视频数据主要是通过计算机、智能手机、照相机、摄像机以人工方式生成的；而物联网的数据主要是通过传感器、RFID 标签等感知设备，是以自动方式生成的，如图 1-20 所示。

图 1-19　互联网与物联网的区别之一：行业性、专业性、区域性应用

（a）互联网提供全球性公共信息服务；（b）物联网提供行业性、专业性、区域性应用

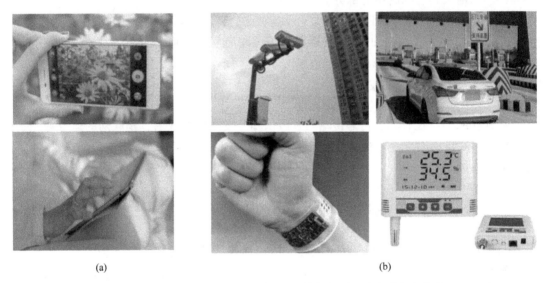

图 1-20　互联网与物联网的区别之二：数据主要通过自动方式获取

（a）互联网数据主要以人工方式产生；（b）物联网数据主要由传感器、RFID 等设备自动生成

1.4.3　物联网是可反馈、可控制的闭环系统

　　互联网之所以能够以超常规的速度发展，得益于开放式的设计思想。只要遵守 TCP/IP 协议，任何一个用户都可以方便地在一个或多个电子邮件系统中建立自己的邮箱；可以方便地访问世界上任何一个 Web 服务器，方便地搜索信息，下载歌曲、图片和视频；可以方便地加入一个微信群，自由地交流。总之，互联网为我们构建了一个人与人进行信息交互与共享的信息世界。

　　但是有一点需要注意：在互联网中，我们一直在坚持着自主的思想，不希望有任何人、任何力量约束我们的行为与思路。例如，我想加入一个微信群就加入，不高兴就退出；我想浏览学校网站时就进去，不想浏览网站就可以随时退出。如果我们在网上搜索"物联网的定义"，也只希望搜索引擎提供一个排序的信息列表，之后我们自己来逐条审查列表中的内容，比较之后再决定看哪一篇或哪几篇文献。

而对于物联网应用系统，如智能工业、智能农业、智能电网、智能医疗、智能交通、智能环保、智能安防等应用，它们通过感知、传输与智能信息处理，生成智慧处理策略，再通过控制终端设备或执行器，实现对物理世界中对象进行控制，达到智慧处理的目的。因此，互联网与物联网的重要区别是：互联网一般提供的是开环的信息服务，而物联网主要提供闭环的控制服务。典型的物联网应用系统都是"可反馈、可控制"的闭环系统。物联网与互联网的技术特性对比见表1-8。

表1-8　物联网与互联网的技术特性对比

技术特性	物联网	互联网
发展	协同与创新	协同与创新
市场	行业企业市场、个人家庭用户市场	个人家庭用户市场
终端	传感终端、控制终端、互联网终端	互联网终端（智能手机、平板、PC、服务器）
研发	不仅包括规模化市场，更重要的是终端和应用开发的多样性及碎片化市场	以终端和应用的规模化市场为主
安装	一般需要人工上门安装	无须安装，一般即插即用
维护	终端需要被实时监控和管理	终端无须实时监控和管理

 项目总结

本项目由浅入深，从四个方面（物联网发展的社会背景、物联网发展的技术背景、物联网的定义和技术特征、物联网与互联网的异同点）详细介绍了物联网的基础知识。在分析物联网发展的社会背景与技术背景的基础上，对物联网的基本概念、定义与技术特征、关键技术以及物联网应用对我国经济与社会发展的影响等问题进行了系统的介绍。

 知识过关

1. 选择题

（1）ITU 的研究报告《The Internet of Things》发表于（　　　）。

A. 1995 年　　　　　　　　B. 2000 年　　　　　　　　C. 2005 年　　　　　　　　D. 2010 年

（2）关于智慧地球特点的描述中，错误的是（　　　）。

A. 将大量传感器嵌入和装备到基础设施与制造业中

B. 捕捉运行过程中的各种信息

C. 通过计算机分析、处理和发出指令

D. 以物联网取代互联网

（3）关于普适计算特点的描述中，错误的是（　　　）。

A. 核心是"以人为本"　　　　　　　　B. 重点放在网络安全上

C. 强调"无处不在"与"不可见"　　　　D. 体现出信息空间与物理空间的融合

（4）关于 CPS 特点的描述中，错误的是（　　　）。

A. "感"是指多感知器协同感知物理世界的状态信息

B. "联" 是指连接物理世界与信息世界的各种对象，实现信息交互

C. "知" 是指通过对感知信息的智能处理，正确、全面地认知物理世界

D. "控" 是指根据正确认知，确定策略，发出指令，指挥传感器控制物理世界

（5）以下不属于物联网三层结构模型的是（　　　）。

A. 感知层　　　　　　B. 网络层　　　　　　C. 控制层　　　　　　D. 应用层

（6）关于物联网智能物体的描述中，错误的是（　　　）。

A. 可以是微小的物体，也可以是大的建筑物

B. 可以是有生命的，也可以是无生命的

C. 必须具有通信与计算能力

D. 必须具有控制能力

（7）关于物联网与互联网区别的描述中，错误的是（　　　）。

A. 互联网提供信息共享与信息交互服务

B. 互联网数据主要是通过自动方式获取的

C. 物联网提供行业性、专业性、区域性服务

D. 物联网是可反馈、可控制的闭环系统

（8）关于物联网与 "互联网+" 的关系描述中，错误的是（　　　）。

A. "互联网+" 可以理解为 "互联网及其应用"

B. "互联网+" 是国家战略层面对产业与经济发展思路的一种高度凝练的表述

C. "互联网+" 涵盖着互联网、移动互联网与物联网 "跨界融合" 的丰富内容

D. "互联网+" 覆盖制造业、现代服务业、政府管理、社会公共服务四个主要领域

2. 思考题

（1）请举出一个具有普适计算技术特征的应用实例。

（2）请举出一个具有 CPS 技术特征的应用实例。

（3）请结合物联网的应用，解释为什么物联网提供的是行业性、专业性、区域性的服务。

（4）请结合物联网的应用，说出你对物联网三层结构模型的理解。

（5）请结合物联网的应用，举出一个常用反馈控制的物联网应用系统的实例。

（6）你的周围有没有物联网应用？请分享这一应用的工作过程和特点。

（7）分析天气预报用到了哪些技术，涉及哪些学科知识？

 项目任务

1. 任务目的

（1）了解物联网的起源、发展、机遇和挑战。

（2）了解物联网的基本概念。

2. 任务要求

通过项目 1 的学习，初步了解物联网的基础知识，充分发挥自己的想象力，畅想未来的物联网生活。本次任务通过课后学习小组内部讨论的方式进行，讨论内容包含以下关键点：

（1）未来物联网生活有哪些特点，采用图片、视频等方式进行展示介绍；

扫一扫

查看视频 10

（2）发挥想象，说明物联网未来可扩展的应用功能；

（3）采用 PPT 形式进行课堂汇报，每组时间 8~10min。

3. 任务评价

项目任务评价表见表 1-9。

表 1-9　项目任务评价表

序号	项目要求	教师评分
1	所选主题内容与任务要求一致（15 分）	
2	物联网生活场景描述清晰，表现方式多样化（35 分）	
3	PPT 制作精美、讲解流畅（30 分）	
4	具有扩展功能（20 分）	

项目 2　基本架构——物联网的三大层次

项目思维导图

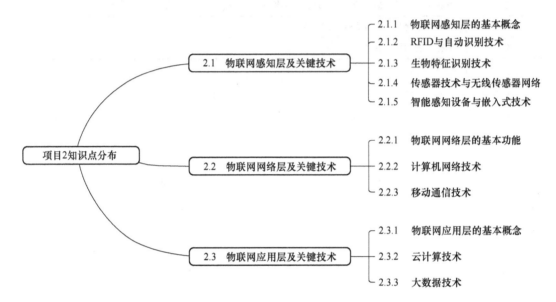

项目2知识点分布

2.1　物联网感知层及关键技术
- 2.1.1　物联网感知层的基本概念
- 2.1.2　RFID与自动识别技术
- 2.1.3　生物特征识别技术
- 2.1.4　传感器技术与无线传感器网络
- 2.1.5　智能感知设备与嵌入式技术

2.2　物联网网络层及关键技术
- 2.2.1　物联网网络层的基本功能
- 2.2.2　计算机网络技术
- 2.2.3　移动通信技术

2.3　物联网应用层及关键技术
- 2.3.1　物联网应用层的基本概念
- 2.3.2　云计算技术
- 2.3.3　大数据技术

教学目标

＊知识目标

（1）了解物联网感知层的基本概念。

（2）理解基于 RFID 标签的自动识别技术的特点。

（3）理解传感器与无线传感器网络技术的特点。

（4）了解物联网智能感知设备的基本概念。

（5）了解嵌入式技术的基本概念。

（6）了解物联网网络层的基本概念。

（7）了解计算机网络技术的发展及应用。

（8）熟悉移动通信发展的历史。

（9）掌握典型的移动通信技术。

（10）掌握物联网应用层的基本概念。

（11）了解云计算在物联网中的应用。

（12）了解物联网大数据的基本概念。

＊技能目标

（1）能够区分物联网的三层结构。

（2）能够分析 RFID 技术在实际应用场景中的工作过程。

（3）能够分析无线传感器网络技术在实际应用场景中的工作过程。

（4）能够从不同的技术角度对比分析 1G 到 5G 的特点。

（5）能够分析云计算技术在物联网中的应用。

（6）能够分析大数据技术在物联网中的应用。

＊思政目标

（1）具备航天精神与创新意识。

（2）具备大国工匠精神。

（3）具备技术创新精神。

（4）具备强烈的民族自豪感。

（5）具备爱岗敬业的精神。

2.1 物联网感知层及关键技术

2.1.1 物联网感知层的基本概念

在项目 1，对物联网的感知层已经做了基本介绍，在这里做如下总结：感知层是物联网的基础，利用 RFID、传感器、二维码等能够随时随地采集物体的动态信息。通过感知识别技术，让物品"开口说话、发布信息"是融合物理世界和信息世界的重要一环，是物联网区别于其他网络的最独特的部分。因此，感知层是物联网的核心，是信息采集的关键部分。

2.1.2 RFID 与自动识别技术

2.1.2.1 自动识别的概念

扫一扫
查看视频 11

自动识别（Automatic Identification，Auto-ID）是先将定义的识别信息编码按特定的标准代码化，并存储于相关的载体中，借助特殊的设备，实现定义编码信息的自动采集，并输入信息处理系统，从而完成基于代码的识别。

自动识别技术是以计算机技术和通信技术为基础的一门综合性技术，是数据编码、数据采集、数据标识、数据管理、数据传输、数据分析的标准化手段。

2.1.2.2 自动识别系统

自动识别系统是一个以信息处理为主的技术系统，它输入将被识别的信息，输出已识别的信息。输入信息分为特定格式信息和图像图形格式信息。

A 特定格式信息识别系统

特定格式信息就是采用规定的表现形式来表示规定的信息。图 2-1 为一维条形码，图 2-2 为二维条形码。

图 2-1　一维条形码

图 2-2　二维条形码

条形码识别的过程是：通过条码读取设备（如条码枪）获取信息，译码识别信息，得到已识别商品的信息。

B　图像图形格式信息识别系统

图像图形格式信息则是指二维图像与一维波形等信息，如二维图像包括的文字、地图、照片、指纹、语音等，其识别技术在目前仍然处于快速发展过程中，在智能手机、安全、娱乐等领域应用广泛。图2-3 为一幅简单的绘制指纹图标。图像图形识别流程为指纹图片通过数据采集获取被识别信息，先预处理，再进行特征提取与选择，最后进行分类决策，从而识别信息。

图 2-3　简单的绘制指纹图标

2.1.2.3　自动识别技术概述

A　条码（Bar Code）技术

条码最早记载出现在 1949 年。最早生产的条码是美国 20 世纪 70 年代的 UPC 码（通用商品条码）。EAN 为欧洲编码协会，后来成为国际物品编码委员会，于 2005 年改名 GS1。中国于 1988 年成立物品编码中心，1991 年加入 EAN。20 世纪 90 年代出现二维条码，2002 年美国加入 EAN。

a　条码的概念

条码是由一组规则排列的条、空以及对应的字符组成的标记。"条"是指对光线反射率较低的部分，"空"是指对光线反射率较高的部分，这些条和空组成的数据表达一定的信息，并能够用特定的设备识读，转换成与计算机兼容的二进制和十进制信息。条码分为一维码和二维码。

b　条码的编码方法

方法 1：宽度调节法，组成条码的条或空只由两种宽度的单元构成，尺寸较小的单元称为窄单元，尺寸较大的单元称为宽单元，通常宽单元是窄单元的 2~3 倍。凡是窄单元用来表示数字 0，凡是宽单元用来表示数字 1，而不管它是条还是空，如图 2-4 所示。

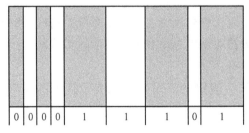

图 2-4　宽度调节法

方法2：模块组配法，组成条码的每一个模块具有相同的宽度，而一个条或一个空是由若干个模块构成的，每一个条的模块表示一个数字1，每一个空的模块表示一个数字0。如图2-5所示，第一个条是由三个模块组成的，表示111；第二个空是由两个模块组成的，表示00；而第一个空和第二个条则只有一个模块，分别表示0和1。

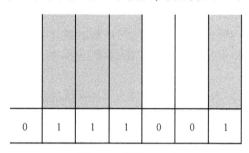

| 0 | 1 | 1 | 1 | 0 | 0 | 1 |

图2-5 模块组配法

判断条码码制的一个基本方法是：看组成条码的条空，如果所有的条空都只有两种宽度，那无疑是采用宽度调节法的条码，如果条空具有至少三种宽窄不等的宽度，那就肯定是模块组配法的条码了。

c 条码识别系统

条码识别系统是由光学阅读系统、放大电路、整形电路、译码电路和计算机系统等部分组成，如图2-6所示。

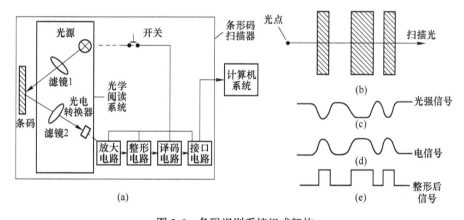

图2-6 条码识别系统组成架构

通常条码识别过程如下：

当打开条码扫描器开关，条码扫描器光源发出的光照射到条码上时，反射光经凸透镜聚焦后，照射到光电转换器上。光电转换器接收到与空和条相对应的强弱不同的反射光信号，并将光信号转换成相应的电信号输出到放大电路进行放大。条码扫描识别的处理过程中信号的变化如图2-6所示。整形电路的脉冲数字信号经译码器译成数字、字符信息，它通过识别起始、终止字符来判断出条码符号的码制及扫描方向，通过测量脉冲数字电信号1、0的数目来判断条和空的数目，通过测量1、0信号持续的时间来判别条和空的宽度，这样便得到了被识读条码的条和空的数目及相应的宽度和所用的码制；根据码制所对应的编码规则，便可将条形符号转换成相应的数字、字符信息。通过接口电路，将所得的数字和字符信息送入计算机系统处理。

d　各类条码阅读设备

（1）光笔。使用时，操作者需将光笔接触到条码表面，通过光笔的镜头发出一个很小的光点，当这个光点从左到右划过条码时，在"空"部分光线被反射，"条"的部分光线将被吸收，因此在光笔内部产生一个变化的电压，这个电压通过放大、整形后用于译码。光笔是最先出现的一种手持接触式条码阅读器，它也是最为经济的一种条码阅读器，如图 2-7 所示。

（2）CCD 阅读器。CCD 为电子耦合器件（Charg Couple Device），比较适合近距离和接触阅读，它的价格没有激光阅读器贵，而且内部没有移动部件，如图 2-8 所示。

（3）激光扫描仪。激光扫描仪是各种扫描器中价格相对较高的，但它所能提供的各项功能指标最高。激光扫描仪分为手持与固定两种形式：手持激光枪连接方便简单、使用灵活；固定式激光扫描仪适用于阅读量较大、条码较小的场合，有效解放双手工作，如图 2-9 所示。

图 2-7　手持接触式条码阅读器　　　　图 2-8　CCD 阅读器　　　　图 2-9　激光扫描仪

（4）固定式扫描器。固定式扫描器又称为固体式扫描仪，用在超市的收银台等，如图 2-10 所示。

（5）数据采集器。手持式数据采集器是一种集掌上电脑和条形码扫描技术于一体的条形码数据采集设备，它具有体积小、重量轻、可移动使用、可编程定制业务流程等优点，如图 2-11 所示。

　　　　　　　　　　　　　　　　　　　　（a）　　　　　（b）

图 2-10　固定式扫描器　　　　　图 2-11　手持式数据采集器

手持式数据采集器有线阵和面阵：线阵图像采集器可以识读一维条码符号和堆积式的条码符号。面阵图像采集器类似"数字摄像机"拍静止图像，它通过激光束对识读区域进行扫描，激光束的扫描像一个照相机的闪光灯，在扫描时，二维面阵成像单元对照亮的区域的反射信号进行采集。面阵图像采集器可以识读二维条码，当然也可以在多个方向识读一维条码。

B 射频识别技术

a 射频识别技术的概念

RFID（Radio Frequency Identification）射频识别是一种非接触式的自动识别技术，它利用射频信号（一般指微波，即波长为 0.1~100cm 或频率在 1~100GHz 的电磁波）通过空间耦合实现非接触信息传递，并通过所传递的信息实现识别目的的技术。识别过程无须人工干预，可工作于各种恶劣环境，可识别高速运动物体并可同时识别多个标签，操作快捷方便。

扫一扫
查看视频 12

b 射频识别技术的特点

射频识别技术具有体积小、信息量大、寿命长、可读写、保密性好、抗恶劣环境、不受方向和位置影响、识读速度快、识读距离远、可识别高速运动物体、可重复使用等特点，RFID 和条码的区别见表 2-1。

表 2-1 RFID 和条码的区别

种类	信息载体	信息量	读写性	读取方式	保密性	智能化	抗干扰能力	寿命	成本	识别对象
条码	纸、塑料薄膜、金属表面	大	只读	CCD 或激光束扫描	差	无	差	较短	最低	仅可识别一类物体，且需要逐个识别
电子标签	E^2PROM 电子存储器	小	读写	无线通信，可穿透物体读取	最好	有	很好	最长	较高	可识别多种物体，可同时识别多个

c 射频识别技术的应用现状

RFID 技术应用于物流、制造、消费、军事、贸易、公共信息服务等行业，可大幅提高应用行业的管理能力和运作效率，降低环节成本，拓展市场覆盖和盈利水平。同时，RFID 本身也将成为一个新兴的高技术产业群，成为物联网产业的支柱性产业。

RFID 发展潜力巨大，前景广阔。因此，研究 RFID 技术、应用 RFID 开发项目、发展 RFID 产业，对提升信息化整体水平、促进物联网产业高速的发展、提高人民生活质量、增强公共安全等方面具有深远的意义。

RFID 应用系统正在由单一识别向多功能方向发展，国家正在推行 RFID 示范性工程，推动 RFID 实现跨地区、跨行业应用。

d 射频识别系统的定义及构成

（1）定义：采用射频标签作为识别标志的应用系统称为射频识别系统。

（2）构成：基本的射频识别系统通常由射频标签、读写器和计算机通信网络三部分组成，如图 2-12 所示。

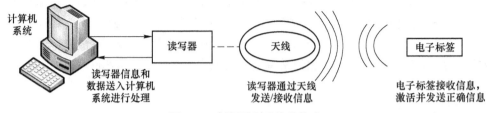

图 2-12　射频识别系统的构成

e　射频识别系统的工作原理

电子标签进入天线磁场后，如果接收到阅读器发出的特殊射频信号，就能凭借感应电流所获得的能量发送出存储在芯片中的产品信息（无源标签），或者主动发送某一频率的信号（有源标签），阅读器读取信息并解码后，送至中央信息系统进行有关数据处理。

阅读器和电子标签之间的射频信号的耦合类型有两种：（1）电感耦合：变压器模型，通过空间高频交变磁场实现耦合，依据的是电磁感应定律，如图 2-13（a）所示。（2）电磁反向散射耦合：雷达原理模型，发射出去的电磁波，碰到目标后反射回来，同时携带回目标信息，依据的是电磁波的空间传播规律，如图 2-13（b）所示。

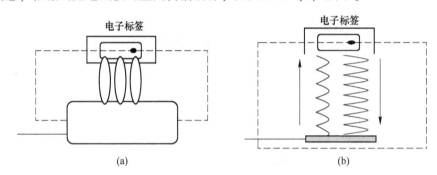

图 2-13　射频信号的两种耦合类型
（a）电感耦合；（b）电磁反向散射耦合

根据射频识别系统作用距离的远近，射频识别系统可分为三类：

（1）密耦合系统：标签一般是无源标签，作用距离范围 0~10cm。实际应用中，通常需要将电子标签插入阅读器中或将其放置到读写器的天线的表面。它适合安全性较高，作用距离无要求的应用系统，如电子门锁等。

（2）遥耦合系统：典型作用距离可以达到 1m，又可细分为近耦合系统（典型作用距离为 10cm）与疏耦合系统（典型作用距离为 1m）两类，目前仍然是低成本射频识别系统的主流。

（3）远距离系统：典型作用距离 1~10m，个别的系统具有更远的作用距离，是利用电子标签与读写器天线辐射远场区之间的电磁耦合构成无接触的空间信息传输射频通道工作的。

f　能量传送

由于 RFID 卡卡内无电源，供芯片运行所需要的全部能量必须要由阅读器传送。阅读器和 RFID 卡之间能量的传递原理如图 2-14 所示。如果一个 RFID 卡被放到阅读器天线附近，阅读器天线的磁场的一部分就会穿过卡的线圈，在卡的线圈里感生电压 U_i，这个电压被整流后就用来对芯片供电。由于阅读器天线与卡线圈的耦合非常弱，因此要使天线线圈里的电流量增大，通过给线圈 L_T 并联一个电容 C_T 来实现。

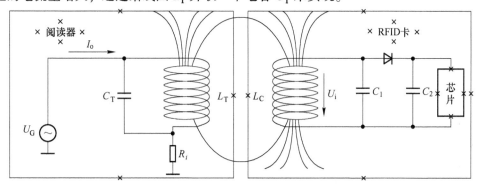

图 2-14 阅读器和 RFID 卡之间能量的传递原理图

g 数据传送

数据的传送如图 2-15 所示，包含编码、调制、解码等过程，其具体的内容将在后续专业课程中进行学习。

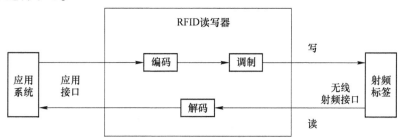

图 2-15 RFID 数据传送过程

h 射频识别标签

射频标签（RFID TAG）是安装在被识别对象上，存储被识别对象相关信息的电子装置，常称为电子标签，如图 2-16 所示。它是射频识别系统的数据载体，是射频识别系统的核心，像公交卡、银行卡和二代身份证等都属于电子射频标签。

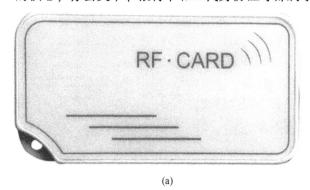

(a)

(b)

图 2-16 电子标签

针对电子标签的分类有很多种，按标签的工作方式分类如下所述。

（1）主动式标签：用自身的射频能量主动地发射数据给读写器的标签，主动式标签含有电源。

（2）被动式标签：由读写器发出查询信号触发后进入通信状态的标签，被动式标签可有源也可无源。

按标签有无能源分类如下所述。

（1）无源标签：标签中不含电池的标签，工作能量来自阅读器射频能量。

（2）有源标签：标签中含有电池的标签，不需利用阅读器的射频能量。

（3）半有源标签：阅读器的射频能量起到唤醒标签转入工作状态的作用。

按标签的工作频率分类如下所述。

（1）低频标签：500kHz以下。

（2）中高频标签：3~30MHz。

（3）特高频标签：300~3000MHz。

（4）超高频标签：3GHz以上。

射频识别标签一般由天线、调制器、编码发生器、时钟及存储器构成，如图2-17所示。

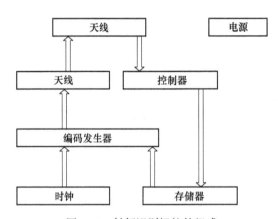

图2-17　射频识别标签的组成

射频识别标签的功能包括：

（1）具有一定容量的存储器，用于存储被识别对象的信息；

（2）在一定工作环境及技术条件下标签数据能被读出或写入；

（3）维持对识别对象的识别及相关信息的完整；

（4）数据信息编码后，工作时可传输给读写器；

（5）可编程，且一旦编程后，永久性数据不能再修改；

（6）具有确定的期限，使用期限内无须维修。

i　射频读写器（Reader and Writer）

具有读取与写入标签内存信息的设备成为读写器，RFID读写器实物如图2-18所示。

射频读写器的构成如图2-19所示，如下所述。

（1）天线：天线是发射和接收射频载波的设备。

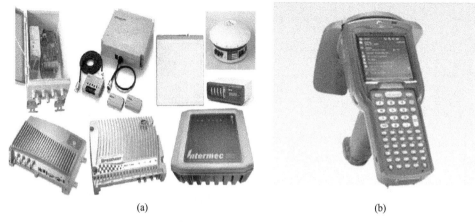

(a)   (b)

图 2-18 RFID 读写器实物图

（2）射频模块：用于发射和接收射频载波。

（3）控制与处理模块：包括实现发送到射频标签命令的编码，回波信号的解码。差错控制，读写命令流程策略控制。命令缓存，数据缓存，与后端应用程序之间的接口协议实现，I/O 控制等。

（4）I/O 接口模块：实现读写设备与外部传感器、控制器以及应用系统主机之间的输入与输出通信，如 RS232 串行接口、以太网接口、USB 接口、并行打印接口等。

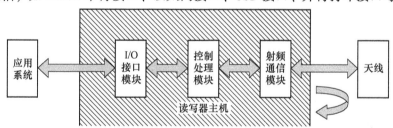

图 2-19 射频读写器的构成

2.1.2.4 RFID 典型应用案例

A 在交通信息化方面的应用

在智能交通领域的应用有电子不停车收费系统，铁路车号车次识别系统，智能停车场管理系统，公交"一卡通"的应用，地铁/轻轨收费系统。如图 2-20 为智能车库组成，由地磁检测器、室内外信息引导屏、无线超声波探测器、控制计算机软硬件中心管理服务器等组成。

扫一扫
查看视频 13

B 在工业自动化方面的应用

产品质量追踪系统、设备状态监控，图 2-21 为汽车发动机质量追踪系统工作原理示意图。生产线上安装 RFID 阅读器，发动机托盘上安装 RFID 卡，发动机上线即写入汽车发动机条码信息，每个岗位可根据读取的条码信息将对应的加工数据通过以太网传输到服务器，从而实现对汽车发动机生产过程的质量监控。

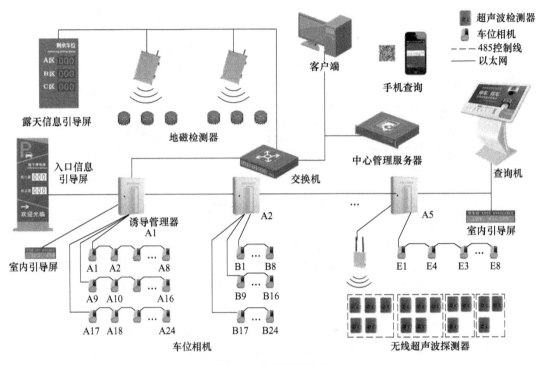

图 2-20　智能车库组成

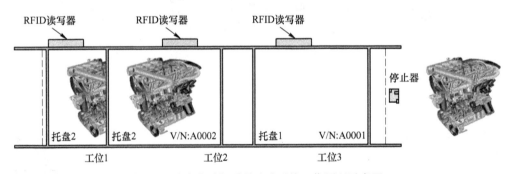

图 2-21　汽车发动机质量追踪系统工作原理示意图

C　在物资与供应链管理中的应用

航空、邮政包裹的识别，集装箱自动识别系统，智能托盘系统，在仓储管理中的应用。如图 2-22 所示，在包裹上贴 RFID 标签，通过手持式的阅读器读取，即可在计算机上取得标签信息，再通过计算机网络查询资料中心数据库取得包裹的所有信息，从而实现对包裹的跟踪、管理。

D　在食品、药品安全及追溯方面的应用

在养殖场给每头猪戴上电子耳环，记载其相关信息，并将相关信息采集到计算机上，在屠宰场轨道挂钩上安装电子标签，记录屠宰信息，在分割加工场按分割标签记录相关信

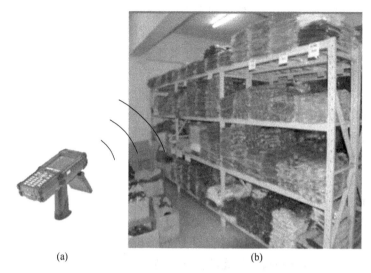

(a)　　　　　　　　　　　　(b)

图 2-22　RFID 在物资与供应链管理中的应用

息，所有的信息在分销零售计算机上均可查询。在这个过程中，系统主要采用 RFID 技术、计算机网络技术、数据库技术以及相关的信息查询管理系统。

　　E　在图书资料管理中的应用

　　如图 2-23 所示，图书馆采用了无线感应门、RFID 书签、计算机软硬件技术等物联网技术，实现了自动借还书以及图书的盘点、寻找、顺架等管理。

图 2-23　RFID 在图书资料管理中的应用

2.1.3　生物特征识别技术

　　生物特征识别技术是通过计算机与各种传感器和生物统计学原理等高科技手段密切结合，利用人体固有的生理特征和行为特征，来进行个人身份的鉴定。

扫一扫
查看视频 14

生理特征多为先天性的，行为特征则多为后天性的。将生理特征和行为特征统称为生物特征。常用的生理特征有脸像、指纹、虹膜等，常用的行为特征有步态、签名等。

身份鉴别可利用的生物特征必须满足以下几个条件。

第一，普遍性：必须每个人都具备这种特征。

第二，唯一性：任何两个人的特征是不一样的。

第三，可测量性：特征可测量。

第四，稳定性：特征在一段时间内不改变。

在应用过程中，还要考虑其他的实际因素，比如识别精度、识别速度、对人体无伤害、被识别者的接受性等。

实现识别的过程：生物样本采集→采集信息预处理→特征抽取→特征匹配。

生物特征识别技术具体包括以下几个技术：

（1）指纹识别技术。指纹识别技术是通过取像设备读取指纹图像，然后用计算机识别软件分析指纹的全局特征和指纹的局部特征，特征点如峰、谷、终点、分叉点和分歧点等，从指纹中抽取特征值，可以非常可靠地通过指纹来确认一个人的身份。

指纹识别的优点表现在：研究历史较长，技术相对成熟；指纹图像提取设备小巧；同类产品中，指纹识别的成本较低。其缺点表现在：指纹识别是物理接触式的，具有侵犯性；指纹易磨损，手指太干或太湿都不易提取图像。图 2-24 为各种基于指纹识别的应用。

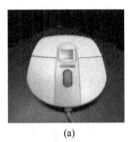

　　　　(a)　　　　　　　(b)

图 2-24　基于指纹识别的应用

（2）虹膜识别技术。虹膜识别技术是利用虹膜终身不变性和差异性的特点来识别身份的，虹膜是指眼球中瞳孔和眼白之间充满了丰富纹理信息的环形区域，每个虹膜都包含一个独一无二的基于水晶体、细丝、斑点、凹点、皱纹和条纹等特征的结构。

虹膜在眼睛的内部，用外科手术很难改变其结构；由于瞳孔随光线的强弱变化，想用伪造的虹膜代替活的虹膜是不可能的。和常用的指纹识别相比，虹膜识别技术操作更简便，检验的精确度也更高。在可以预见的未来，将在安全控制、海关进出口检验、电子商务等多个领域的应用，必然会以虹膜识别技术为重点。图 2-25 为虹膜识别的过程图。

(1) 捕捉虹膜的数据图像　　　　　　　　　　(2) 为虹膜的图像分析准备过程

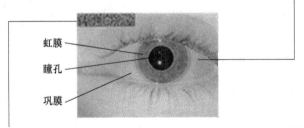

　　　　　　　　　　虹膜

　　　　　　　　　　瞳孔

　　　　　　　　　　巩膜

(3) 从虹膜的纹理或类型创造512字节的iriscode　　(4) 使用iriscode模板用于虹膜确认

图 2-25　虹膜识别过程图

（3）基因（DNA）识别技术。DNA（脱氧核糖核酸）存在于一切有核的动（植）物中，生物的全部遗传信息都贮存在 DNA 分子里。DNA 识别是利用不同人体的细胞中具有不同的 DNA 分子结构。

人体内的 DNA 在整个人类范围内具有唯一性和永久性。因此，除了对双胞胎个体的鉴别可能失去它应有的功能外，这种方法具有绝对的权威性和准确性。DNA 模式在身体的每一个细胞和组织都一样。这种方法准确性优于其他任何生物特征识别方法，它广泛应用于识别罪犯。

基因识别技术存在的主要问题是使用者伦理问题和实际可接受性，DNA 模式识别必须在实验室中进行，不能达到实时以及抗干扰，耗时长是另一个问题，这就限制了 DNA 识别技术的使用；另外，某些特殊疾病可能改变人体 DNA 的结构，系统无法对这类人群进行识别。

（4）步态识别技术。步态是指人们行走时的方式，这是一种复杂的行为特征。步态识别主要提取的特征是人体每个关节的运动。尽管步态不是每个人都不相同的，但是它也提供了充足的信息来识别人的身份。步态识别的输入是一段行走的视频图像序列，因此其数据采集与脸相识别类似，具有非侵犯性和可接受性。图 2-26 为步态识别图。

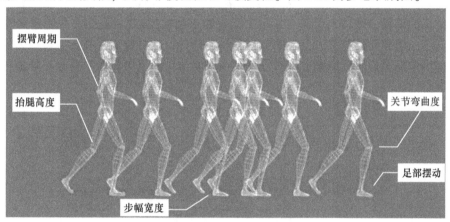

图 2-26　步态识别图

由于序列图像数据量较大，因此步态识别的计算复杂性比较高，处理起来也比较困难，可用于犯罪分子追踪、家庭防盗、手机、笔记本电脑等物品防盗系统。

2.1.4　传感器技术与无线传感器网络

2.1.4.1　感知的基本概念

扫一扫
查看视频 15

感知技术作为信息获取的重要手段，与通信技术、计算机技术共同构成了信息技术的三大支柱。我国四大发明之一的指南针标志着我国古代人已开始应用感知技术。

传感器是物联网感知层的主要器件，是物联网及时、准确获取外部物理世界信息的重要手段。因此，由传感器与无线通信网络结合形成的无线传感器网络技术为物联网提供了重要的感知手段。

A　人的感知能力

眼、耳、鼻、舌、皮肤是人类感知外部物理世界的重要感官。我们可以通过手接触物体来感知物体是热是凉，用手提起一个物体来判断它的大概重量；用眼睛快速地从教室的很多学生中找出某人；用舌头尝出食物的酸甜苦辣；用鼻子闻出各种气味。人类是通过视觉、味觉、听觉、嗅觉、触觉五大感官来感知周围的环境，这是人类认识世界的基本途径。人类具有非常智慧的感知能力，我们可以综合视觉、味觉、听觉、嗅觉、触觉等多种手段感知的信息，来判断我们周边的环境，比如是否发生了火灾、污染或交通堵塞。然而，仅仅依靠人的基本感知能力是远远不够的。随着人类对外部世界的改造，对未知领域与空间的拓展，人类需要的信息来源、种类、数量、精度不断增加，对信息获取的手段也提出了更高的要求，而传感器是能够满足人类对各种信息感知需求的主要工具。最早的传感器出现在 1861 年，可以说，传感器是实现信息感知、自动检测和自动控制的首要环节，也是人类五官的进一步延伸。

B　传感器的基本概念

传感器是由敏感元件和转换元件组成的一种检测装置，能感知被测量信息，并能将感知和检测到的信息按一定规律变换成为电信号（电压、电流、频率或相位）输出，以满足感知信息的传输、处理、存储、显示、记录和控制的要求。图 2-27 为传感器的组成系统图，其中，敏感元件直接感受或响应被测量的部分，比如弹簧秤将压力转换为长度，转换元件能将敏感元件感受或响应的被测量转换电信号，测量电路的功能是对电信号进行放大和滤波。

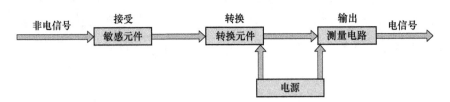

图 2-27　传感器的组成系统图

下面以声传感器为例，说明传感器的结构及工作过程，如图 2-28 所示。

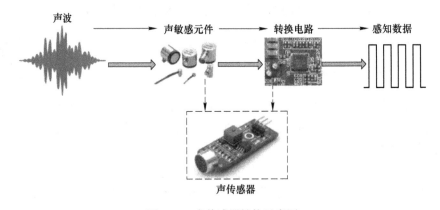

图 2-28　声传感器结构示意图

当声波传播到声敏感元件时，声敏感元件将声音信号转换为电信号，输入到转换电路。转换电路将微弱的电信号放大、整形后，输出与被测量的声波频率与强度相对应的感知数据。

C　传感器的分类

传感器有多种分类方法，包括根据传感器功能分类、根据传感器工作原理分类、根据传感器感知的对象分类，以及根据传感器的应用领域分类等。

如果我们从功能角度将传感器与人的五大感觉器官对比，那么对应于视觉的是光敏传感器，对应于听觉的是声敏传感器，对应于嗅觉的是气敏传感器，对应于味觉的是化学传感器与生物传感器，对应于触觉的是压敏、温敏、流体传感器。这种分类方法非常直观。

根据传感器的工作原理，可将其分为物理传感器、化学传感器两大类，生物传感器属于一类特殊的化学传感器。

表 2-2 给出了常用的物理传感器与化学传感器的分类。

表 2-2　常用的物理传感器与化学传感器的分类

物理传感器	力传感器	压力传感器、速度传感器、位移传感器、位置传感器、加速度传感器、硬度传感器、力矩传感器、流量传感器、黏度传感器
	热传感器	温度传感器、热流传感器、热导率传感器
	声传感器	声压传感器、噪声传感器、超声波传感器、声表面波传感器
	光传感器	可见光传感器、红外线传感器、紫外线传感器、图像传感器、光纤传感器、分布式光纤传感器
	电传感器	电流传感器、电压传感器、电场强度传感器
	磁传感器	磁场强度传感器、磁通量传感器
	射线传感器	X 射线传感器、γ 射线传感器、β 射线传感器、辐射剂量传感器
化学传感器		离子传感器、气体传感器、湿度传感器、生物传感器

2.1.4.2　物理传感器

物理传感器的工作原理是利用力、热、声、光、电、磁、射线等物理效应，将被测信号量的微小变化转换成电信号。根据传感器检测的物理参数类型的不同，物理传感器可以进一步分为力传感器、热传感器、声传感器、光传感器、电传感器、磁传感器与射线传感器 7 类。

A　力传感器

根据测量的物理量不同，力传感器可以分为压力传感器、力矩传感器、速度传感器、加速度传感器、流量传感器、位移传感器、位置传感器、密度传感器、硬度传感器、黏度传感器等。图 2-29 中给出了几种不同封装、体积、结构与用途的力传感器。

B　热传感器

在人类生活与生产中，最常用到的是温度与热量的测量。能够感受到温度和热量，并转换成输出信号的传感器称为热传感器或温度传感器。热传感器可以分为温度传感器、热

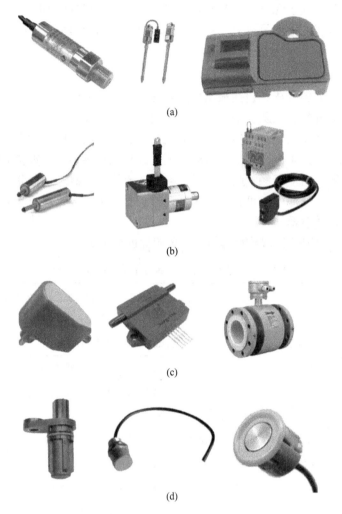

图 2-29　不同用途的力传感器
（a）压力传感器；（b）位移传感器；（c）流量传感器；（d）位置传感器

流传感器、热导率传感器。按测量方式，热传感器可以分为接触式和非接触式热传感器。
接触式热传感器的检测部分与被测对象有良好的接触，又称为温度计。温度计通过传导或
对流达到热平衡，从而使其示值能直接表示被测对象的温度。非接触式热传感器的敏感元
件与被测对象互不接触。非接触式的测量方法主要用于运动物体、小目标，以及热容量小
或温度变化迅速环境中。辐射测温法包括光学高温计的亮度法、辐射高温计的辐射法，以
及比色温度计的比色法。非接触法可以用于冶金中的钢带轧制温度、轧辊温度、锻件温
度，以及各种熔融金属在冶炼炉或坩埚中温度的测量。图 2-30 给出了不同类型和用途的
热传感器实物图。

　　C　声传感器

　　声传感器是个古老的话题，人们熟悉的声呐就是典型的声传感器。声呐是英文缩写
"SONAR" 的音译，是一种利用声波在水下的传播特性，通过声敏感元件完成水下声探测

图 2-30 热传感器实物图

的设备，是水声学中广泛应用的一种重要装置。声呐是 1906 年由英国海军发明的，最初用于侦测冰山，第一次世界大战时用来侦测水下潜艇。

人说话的语音频率范围在 300~3400Hz，人耳可以听到 20Hz~20kHz 的音频信号。频率高于 20kHz 的声波称为超声波，频率低于 20Hz 的声波称为次声波。声传感器又可以进一步分为声波传感器、超声波传感器与次声波传感器。

超声波传感器是利用超声波的特性研制而成的声传感器。超声波是振动频率高于声波的机械波，具有频率高、波长短、方向性好、能够定向传播等特点。超声波对液体、固体的穿透能力，尤其是在不透明的固体中能够穿透几十米的深度。超声波碰到杂质或分界面会产生显著反射形成反射回波，碰到活动物体能产生多普勒效应，因此超声波传感器广泛应用于工业、国防、生物医学等领域。

在自然界中，海上风暴、火山爆发、大陨石落地、海啸、电闪雷鸣、波浪击岸、水中漩涡、空中湍流、龙卷风、磁暴、极光等都可能伴有次声波的发生。在人类活动中，核爆炸、导弹飞行、火炮发射、轮船航行、汽车奔驰、高楼和大桥摇晃，甚至像鼓风机、搅拌机、扩音喇叭等在发声的同时也都能产生次声波。同时，由于某些频率的次声波和人体器官的振动频率相近，容易和人体器官产生共振，对人体有很强的伤害性，危险时可致人死亡。因此，近年来关于次声波传感器的研究成为声传感器研究的一个热点问题，也是物联网环境感知研究的一个重要课题。图 2-31 给出了声波、超声波与次声波传感器的实物图。

图 2-31 不同类型的声传感器实物图
（a）声波传感器；（b）超声波传感器；（c）次声波传感器

D 光传感器

光传感器是当前传感器技术研究的热门领域之一。光传感器有很多种类型，按照光源的频段可以分为可见光传感器、红外线传感器、紫外线传感器。目前常用的光传感器主要有图像传感器与光纤传感器。

无论是在公路上开车、商场购物，还是在机场候机，随处都可以看到摄像头。摄像头是图像传感器的重要组成部分，图像传感器是能感受光学图像信息并转换成可用输出信号的传感器。目前，图像传感器已经广泛应用于智能工业、智能农业、智能安防、智能交通、智能家居、智能环保等各个领域。图 2-32 给出了各种形式摄像头的照片，如无线监控摄像头、半球车载摄像头、IP 网络摄像头、红外夜视摄像头、小型与微型摄像头。

图 2-32　各种形式的摄像头
(a) 无线监控摄像头；(b) 半球车载摄像头；(c) IP 网络摄像头；
(d) 红外夜视摄像头；(e) 微型摄像头；(f) 小型摄像头

　　由于光纤传感器工作在非电的状态，具有重量轻、体积小、低成本、抗干扰等优点，因此光纤传感器在精度高、远距离、网络化、危险环境的感知与测量中越来越受到重视，社会需求进一步推动了光纤传感器技术的快速发展。激光是 20 世纪 60 年代初发展起来的一项新技术，它标志着人们掌握和利用光波进入了一个新的阶段。随着磁光效应的发现，可以利用光的偏振状态来实现传感器的功能。当一束偏振光通过介质时，若在光束传播方向存在一个外磁场，那么光通过偏振面将旋转一个角度，在特定的试验装置下偏转的角度和输出的光强成正比，通过输出光照射激光二极管就可以获得数字化的光强度数据。光纤传感器作为一种重要的工业传感器，目前已经广泛应用于工业控制机器人、搬运机器人、焊接机器人、装配机器人与控制系统的自动实时测量。同时，光纤传感器可以用于磁、声、压力、温度、加速度、陀螺、位移、液面、转矩、光声、电流和应变等物理量的测量与传感，以及光纤陀螺、光纤水听器等应用中。不同的光纤传感器如图 2-33 所示。

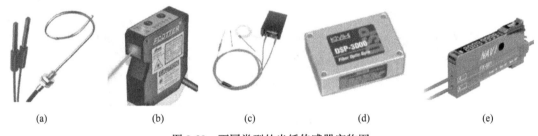

图 2-33　不同类型的光纤传感器实物图
(a) 纳米光纤位移传感器；(b) 光位移传感器；(c) 光纤传感器；(d) 光纤陀螺传感器；(e) 光纤压力传感器

　　分布式光纤传感系统利用光纤作为传感敏感元件和传输信号介质，探测出沿着光纤不同位置的温度和应变的变化，实现分布式、自动、实时、连续、精确的测量。分布式光纤传感系统应用领域包括：智能电网的电力电缆表面温度检测、事故点定位，发电厂和变电站的温度监测、故障点检测和报警，水库大坝、河堤安全与渗漏监测，桥梁与高层建筑结构安全性监测，公路、地铁、隧道地质状况的监测。同时，由于分布式光纤温度传感系统可以在易燃、易爆的环境下同时测量上万个点，可以对每个温度测量点进行实时测量与定位，因此分布式光纤温度传感系统可以用于石油天然气输送管线或储罐泄漏监测，以及油库、油管、油罐的温度监测及故障点的检测。

E 电传感器

电传感器是常用的一类传感器。从测量的物理量角度，电传感器可以分为电阻式、电容式、电感式传感器。电阻式传感器是利用变阻器将非电量转换成电阻信号的原理制成的，主要用于位移、压力、应变、力矩、气流流速、液面与液体流量等参数的测量。电容式传感器是通过改变电容器的几何尺寸或介质参数来使电容量变化的原理制成的，主要用于压力、位移、液面、厚度、水分含量等参数的测量。电感式传感器是通过改变电感磁路的几何尺寸或磁体位置，来使电感或互感量变化的原理制成的，主要用于压力、位移、力、振动、加速度等参数的测量。

F 磁传感器

磁传感器是一种古老的传感器，指南针就是磁传感器最早的一种应用。现代的磁传感器要将磁信号转化成为电信号输出。应用最早的磁电式传感器在工业控制领域做出了重要的贡献，但是目前已经被高性能磁敏感材料的新型磁传感器所替代。在电磁效应的传感器中，磁旋转传感器是重要的一种。磁旋转传感器主要由半导体磁阻元件、永久磁铁、固定器、外壳等几个部分组成。典型结构是将磁阻元件安装在一个永磁体上，元件的输入输出端子接到固定器上，然后安装在金属盒中，再用工程塑料密封，形成密闭结构，这样的结构就具有良好的可靠性。磁旋转传感器在工厂自动化系统中有广泛的应用，如机床伺服电机的转动检测、工厂自动化的机器人臂的定位、液压冲程的检测，以及工厂自动化设备位置检测、旋转编码器的检测单元、各种旋转的检测单元。

磁旋转传感器在家用电器中也有很大的应用空间。例如，在录音机的换向机构中，可用磁阻元件来检测磁带的终点。大多数家用录像机具有的变速、高速重放功能，以及洗衣机中电动机的正反转和高低速旋转功能都是通过伺服旋转传感器来实现检测和控制的。磁旋转传感器可用于检测翻盖手机与笔记本电脑等的开关状态，也可以用作电源及照明灯开关。图 2-34 为磁传感器实物图。

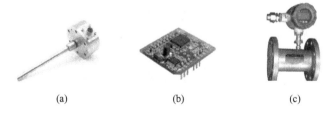

(a)　　　　　　　(b)　　　　　　　(c)

图 2-34　不同类型的磁传感器实物图
（a）磁传感器；（b）磁传感器芯片；（c）流量磁传感器芯片

G 射线传感器

射线传感器是将射线强度转换成可输出的电信号的传感器。射线传感器可以分为 X 射线传感器、γ 射线传感器、β 射线传感器、辐射剂量传感器。对射线传感器的研究已经持续了很长时间，目前射线传感器已经在环境保护、医疗卫生、科学研究与安全保护领域广泛使用。

2.1.4.3　化学传感器

化学传感器是可以将化学吸附、电化学反应过程中被测信号的微小变化转换成电信号的一类传感器。按传感方式的不同，化学传感器可分为接触式与非接触式两类。按结构形式的不同，化学传感器可以分为分离型与组装一体化两类。按检测对象的不同，化学传感器可以分为三类：气体传感器、湿度传感器、离子传感器。

A　气体传感器

气体传感器的传感元件多为氧化物半导体，有时在其中加入微量贵金属作增敏剂，增加对气体的活化作用。气体传感器又分为半导体、固体电解质、接触燃烧式、晶体振荡式和电化学式气体传感器。

B　湿度传感器

湿度传感器是测定水气含量的传感器，湿度传感器可以进一步分为电解质式、高分子式、陶瓷式和半导体式湿度传感器。

C　离子传感器

离子传感器是根据感应膜对某种离子具有选择性响应的原理设计的一类化学传感器，感应膜主要有玻璃膜、溶有活性物质的液体膜以及高分子膜。

化学传感器在矿产资源的探测、气象观测和遥测、工业自动化、医学诊断和实时监测、生物工程、农产品储藏和环境保护等领域有着重要的应用。目前，已经制成了血压传感器、心音传感器、体温传感器、呼吸传感器、血流传感器、脉搏传感器与体电传感器，用于监测人的生理参数，直接为保障人类的健康服务。

2.1.4.4　生物传感器

生物传感器是一类特殊的化学传感器。实际上，目前生物传感器研究的类型已经远远超出了我们对传统传感器的认知程度。

生物传感器是由生物敏感元件和信号传导器组成，生物敏感元件可以是生物体、组织、细胞、酶、核酸或有机物分子，不同的生物元件对于光强度、热量、声强度、压力有不同的感应特性。例如，对于光敏感的生物元件能够将它感受到的光强度转换成与之成比例的电信号，对于热敏感的生物元件能够将它感受到的热量转换成与之成比例的电信号，对于声敏感的生物元件能够将它感受到的声强度转换成与之成比例的电信号。

生物传感器应用的是生物机理，与传统的化学传感器和分析设备相比具有不可比拟的优势，这些优势表现在高选择性、高灵敏度、高稳定性、低成本，能够在复杂环境中进行在线、快速、连续监测。

在讨论物联网感知技术发展时，需要注意新型纳米传感器研究的进展。纳米传感器（Nanosensor）是纳米技术在感知领域的一种具体应用，它的发展丰富了传感器的理论体系，拓宽了传感器的应用领域。鉴于纳米传感器在生物、化学、机械、航空、军事领域的广阔应用前景，欧美等发达国家已经投入大量的人力、物力开展纳米传感器技术的研发。

科学界将纳米传感器与航空航天、电子信息等作为战略高科技技术。目前，纳米传感器已经进入全面发展阶段，它的发展将引发传感器领域的革命性变化。

2.1.4.5 无线传感器网络

传感器的广泛应用推动了传感器技术的快速发展，无线传感器与智能传感器的应用为无线传感器网络的研究开阔了思路，奠定了技术基础。

A 无线传感器

扫一扫
查看视频 16

无线传感器在战场侦察中的应用已经有几十年的历史。早在 20 世纪 60 年代，美军就曾用"热带树"无人值守传感器来完成侦察任务。由于越南胡志明小道处于热带雨林之中，常年阴雨绵绵，美军使用卫星与航空侦察手段都难以奏效，因此不得不改用地面传感器技术。"热带树"的无人值守传感器实际上是由振动传感器与声传感器组成的系统，它被飞机空投到被观测的地区，插在地上，仅露出伪装成树枝的无线天线。当人或车辆在它附近经过时，无人值守传感器就能够探测到目标发出的声音与振动信号，并立即通过无线信道向指挥部报告。指挥部对获得的信息进行处理，再决定如何处置。由于"热带树"的无人值守传感器应用的良好效果，促使很多国家纷纷研制无人值守地面传感器（Unattended Ground Sensors，UGS）系统。图 2-35 给出了 UGS 的硬件框架结构。

在 UGS 项目之后，美军又研制了远程战场监控传感器系统（Remotely Monitored Battlefield Sensors System，REM-BASS）。REMBASS 使用了远程监测传感器，由人工放置在被观测区域。传感器记录被检测对象活动所引起的地面震动、声响、红外与磁场等物理量变化，经过本地节点进行预处理或直接发送到传感器监控设备，传感器监控设备对接收的信号进行解码、分类、统计、分析，形成被检测对象活动的完整记录。

图 2-35 UGS 的硬件框架结构

无人值守地面传感器系统的研究开了传感器与无线通信技术交叉融合的先河，远程战场监控传感器系统在军事领域展现出的重要应用价值，也为无线传感器网络研究奠定了实验基础。

虽然无线传感器的种类非常多，但是它们绝大部分都包含以下模块。

（1）感知模块：主要由热敏元件、光敏元件、气敏元件、力敏元件、磁敏元件、湿敏元件、声敏元件、放射线敏感元件、色敏元件和味敏元件等敏感元件组成，用于记录被监控目标的一些物理学参数。

（2）信息处理模块：由嵌入式系统构成，用于处理存储感知模块采集的数据以及其他节点发过来的数据，并负责协调传感器节点各部分的工作，处理模块还具有控制电源工作模式的功能，实现节能。

（3）无线通信模块：这是传统有线传感器和无线传感器的最本质区别，无线通信模块的基本功能是将处理器输出的数据通过无线信道以及传输网络传送给其他节点。

（4）能量供应模块：为其他三个模块的工作提供能量。

无线传感器的一般结构如图 2-36 所示。

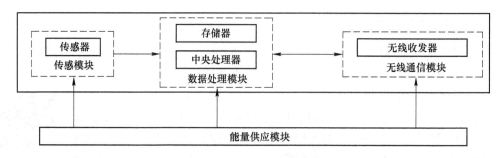

图 2-36　无线传感器的一般结构图

B　无线传感器网络

为了更好地理解无线传感器网络，首先介绍无线分组网和无线自组网的基本概念。

a　无线分组网

1972 年，美国国防部高级研究计划署（DARPA）在世界上第一个分组交换网 ARPA-NET 的研究基础上，开展了军用无线分组网（Packet Radio Network，PRNET）的研究。PRNET 的研究目标是将分组交换技术与无线通信技术结合起来，构成能够在战场环境中应用的新型无线分组网络，无线分组网的研究成果为无线自组网的发展奠定了基础。

b　无线自组网

IEEE 将无线自组网定义为一种特殊的自组织、对等、多跳、无线移动网络（Mobile Ad hoc NETwork，MANET），它是在无线分组网的基础上发展起来的。研究无线自组网的动机其实很简单，在美国军事应用的"未来战士"项目的研究中，如果多个头盔中带有无线网络节点的单兵之间的通信，仍然要借助传统互联网的路由器，那么在战场上对于只要找到无线路由器的位置并把路由器破坏掉，整个网络就会崩溃。这时，即使配置了再好设备的单兵也无法与上级通信，变成一群"无头苍蝇"。针对这个问题，设计者提出另一种思路：让每一个单兵头盔上的计算装置既能够计算，又能够作为路由器参与无线自主组网与转发数据。那么，无论士兵之间的相互位置如何改变，他们头盔中的无线自组网节点天线都能够快速地接收到邻近节点的无线信号，节点的路由模块可以根据当时的相邻节点位置，启动路由算法，自动调整节点之间的通信关系，动态地形成新的网络拓扑结构，这种无线网络就称为无线自组网。无线自组网的基本工作原理如图 2-37 所示。

无线自组网的英文名称为 Ad hoc NETwork 或 Self-organizing NETwork。1991 年 5 月，IEEE 正式采用"Ad hoc 网络"这个术语。Ad hoc 这个词来源于拉丁语，它在英语中的含义是"for the specific purpose only"，即"专门为某个特定目的、即兴的、事先未准备的"意思。IEEE 将"Ad hoc 网络"定义为：一种特殊的自组织、对等、多跳、无线移动网络。

无线自组网（Ad hoc）采用的是一种不需要基站的对等结构移动通信方式。Ad hoc 网络中的所有联网设备可以在移动过程中动态组网。例如，一组坦克、装甲运兵车、军舰、飞机之间以及一个战斗集体的战士头盔计算设备之间，都可以在移动过程中组成 Ad

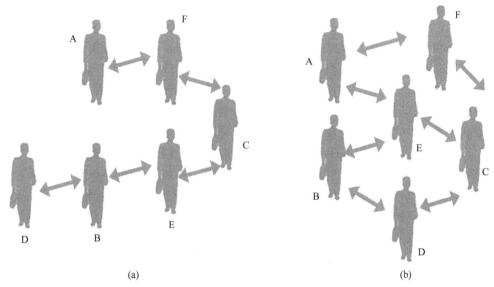

图 2-37 无线自组网工作原理示意图

(a) 自组网前的网络拓扑结构;(b) 自组网后的网络拓扑结构

hoc 网络,传达命令,用文字、语音、图像与视频方式交换战场信息。在民用领域,一组行进在高速公路上的汽车之间可以动态组成一个车载 Ad hoc 网络,提高行车速度与主动安全性;在展览会、学术会议、应急指挥现场的一群工作人员可以不依赖基站和路由器,快速将计算机、PDA 或其他数字终端设备组成一个临时的 Ad hoc 网络。Ad hoc 网络是一种不需要建立基站的无线移动网络,是一种可以在任何地点、任何时刻迅速构建的移动自组织网络。

Ad hoc 网络具有以下几个主要特点:

(1) 自组织与独立组网。Ad hoc 网络可以不需要任何预先架设的基站等通信设施,所有节点通过分布式算法来协调每个节点各自的行为,可以快速、自主和独立地组网。

(2) 无中心控制节点。Ad hoc 网络是一种对等结构的网络,网络中的所有节点地位平等,没有专门用于分组路由、转发的路由器。节点可以随时加入或离开网络,任何一个节点出现故障都不会影响整个网络系统的工作。

(3) 多跳路由。由于节点受到无线发射功率的限制,因此每个节点的覆盖范围有限。在有效发射功率之外的节点之间通信,必须通过中间节点的转发来完成。由于 Ad hoc 网络没有专用的路由器,所以分组转发由节点之间按照路由协议来协同完成。

(4) 动态拓扑。由于 Ad hoc 网络允许节点在任何时间以任意速度和方向移动,同时节点受所在地理位置、无线通信信道发射功率、天线覆盖范围、信道之间干扰,以及节点电池能量消耗等因素的影响,使得节点之间的通信关系不断变化,从而造成 Ad hoc 网络的拓扑动态改变。因此,要保证 Ad hoc 网络正常工作,就必须研究特殊的路由协议与实现机制,以适应无线网络拓扑的动态改变。

(5) 能量限制。由于移动节点必须具有携带方便、轻便、灵活的特点,因此在 CPU、内存与整体外部尺寸上都有比较严格的限制。移动节点一般使用电池来供电,每个节点中的电池容量有限，节点能量受限，因此必须采用节约能量的措施，以延长节点的工作时间。

Ad hoc 网络技术研究的初衷是应用于军事领域。Ad hoc 网络无须事先架设通信设施，可以快速展开和组网，抗毁坏性好，因此 Ad hoc 网络已成为未来数字化战场通信的首选技术，并在近年来得到迅速发展。Ad hoc 网络可以支持野外联络、独立战斗群通信和舰队战斗群通信、临时通信要求和无人侦察与情报传输。

在民用领域，它在办公、会议、个人通信、紧急状态通信等应用领域都有重要的应用前景。Ad hoc 网络的快速组网能力，可以免去布线和部署网络设备的工作，使得它可以用于临时性工作场合的通信，如会议、庆典、展览等。在室外临时环境中，工作团体的所有成员可以通过 Ad hoc 方式组成的一个临时网络协同工作。在发生地震、水灾、火灾或遭受其他灾难后，固定的通信网络设施可能全部损毁或无法正常工作，这时就需要用到不依赖固定网络设施、能够快速组网的 Ad hoc 技术。科学家正在开展将 Ad hoc 技术应用于公路无人驾驶汽车、移动医疗监护系统，以及智能机器人、可穿戴计算等系统中。

c　无线传感器网络定义

WSN （Wireless Sensor Networks） 是无线传感器网络，是由大量的具有感知能力的传感器节点，通过自组织方式构成的无线网络。传感器监控不同位置的物理或环境状况，比如温度、声音、振动、压力、运动或污染物。无线传感器网络的发展最初起源于战场监测等军事应用，而现今无线传感器网络被应用于很多民用领域，如环境与生态监测、健康监护、家居自动化以及交通控制等。

d　无线传感网发展的历史

整个无线传感网发展的历史经历了三个阶段。

第一阶段：最早可以追溯至越战时期使用的传统的传感器系统。

第二阶段：20 世纪 80 年代至 90 年代之间，主要是美军研制的分布式传感网络系统、海军协同交战作战能力系统、远程战场传感器系统等。

第三阶段：21 世纪至今，也就是美国发生的 911 事件之后。

我国与发达国家在现代意义上的无线传感网研究及应用方面几乎同步启动，它已经成为我国信息领域位居世界前列的少数方向之一。在 2006 年我国发布的《国家中长期科学与技术发展规划纲要》中，为信息技术确定了三个前沿方向，其中有两项就与传感器网络直接相关，这就是智能感知和自组网技术。

1995 年，美国交通部提出了"国家智能交通系统项目规划"，预计到 2025 年全面投入使用。在美国旧金山，200 个联网传感器已经部署到金门大桥，这些传感器用于确定大桥从一边到另一边的摆动距离。

无线传感网络是继计算机和互联网之后世界信息产业第三次浪潮，已经成为新一轮全球经济和科技发展战略焦点。

e　无线传感网的工作原理

现在通过一个具体的案例来说明无线传感网的工作原理。如果要设计一个用于监测有大量易燃物的化工企业的防火预警无线传感器网络，那么可以在无线传感器网络节点安装温度传感器。分布在厂区不同敏感位置的传感器节点自动组成了一个无线自组网，任何一个被监测设备出现温度异常，温度数据就会被立即传送到控制中心。如图 2-38 所示，当一个被监测设备的温度突然上升到150℃时，传感器节点会将被感知的"信息"转化成"数据"——"1100110010110"；数据处理电路随之将这组数据转化成可以通过无线通信电路发送的数字"信号"，这组数字信号经过多个节点转发之后到达汇聚节点。汇聚节点将接收到的所有数据信号汇总后，传送给控制中心。控制中心从"信号"中读出"数据"，从"数据"中提取"信息"。控制中心将综合多个节点传送来的"信息"，进而判断是否发生火情，以及哪个位置出现火情。

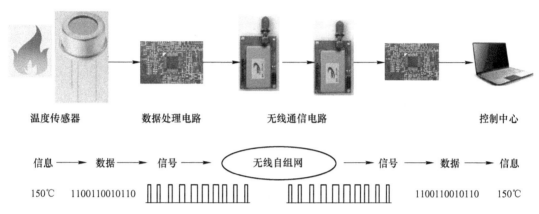

图 2-38　无线传感器网络的工作原理

从上面的例子可以看出，无线传感器网络在工业、农业、环保、安防、医疗、交通等领域有着广泛的应用前景。同时，无线传感器网络可以在不需要预先布线或设置基站的条件下，对敌方兵力和装备、战场环境实现实时监视，可以用于战场评估、对核攻击与生化攻击的监测和搜索。因此，无线传感器网络的出现立即引起了学术界与产业界的高度重视，被评价为"21世纪最有影响的21项技术之一"和"改变世界的十大技术之首"，世界各国相继启动了多项关于无线传感器网络的研究计划。

f　无线传感器网络的基本结构

无线传感器网络的体系结构的节点是多跳式转发模式，多个节点经过因特网和卫星通信网络将节点信息汇集，在传感器区域内经过多跳转发模式，把传感信息再传送给用户。在整个系统架构中传输介质是因特网（Internet）和卫星通信，而节点群、汇集节点以及网络用户端组成了整个体系结构，如图2-39所示。

无线传感器网络节点通常是一个微型的嵌入式系统，在无线传感器网络中节点是至关重要的核心基本元素，其节点结构如图2-40所示，主要包含传感器、A/D转换器、数据处理与控制模块、无线通信收发器模块、电池和能量转换模块。从网络功能上看，每个传感器节点兼有感知终端和路由器的双重功能，除了进行本地信息收集和数据处理之外，还要对其他节点发送来的数据进行存储、转发。由于无线传感器节点必须是小型和低成本的，传感器节点只能通过自身携带的能量有限的电池（纽扣电池或干电池）供电，因此节点的寿命直接受电池能量的限制。由于野外环境与条件的限制，电池充电与更换都很困难，这就直接影响到无线传感器网络的生存时间。因此，如何节约传感器节点耗能、延长无线传感器网络生存时间成为一个重点的研究问题。

g　无线传感器网络的特点

无线传感器网络的特点主要表现在以下几个方面。

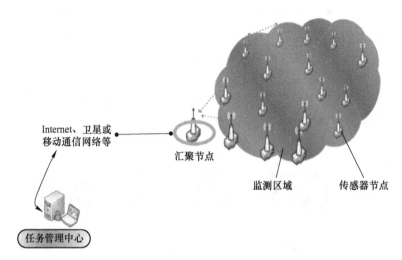

图 2-39 无线传感器网络结构

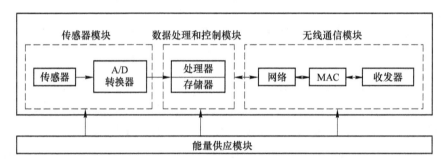

图 2-40 无线传感网节点结构图

（1）网络规模大。无线传感器网络的规模大小是与它的应用要求直接相关的。例如，如果将它应用于原始森林防火和环境监测，必须部署大量传感器，节点数量可能达到成千上万个，甚至更多。同时，这些节点必须分布在被检测的地理区域的不同位置。因此，大型无线传感器网络的节点多、分布的地理范围广。

（2）灵活的自组织能力。在无线传感器网络的实际应用中，传感器节点的位置不能预先精确设定，节点之间的相互邻居关系预先也不知道，传感器节点通常被放置在没有电力基础设施的地方。例如，通过飞机在面积广阔的原始森林中播撒大量传感器节点，或随意放置到人类不可到达的区域，或者是危险的区域。这就要求传感器节点具有自组织能力，能够自动进行配置和管理，通过路由和拓扑控制机制，自动形成能够转发感知数据的多跳无线自组网。因此，无线传感器网络必须具备灵活的组网能力。

（3）拓扑结构的动态变化。限制传感器节点的主要因素是节点携带的电源能量有限。在使用过程中，可能有部分节点因为能量耗尽，或受周边环境的影响不能与周边节点通信而失效，这就需要随时增加一些新的节点来替代失效节点。传感器节点数量的动态增减与相对位置的改变，必然会带来网络拓扑的动态变化，这就要求无线传感器网络系统具有动态系统重构的能力。

（4）以数据为中心。传统的计算机网络在设计时关心节点的位置，设计工作的重心是考虑如何设计出最佳的拓扑构型，将分布在不同地理位置的节点互联起来；如何分配网络地址，使用户可以方便地识别节点，找到最佳的数据传输路径。而在无线传感器网络的设计中，无线传感器网络是一种自组织的网络，网络拓扑有可能随时变化，设计者并不关心网络拓扑是什么样的，更关心的是接收到的传感器节点感知数据能够告诉我们什么样的信息，例如被观测的区域有没有兵力调动、有没有坦克通过。因此，无线传感器网络是以数据为中心的网络（Data-centric Network）。

　　h　无线传感网的典型应用案例

　　（1）工业控制。很多人对工业现场了解不多，其实工业现场是一个相当复杂的环境，工人、设备、环境组成一个整体。为了提高生产效率和保证生产安全，我们需要采集诸多信息，比如炼钢需要采集环境温度、设备运行状态等信息，煤矿需要采集瓦斯浓度、通风状态等信息。若采用布线方式分布传感器，势必造成设备复杂度增加，维护成本增加，而 WSN 可以很好地解决这些问题。图 2-41 就是一个工业控制领域的无线传感网模型。

扫一扫
查看视频 17

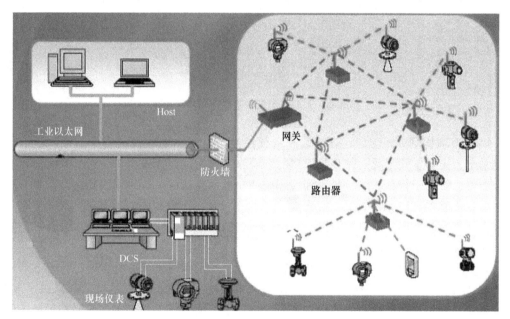

图 2-41　工业控制无线传感网模型

　　（2）智能家居。无线传感器网络的逐渐普及，促进了信息家电、网络技术的快速发展，家庭网络的主要设备已由单一机向多种家电设备扩展，基于无线传感器网络的智能家居网络控制节点为家庭内、外部网络的连接及内部网络之间信息家电和设备的连接提供了一个基础平台。

　　在家电中嵌入传感器结点，通过无线网络与互联网连接在一起，形成方便和更人性化的智能家居环境。利用远程监控系统可实现对家电的远程遥控，无线传感器网络使住户不但可以在任何可以上网的地方通过浏览器监控家中的水表、电表、煤气表、电热水器、空调、电饭煲等，安防系统煤气泄漏报警系统、外人侵入预警系统等，而且可通过浏览器设置命令，对家电设备远程控制，也可以通过图像传感设备随时监控家庭安全情况。利用传感器网络可以建立智能幼儿园，监测儿童的早期教育环境，以及跟踪儿童的活动轨迹。图 2-42 是无线传感网智能家居应用场景图。

图 2-42　无线传感网智能家居应用场景图

（3）环境检测和预报。在环境监测和预报方面，无线传感器网络可用于监视农作物灌溉情况、土壤空气情况、家畜和家禽的环境和迁移状况、无线土壤生态学、大面积的地表监测等，可用于行星探测、气象和地理研究、洪水监测等。基于无线传感器网络，可以通过数种传感器来监测降雨量、河水水位和土壤水分，并依此预测山洪暴发描述生态多样性，从而进行动物栖息地生态监测，还可以通过跟踪鸟类、小型动物和昆虫进行种群复杂度的研究等。

随着人们对环境的日益关注，环境科学所涉及的范围越来越广泛，通过传统方式采集原始数据是一件困难的工作。无线传感器网络为野外随机性的研究数据获取提供了方便，特别是如下方面：将几百万个传感器散布于森林中，能够为森林火灾地点的判定提供最快的信息；传感器网络能提供遭受化学污染的位置及测定化学污染源，不需要人工冒险进入受污染区；判定降雨情况，为防洪抗旱提供准确信息；实时监测空气污染、水污染以及土壤污染；监测海洋、大气和土壤的成分。图 2-43 为无线传感网生态环境监测应用场景图。

（4）精细农业。从本质上来说，无线传感网在精细农业上的应用类似于环境监测，区别在于将野外监测环境变成农田，但是农田环境与野外环境又有很大区别。农田监测数据种类更多，包括湿度、光照、土壤温度、土壤含水量、CO_2 浓度等环境参数，针对不同的耕种作物有不同的监测方案。图 2-44 是无线传感网在精细农业监测中的一种方案，图 2-45 是精细农业模拟场景图。

（5）医疗系统电子健康护理。当前很多国家都面临着人口老龄化的问题，我国老龄化速度更居全球之首。截至 2017 年年底，中国 60 岁以上的老年人已经达到 2.41 亿人，

图 2-43 无线传感网生态环境监测应用场景

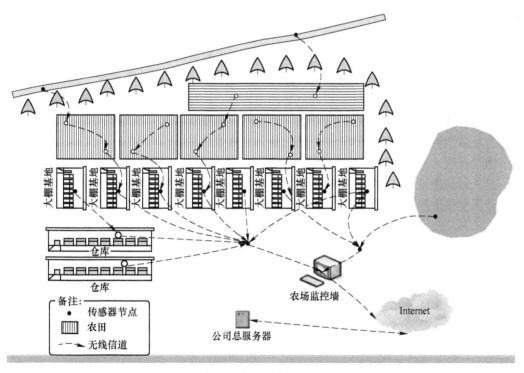

图 2-44 无线传感网在精细农业监测中的监控方案

约占总人口的 17.3%；80 岁以上的老年人达 4200 万人。一对夫妇赡养四位老人、生育一个子女的家庭大量出现，使赡养老人的压力进一步加大。"空巢老人"在各大城市平均比

图 2-45　精细农业模拟场景图

例已达 30% 以上，个别大中城市甚至已超过 50%，这对于中国传统的家庭养老方式提出了严峻挑战。

无线传感网技术通过连续监测提供丰富的背景资料并做预警响应，不仅有望解决这一问题，还可大大提高医疗的质量和效率。无线传感网集合了微电子技术、嵌入式计算技术、现代网络及无线通信和分布式信息处理等技术，能够通过各类集成化的微型传感器协同完成对各种环境或监测对象的信息的实时监测、感知和采集，是当前在国际上备受关注的、涉及多学科高度交叉、知识高度集成的前沿热点之一。

通过在病人身上安装带有射频标签的微型无线传感器，可以动态感知病人的身体状态，病人的身体状态数据可以实时地通过无线传感网络传输给携带 PDA 等通信设施的医生，当医生获取病人情况后将通知执勤护士或者急救人员前往病房进行救治，如图 2-46 所示。

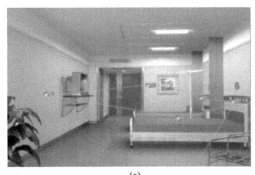

(a)

(b)

(c)   (d)

图 2-46 无线传感网医院电子巡检

2.1.5 智能感知设备与嵌入式技术

2.1.5.1 嵌入式技术的基本概念

物联网为我们描述了一个物理世界被广泛嵌入了各种感知与控制智能设备的场景，它们能够全面地感知环境信息，智慧地为人类提供各种便捷的服务。嵌入式技术是开发物联网智能感知设备的重要手段。

扫一扫
查看视频 18

嵌入式系统（Embedded System）也称为嵌入式计算机系统（Embedded Computer System），它是一种专用的计算机系统。由于嵌入式系统需要针对某些特定的应用，因此研发人员要根据应用的具体需求来剪裁计算机的硬件与软件，从而适应对计算机功能、可靠性、成本、体积、功耗的要求。

无线传感器节点、RFID 标签与标签读写器、智能手机与智能家电，各种物联网智能终端设备，以及智能机器人与可穿戴设备都属于嵌入式系统研究的范畴。嵌入式系统的基本概念与设计、实现方法，是物联网工程专业的学生必须掌握的重要知识与技能之一。

为了帮助读者理解嵌入式系统"面向特定应用""裁剪计算机的硬件与软件"及"专用计算机系统"的特点，我们以每天都在使用的智能手机与个人计算机为例，从硬件结构、操作系统、应用软件与外设等方面加以比较。图 2-47 给出了智能手机组成结构的示意图。

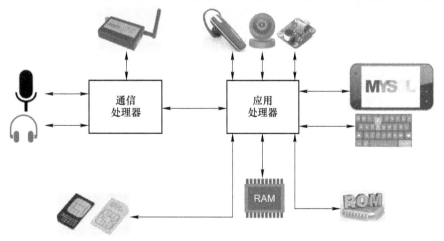

图 2-47 智能手机组成结构示意图

A　硬件的比较

我们可以从计算机体系结构的角度画出智能手机的硬件逻辑结构，如图 2-48 所示，也可以从 CPU、存储器、显示器与外设等方面对智能手机与个人计算机硬件加以对比。

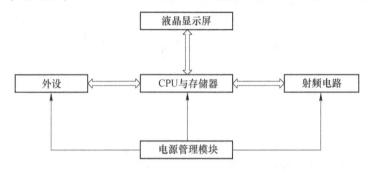

图 2-48　智能手机的硬件逻辑结构示意图

a　CPU

智能手机的所有操作都是在 CPU 与操作系统的控制下实现的，这一点与传统的 PC 是相同的。但是手机的基本功能是通信，它除了有与传统的 CPU 功能类似的应用处理器之外，还需要增加通信处理器，因此智能手机的 CPU 是由应用处理器与通信处理器芯片组成的。对于应用处理器而言，耳机、话筒、摄像头、传感器、键盘与显示屏都是外设，通信处理器控制着无线射频电路与天线的语音信号的发送与接收过程。

b　存储器

和传统的 PC 类似，手机存储器也分为只读存储器（ROM）和随机读写存储器（RAM）。根据手机对存储器的容量、读写速度、体积与耗电等方面的要求，手机中的 ROM 基本上都是使用闪存（Flash ROM），RAM 基本上都是使用同步动态随机读写存储器（SDRAM）。

与传统的 PC 相比，手机的 RAM 相当于 PC 的内存条，用于暂时存放手机 CPU 中运算的数据，以及 CPU 与存储器交换的数据。手机的所有程序都是在内存中运行的，手机关闭时 RAM 中的数据自动消失。因此，RAM 的大小对手机性能的影响很大。

手机 ROM 相当于 PC 安装操作系统的系统盘。ROM 一部分用来安装手机的操作系统，一部分用来存储用户文件。手机关机时，ROM 中的数据不会丢失。

手机中的闪存相当于 PC 的硬盘，用来存储 MP3、MP4、电影、图片等用户数据。

为了实现对手机用户的有效管理，手机需要内置一块用于识别用户的 SIM 卡，它存储了用户在办理入网手续时写入的有关个人信息。SIM 卡的信息分为两类；一类是由 SIM 卡生产商与网络运营商写入的信息，如网络鉴权与加密数据、用户号码、呼叫限制等；另一类是由用户在使用过程中自行写入的数据，如其他用户的电话号码、SIM 卡的密码 PIN 等。

c　显示器

与 PC 显示器对应的是手机显示屏，手机的显示屏一般采用薄膜晶体管（TFT）液晶显示屏，手机显示屏的分辨率使用行、列点阵形式表示。假设有两个手机，一个使用 3 英寸❶显示屏，另一个使用 5 英寸显示屏，如果分辨率都是 640×480，那么由于这些像素均

---

❶　1 英寸 = 2.54cm。

匀地分布在屏幕上，显然 3 英寸显示屏单位面积分布的像素肯定比 5 英寸显示屏多，3 英寸显示屏的像素点阵更加密集，因此图像显示的效果会更加细腻、清晰。因此从硬件结构看技术人员在设计智能手机时，需要根据实际应用需求对计算机硬件与软件进行适当的"裁剪"。

d 外设

由于 PC 的工作重心放在信息处理上，因此配置的外设包括硬盘、键盘、风标、扫描仪，从联网的角度配置 Ethernet 网卡、WiFi 网卡与蓝牙网卡。智能手机首先是通信设备，同时具有一定的信息处理能力。因此，智能手机除了要配备键盘、鼠标、LCD 触摸屏之外，还需要耳机、话筒、摄像头、各种传感器等。

智能手机配置的传感器包括加速度传感器、磁场传感器、方向传感器、陀螺仪、光线传感器、气压传感器、温度传感器、湿度传感器与接近传感器等。智能手机利用气压传感器、温度传感器、湿度传感器可以方便地实现环境感知；利用磁场传感器、加速度传感器、方向传感器、陀螺仪可以方便地实现对手机运动方向与速度的感知；利用距离传感器可以方便地实现对手机位置的发现、查询、更新与地图定位。

智能手机在移动过程中要同时完成通信、智能服务与信息处理等多重任务，而智能手机的电池耗电决定着手机使用的时间，因此如何减少手机的耗电成为设计中必须解决的困难问题。手机的设计者千方百计地去思考如何节约电能。例如，利用接近传感器发现使用者是不是在接听电话。如果判断出使用者将手机贴近耳朵接听电话，那使用者就不可能看屏幕，这时手机操作系统就立即关闭屏幕，以节约电能。因此，智能手机中必须有一个电源管理模块，优化电池为手机的各个功能模块供电，以及充电的过程。当手机没有处于使用状态时，电源管理模块让手机处于节能的"待机"状态。而一般用于办公环境的 PC，可以通过 220V 电源供电，因此它在节能方面的要求就比用于移动通信的手机宽松得多。

e 通信功能

目前，PC 通常都配置了接入有线网络的 Ethernet 网卡、接入 WiFi 的无线网卡，以及与鼠标、键盘、耳机等外设在近距离进行无线通信的蓝牙网卡。笔记本电脑一般不需要配置接入移动通信网 4G/5G 网卡。

智能手机的基本功能是移动通信，因此它必然要有功能强大的通信处理器芯片，以及能够接入 4G/5G 基站的射频电路与天线，同时它需要配置接入 WiFi 的无线网卡，以及与外设近距离通信的蓝牙网卡或近场通信（NFC）网卡，但是不需要配置 Ethernet 网卡。智能手机的硬件设计受到电能、体积、重量的限制，包括网卡在内的各种外设的驱动程序必须在手机操作系统上重新开发。

B 软件的比较

a 操作系统

由于智能手机实际上是一种具有发射与接收功能的微型计算机（这是智能手机与 PC 最大的不同），因此研究人员一定要专门研发适用于手机硬件结构与功能需求的专用操作系统。因此，这正体现出嵌入式系统是"面向特定应用"的计算机系统的特点。

智能手机的操作系统主要有微软的 Windows Mobile、诺基亚等公司共同研发的手机操作系统 Symbian（塞班系统）、苹果公司推出的 iOS 操作系统。在各种手机操作系统上开发应用软件是比较容易的，这一点在 Android 操作系统上表现得更为突出。

在网络功能的实现上，Android 操作系统遵循 TCP/IP 协议体系，采用支持 Web 应用的 HTTP 协议来传送数据。Android 操作系统的底层提供了支持低功耗的蓝牙协议与 WiFi 协议的驱动程序，使得 Android 手机可以方便地与使用蓝牙协议或 WiFi 协议的移动设备互联。同时，Android 操作系统提供了支持多种传感器的应用程序接口（API），支持的传感器包括：加速度传感器、磁场传感器、方向传感器、陀螺仪、光线传感器、气压传感器、温度传感器、湿度传感器与接近传感器等。利用 Android 操作系统提供的 API，可以方便地实现环境感知、移动感知、位置感知与地图定位，以及语音识别、手势识别、基于位置服务与多媒体应用功能。

目前，除了智能手机之外，很多智能机器人、无人驾驶汽车、无人机、可穿戴计算设备与物联网智能终端设备等智能硬件，也是基于 Android 操作系统开发的。

b　应用程序

随着智能手机 iPhone 的问世，智能手机的第三方应用程序 App（Application）以及 App 销售的商业模式，逐渐被移动互联网用户所接受。手机 App 从游戏、基于位置的服务、即时通信，逐渐发展到手机购物、网上支付与社交网络等多种类型。近年来，手机 App 的数量与应用规模呈爆炸性发展的趋势，形成了继 PC 应用程序之后更大的市场规模与移动互联网重要的盈利点。

嵌入式技术的发展促进了智能手机功能的演变，智能手机的大规模应用又为嵌入式技术的发展提供了强大的推动力。现在，移动通信已成为智能手机的基本功能，除此之外，智能手机也已经成为移动上网、移动购物、网上支付与社交网络最主要的终端设备，甚至逐步取代了人们随身携带的名片、登机牌、钱包、公交卡、照相机、摄像机、录音机、GPS 定位与导航设备。正因为智能手机应用范围的不断扩大，促使嵌入式技术研究人员不断地改进智能手机的电池性能、快速充电方法，以及柔性显示屏、数据加密与安全认证技术。

2.1.5.2　物联网智能硬件

A　智能硬件的基本概念

目前市场上出现了大量可穿戴计算与智能硬件产品，既有小型的智能手环、智能手表、智能衣、智能鞋、智能水杯，也有大型的智能机器人、无人机、无人驾驶汽车等。它们的共性特点是：实现了"互联网+传感器+计算+通信+智能+控制+大数据+云计算"等多项技术的融合，其核心是智能技术。

这类产品的出现标志着硬件技术向着更加智能化、交互方式更加人性化，以及向"云+端"融合方向发展的趋势，划出了传统的智能设备、可穿戴计算设备与新一代智能硬件的界限，预示着智能硬件（Intelligent Hardware）将成为物联网产业发展的新热点。

2016 年 9 月，我国政府在《智能硬件产业创新发展专项行动（2016—2018 年）》中，明确了我国将重点发展的五类智能硬件产品：智能穿戴设备、智能车载设备、智能医疗健康设备、智能服务机器人、工业级智能硬件设备。同时，明确了重点研究的六项关键技术：低功耗轻量级底层软硬件技术、虚拟现实/增强现实技术、高性能智能感知技术、高精度运动与姿态控制技术、低功耗广域智能物联技术、云+端一体化协同技术。

智能硬件的技术水平取决于智能技术应用的深度，支撑它的是集成电路、嵌入式、大数据与云计算技术。智能硬件已经从民用的可穿戴计算设备，延伸到物联网智能工业、智能农业、智能医疗、智能家居、智能交通等领域。

物联网智能设备的研究与应用推动了智能硬件产业的发展，智能硬件产业的发展又将为物联网应用的快速拓展奠定坚实的基础。

B　智能传感器

智能传感器（Intelligent Sensor）是通过嵌入式技术、传感器与微处理器集成为一体，使其成为具有环境感知、数据处理、智能控制与数据通信功能的智能数据终端设备。智能传感器作为传感网的感知终端，其技术水平直接决定了传感网的整体性能。与传统传感器相比，智能传感器具有以下几个显著的特点：

（1）自学习、自诊断与自补偿能力。智能传感器具有较强的计算能力，能够对采集的数据进行预处理，剔除错误或重复数据，进行数据的归并与融合；采用智能技术与软件，通过自学习，从而调整传感器的工作模式，重新标定传感器的线性度，以适应所处的实际感知环境，提高测量精度与可信度；能够采用自补偿算法，调整针对传感器温度漂移的非线性补偿方法；能够根据自诊断算法，发现外部环境与内部电路引起的不稳定因素，采用自修复方法改进传感器的工作可靠性；在设备非正常断电时进行数据保护，或在故障出现之前报警。

（2）复合感知能力。通过集成多种传感器，使得智能传感器具有对物体与外部环境的物理量、化学量或生物量有复合感知能力，可以综合感知压力、温度、湿度、声强等参数，帮助人类全面地感知和研究环境的变化规律。

（3）灵活的通信能力。网络化是传感器发展的必然趋势，这就要求智能传感器具有灵活的通信能力，能够提供适应互联网、无线个人区域网、移动通信网、无线局域网通信的标准接口，具有接入无线自组网通信环境的能力。

随着芯片设计与制作能力的提高，出现了很多微型传感器、微型执行器、微型设备，并且在航空、航天、汽车、生物医学、环境监控、军事等领域中得到广泛应用。图2-49给出了几种典型的微型智能传感器与微型设备。

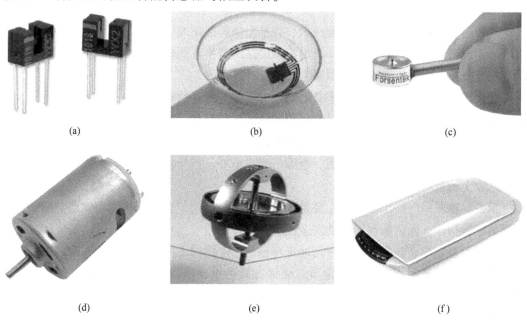

（a）　　　　　　　　　　（b）　　　　　　　　　　（c）

（d）　　　　　　　　　　（e）　　　　　　　　　　（f）

图 2-49　微型智能传感器与微型设备实物图
（a）微型光传感器；（b）微型治疗用隐形眼镜；（c）微型声传感器；
（d）微型马达；（e）微型陀螺仪；（f）微型扫描仪

显然，无线传感器的应用为无线传感器网络的研究拓展了思路，智能传感器研究为无线传感器网络的应用与发展奠定了坚实的基础。

2.2　物联网网络层及关键技术

扫一扫
查看视频 19

2.2.1　物联网网络层的基本功能

物联网的网络层具有连接感知层与应用层，正确、安全传输感知数据与应用层控制指令的作用。与感知层和应用层相比，网络层是标准化程度高、产业化能力强，技术相对成熟的部分。

以典型的大型零售企业基于 RFID 技术构建的物联网智能物流系统为例，来说明物联网网络层的功能。图 2-50 描述了基于 RFID 的智能物流系统工作流程网络结构示意图。

假设这家大型零售企业的零售店与超市覆盖全国 20 个区域，每一个区域设立了一家分公司，每家分公司平均管理 50 家连锁店与超市，每一家连锁店与超市平均安装了 100 个 RFID 标签读写器，在若干地区设立了商品仓库与配送中心。要支撑这样一家由 10 万个 RFID 标签读写器采集销售数据的大型零售企业，不可能直接将这么多感知数据接入设备，直接连接到总公司网络，因此，采取多级汇聚的方式来收集数据。这样一个大型的网络系统应该按照接入层、汇聚层与核心交换层的层次结构思路来设计。

网络系统的最低层是接入层。每一家连锁店与超市的局域网通过计算机连接了 100 个 RFID 标签读写器。每个顾客购物之后，RFID 读写器自动读取商品的 RFID 标签信息，完成顾客购物结账功能。连接 RFID 标签读写器的计算机将销售数据汇总存储到零售店或超市服务器的销售数据库中。

连锁店、超市与商品仓库、配送中心将各个销售数据库中的商品销售、库存与配送数据汇总到分公司服务器数据库中，再由汇聚层路由器接入到核心交换层的总公司高速主干网，将分公司的数据传送到总公司服务器或云计算平台。

总公司的高层管理人员通过汇总后的当前销售与库存数据，结合历史数据，运用大数据分析工具，找出商品销售规律，给出不同地区畅销商品、滞销商品的预测数据；根据各地的商品库存情况，形成不同地区商品的促销策略、短缺商品的采购与调运指令，及时通过网络将指令反馈到零售店与超市、仓库与配送中心，指导商品采购、销售与配送。

从以上的分析中可以看出：

第一，物联网网络层的功能主要是连接感知层与应用层，正确传输感知层的数据与应用层的控制指令，保证数据传输的安全性。

第二，要实现在任何时候、任何地点与任何一个物体之间的通信，物联网的通信与网络技术必须从传统的以有线、固定节点通信方式为主，向以移动、无线通信为主的方向扩展。

第三，网络层为物联网与云计算、大数据、智能技术的交叉融合，为物联网与工业、农业、交通、医疗、物流、环保、电力等不同行业的跨界融合提供了通信环境和信息交互的平台。

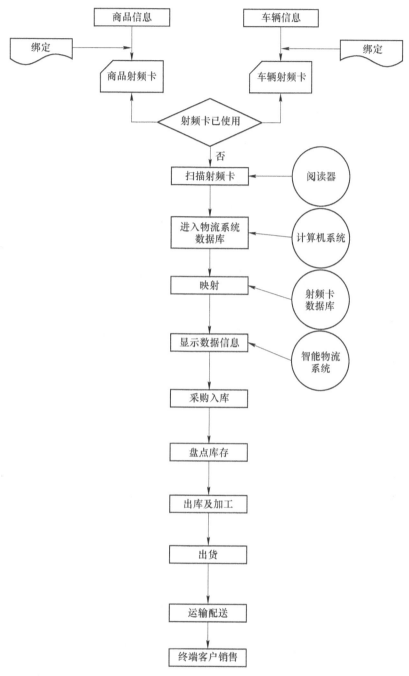

图 2-50 基于 RFID 的智能物流系统工作流程网络结构示意图

2.2.2 计算机网络技术

下面将从计算机网络与移动通信网的两大技术领域出发，分析物联网通信与网络的技术与特点。物联网是在互联网、移动互联网的基础上发展起来的，因此了解计算机网络技术的发展，对于认识物联网通信与网络技术的特点非常有益。

2.2.2.1　互联网的研究与发展

A　分组交换技术

20 世纪 60 年代中期，在与苏联的军事力量竞争中，美国军方认为需要一个专门用于传输军事命令与控制信息的网络。因为当时美国军方的通信主要依靠电话交换网，而电话交换网是相当脆弱的。电话交换系统中任何一台交换机或连接交换机的一条中继线路损坏，尤其是关键长途电话局交换机如果遭到破坏，就有可能导致整个系统通信中断。美国国防部高级研究计划署（Advanced Research Projects Agency，ARPA）要求设计一种新的网络，这种网络应克服电话交换网可靠性差的问题，在遭遇核战争或自然灾害致使部分网络设备或通信线路遭到破坏时，仍能利用剩余的网络设备与通信线路继续工作。他们把这样的网络系统称为"可生存系统"，并且新的网络能够适应计算机系统之间互联的需求。

要将分布在不同地理位置的计算机系统互联成网，首先要回答两个基本的问题：采用什么样的网络拓扑？采用什么样的数据传输方式？

a　采用什么样的网络拓扑

研究人员比较了两种网络拓扑结构的方案。

第一种设计方案是集中式拓扑构型。在集中式网络中，所有主机都与一个中心节点连接，主机之间交互的数据都要通过中心节点转发。这种结构同样存在可靠性较差的问题。如果中心节点受到破坏，整个网络将会瘫痪。尽管可以在集中式拓扑的基础上形成非集中式的星-星结构，但是集中式结构致命的弱点仍然难以克服。图 2-51 为集中式和非集中式的拓扑结构示意图。

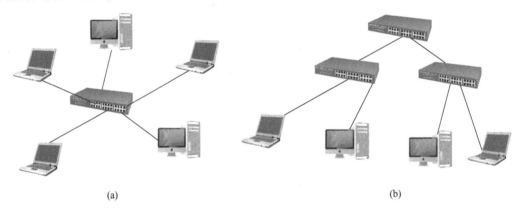

(a)　　　　　　　　　　　　　　　　　　　　(b)

图 2-51　集中式（a）和非集中式（b）的拓扑结构示意图

第二种设计方案是采用分布式网状结构拓扑构型。分布式网络没有中心节点，每个节点与相邻节点连接，从而构成一个网状结构。在网状结构中，任意两节点之间可以有多条传输路径。如果网络中某个节点或线路损坏，数据还可以通过其他路径传输。显然，这是一种具有高度容错特性的网络拓扑结构。图 2-52 为网状拓扑结构示意图。

b　采用什么样的数据传输方式

针对网状拓扑结构中计算机系统之间的数据传输问题，研究人员提出了一种新的数据传输方法——分组交换。图 2-53 给出了分组交换的工作原理示意图。

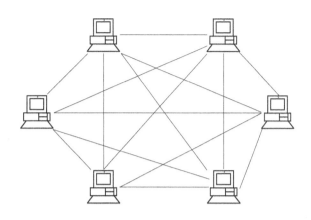

图 2-52 网状拓扑结构示意图

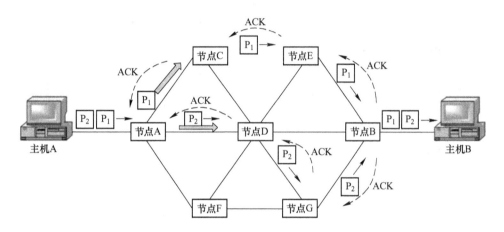

图 2-53 分组交换的工作原理示意图

分组交换技术涉及三个重要的概念。

（1）存储转发。研究人员设想网状结构的每一个节点都是一台路由器，发送数据的计算机称为源主机，连接源主机的路由器称为源路由器，接收数据的主机称为目的路由器。

在存储转发工作模式中，源主机将数据发送给源路由器。源路由器在正确接收到数据之后先将数据存储起来，启动路由器选择算法，在相邻的路由器中选择最合适的下一个路由器，然后将数据转发到下一个路由器。下一个路由器也采取先将接收到的数据存储起来，接着寻找它的下一个路由器，再将数据转发出去的方式。这样，数据通过一个个路由器的接收、存储、转发数据的传输方式就称为存储转发。

在存储转发方式中，无论网络拓扑如何变化，只要源主机与目的主机之间存在一条传输路径，数据总能够从源主机传送到目的主机，这就克服了传统电话交换网可靠性差的缺点。

这样，计算机网络就形成了由路由器、连接路由器的传输线路组成的通信子网，以及由计算机系统组成的资源子网的二级结构模式。在网络技术的讨论中，通常也将通信子网称为传输网。

（2）分组。传统的电话交换网是为了满足人与人之间通话的需求，因此电话交换网在正式通话之前需要在两部电话机之间先建立线路连接；通话结束之后需要断开两部电话机之间的线路连接。我们在打电话之前的拨号接通时间一般都要几十秒，这个建立连接的延迟时间相比通话时间来说还是比较短的，也是人能接受的。但是，计算机之间的数据通信属于"突发性"的。计算机之间随时可能要求在几毫秒或更短的时间内完成几千字节的语音文件、几兆字节的文本或图像文件，或者是几吉字节的视频数据的传输。

传输不同类型、不同长度、不同传输实时性要求的数据有两种方法：一种方法是路由器不管被传输数据的类型、长度与实时性要求，一律将其当作一个报文来传输；另一种方法是源主机需要预先按照通信协议的规定，将待发送的长数据分成长度固定的片，将每片数据封装成格式固定的"分组"再交给路由器来传输。

第一种方法的缺点是：路由器在存储转发的过程中，必须按最长报文来准备接收缓冲区，这样对于语音类的短报文，路由器存储区的利用率会很低。同时，在通信线路传输误码率相同的情况下，传输的报文越长，出错的概率就越大，路由器处理长报文出错的计算量就越大，花费的时间越长，效率越低。

第二种方法中，分组长度固定格式固定，头部带有源地址、目的地址与校验字段，路由器在接收到分组之后，可以快速地根据校验字段检查分组传输是否出错。如果没有出现传输错误，则立即根据分组头的源地址、目的地址以及当时连接路由器的通信线路状态，为该分组寻找"最适合"的下一个转发路由器，快速转发出去。因此，分组交换非常适合计算机与计算机之间的数据传输。

我们可以用一个简单的例子来说明路由选择的概念。最简单的路由选择算法是"热土豆法"，设计"热土豆法"的灵感来自人们的生活实践。当人们接到一个"烫手"的热土豆时，本能反应是立即扔出去。路由器在处理转发的数据分组时也可以采取类似的方法，当它接收到一个待转发的数据分组时，会尽快寻找一个输出路径转发出去。当然，一种好的路由选择算法应该具有自适应能力，当发现网络中任何一个中间节点或一段链路出现故障时，具有选择绕过故障的节点或链路来转发分组的能力。

B　互联网的发展

分组交换的概念为计算机网络研究奠定了理论基础，分组交换网的出现预示着现代网络通信时代的到来，互联网、移动互联网、物联网的网络与通信技术都是建立在分组交换概念的基础上的。

在开展分组交换理论研究的同时，ARPA 开始组建世界上第一个分组交换网——ARPANET。

1972 年 10 月，罗伯特·卡恩（Robert Kahn）在华盛顿召开的第一届国际计算机与通信会议（ICCC）上首次公开演示了 ARPANET 的功能。当时参加演示的 40 台计算机分布在美国各地，演示的项目包括网上聊天、网上弈棋、网上测验、网上空管模拟等，其中网上聊天演示引起了极大轰动，吸引了世界各国计算机与通信学科的科学家加入计算机网络研究的队伍之中，开启了互联网时代。从 1990 年到 1995 年，接入互联网主机的数量在持续增长，特别是从 1993 年开始进入快速增长阶段。

我国互联网发展十分迅速。根据我国互联网络信息中心（CNNIC）第 41 次《中国互联网络发展状况统计报告》公布的数据，截至 2017 年 12 月，中国网民规模达 7.72 亿人，互联网普及率为 55.8%；网民规模达到 7.53 亿人，占网民比例的 97.5%。从这些数据中可以看出，无论是互联网、移动互联网的网民数量，还是在物联网的发展态势上，我国都位居世界前列。

C　TCP/IP 协议与物联网的发展

1977 年 10 月，ARPANET 研究人员提出了 TCP/IP 协议体系。其中，TCP（Transport Control Protocol）协议实现源主机与目的主机之间的分布式进程通信的功能，IP（Internet Protocol）协议实现传输网中路由选择与分组转发功能，TCP/IP 协议成为互联网的核心协议。

IP 协议在发展过程中存在着多个版本，其中最主要的版本有两个：IPv4 与 IPv6。描述 IPv4 协议的文档最早出现在 1981 年。那个时候互联网的规模很小，计算机网络主要用于连接科研部门的计算机，以及部分参与 ARPANET 研究的大学计算机系统。在这样的背景下产生的 IPv4 协议，不可能适应以后互联网大规模扩张的要求，研究人员针对暴露的问题不断"打补丁"，完善 IPv4 协议。当互联网的规模发展到一定程度时，局部地修改已无济于事，因此不得不研究一种新的网络层协议来解决 IPv4 协议面临的所有困难，这个新的协议就是 IPv6 协议。

IP 协议与网络规模的矛盾突出表现在 IP 地址上。IPv4 的地址长度为 32 位。2011 年 2 月，在美国迈阿密会议上，最后 5 块 IPv4 地址被分配给全球 5 大区域互联网注册机构之后，IPv4 地址已全部分配完毕。互联网面临着地址匮乏的危机，解决的办法是从 IPv4 协议向 IPv6 协议过渡。

IPv6 的特征可以总结为：巨大的地址空间、新的协议格式、有效的分级寻址和路由结构、地址自动配置、内置的安全机制。IPv6 的地址长度为 128 位，因此 IPv6 可以提供 2^{128}（3.4×10^{38}）个地址，用十进制表示出来就是：340 282 366 920 938 463 374 607 431 768 211 456。

人们经常用地球表面每平方米平均可以获得多少个 IP 地址来形容 IPv6 的地址数量之多。如果地球表面面积按 5.11×10^{14} m² 计算，那么地球表面每平方米平均可以获得的 IP 地址数量为 6.65×10^{23} 个。

显然，大规模物联网的应用需要大量的 IP 地址，IPv6 地址能够满足未来大规模物联网终端设备接入的需求。我国政府高度重视、积极参与 IPv6 的研究与试验。2003 年启动了下一代网络示范工程 CNGI，国内的网络运营商与网络通信产品制造商纷纷研究支持 IPv6 的软件技术与网络产品。2008 年，北京奥运会成功地使用 IPv6 网络，使我国成为全球较早商用 IPv6 的国家之一。2008 年 10 月，中国下一代互联网示范工程 CNGI 正式宣布从前期的试验阶段转向试商用。目前，CNGI 已经成为全球最大的示范性 IPv6 网络，这些工作都为物联网的发展奠定了坚实的基础。

从以上分析中可以得出两点结论：

第一，未来物联网中大量的传感器、RFID 读写设备、智能移动终端设备、智能控制设备、智能汽车、智能机器人、可穿戴计算设备部可以获得 IPv6 地址。联入物联网的节点数量将可以不受限制地持续增长。

第二，IPv6协议能够适应物联网智能工业、智能农业、智能交通、智能医疗、智能物流、智能家居等领域的应用，IPv6协议将成为物联网核心协议之一。

2.2.2.2　计算机网络的分类与特点

在计算机网络发展的过程中，发展最早的是广域网技术，其次是局域网技术。早期的城域网技术是包含在局域网技术中同步开展研究的，之后出现了个人区域网，从网络结构的角度，我们可以认为：互联网是使用网络互联协议将分布在不同地理位置的广域网、城域网、局域网与个人区域网互联起来形成的"网际网"。

随着物联网应用的发展，智能医疗对人体区域网提出了强烈的需求，促进了人体区域网技术的发展与标准的制定，扩展了计算机网络的种类。目前，计算机网络在传统的广域网、城域网、局域网、个人区域网四种类型基础上又增加了人体区域网，变为五种基本的类型。同样，我们可以认为：物联网是将广域网、城域网、局域网、个人区域网与人体区域网互联起来形成的网际网。

研究物联网通信与网络技术，必须了解广域网、城域网、局域网、个人区域网与人体区域网的基本概念。

A　广域网

广域网（Wide Area Network，WAN）又称为远程网，所覆盖的地理范围从几十千米到几千千米。广域网可以覆盖一个国家、地区，或横跨几个洲，形成国际性远程计算机网络。广域网的初期设计目标是将分布在很大地理范围内的若干台大型、中型或小型计算机互联起来，用户通过连接在主机上的终端访问本地主机或远程主机的计算与存储资源。随着互联网应用的发展，广域网作为核心主干网的地位日益清晰，广域网的设计目标逐步转移到将分布在不同地区的城域网、局域网的互联上。

广域网分为两类，一类是公共数据网络，另一类是专用数据网络。由于广域网建设投资很大，管理困难，所以大多数广域网都是由电信运营商负责组建、运营与维护的。网络运营商组建的广域网为客户提供高质量的数据传输服务，因此这类广域网具有公共数据网络（Public Data Network，PDN）的性质。但是，由于对网络安全与性能有特殊要求，所以一些大型企业网络（如银行网、电力控制网、电子政务网、电子商务网等）以及大型物联网应用系统，都需要组建自己专用的广域网，作为大型网络系统的主干网。

B　城域网

支持一个现代化城市的宽带城域网（Metropolitan Area Network，MAN）一般可以分为核心交换、汇聚与接入三个层次。用户可以通过计算机由局域网接入，通过固定、移动电话由电信通信网络的有线或无线方式接入，或者是通过电视由有线电视CATV传输网接入。汇聚层将大量用户访问互联网的请求汇聚到核心交换层。通过核心交换层连接国家核心交换网的高速出口，接入到互联网。宽带城域网已成为现代化城市建设的重要信息基础设施之一。

宽带城域网的应用和业务主要有：大规模互联网用户的接入，网上办公、视频会议，网络银行、网购等办公环境的应用，网络电视、视频点播、网络电话、网络游戏、网络聊天等交互式应用，家庭网络的应用，以及物联网的智能家居、智能医疗、智能交通、智能物流等应用。

C 局域网

局域网（Local Area Network，LAN）用于将有限范围内（如一个实验室、一幢大楼、一个校园）的各种计算机、终端与外设互联成网。局域网可以分为有线与无线的局域网，局域网中应用最为广泛的是以太网（Ethernet）。传统的以太网采用有线的 IEEE 802.3 标准，无线以太网（WiFi）采用的是 IEEE 802.11 标准。目前，以太网正在向城域以太网、光以太网，以及适应物联网应用的工业以太网方向扩展。

D 个人区域网

随着笔记本电脑、智能手机、PDA 与信息家电的广泛应用，人们逐渐提出自身附近 10m 范围内的个人活动空间的移动数字终端设备（如鼠标、键盘、投影仪）联网的需求。由于个人区域网（Personal Area Network，PAN）主要是用无线通信技术实现联网设备之间的通信，所以出现了无线个人区域网络（WPAN）的概念。目前，无线个人区域网中应用的通信技术主要有蓝牙、ZigBee、基于 IPv6 的低功耗个人区域网 6LoWPLAN 技术等。

E 人体区域网

物联网智能医疗应用对计算机网络提出了新的需求，促进了人体区域网（Body Area Network，BAN）的发展。物联网智能医疗的需求主要表现在以下两点：

第一，智能医疗应用系统需要将人体携带的传感器或移植到人体内的生物传感器节点组成人体区域网，将采集到的人体生理信号（如温度、血糖、血压、心跳等参数），以及人体活动或动作信号、人所在的环境信息，通过无线方式传送到附近的基站。因此，用于智能医疗的个人区域网是一种无线人体区域网（WBAN）。

第二，智能医疗应用系统不需要有很多节点，节点之间的距离一般在 1m 左右，节点之间的最大传输速率为 10Mbit/s。无线人体区域网的研究目标是为健康医疗监控应用提供一个集成硬件、软件的无线通信平台，特别强调要适应于可植入的生物传感器与可穿戴计算设备的尺寸，以及低功耗、低速率的无线通信要求。因此，无线个人区域网又称为无线个人传感器网络（WBSN）。

2012 年，IEEE 正式批准了无线个人区域网的 IEEE 802.15.6 标准，这也为网络增加了一种更小覆盖范围的网络类型和标准。

2.2.3 移动通信技术

2.2.3.1 蜂窝系统的基本概念

扫一扫

查看视频 20

A 大区制通信的局限性

移动通信的基本要求是不管走到哪里都要有无线信号，都可以打电话。要实现这个目标，就要解决无线信号覆盖范围的问题。解决无线信号覆盖范围问题最容易想到的方法有两种：一种方法是像广播电视一样，在城市最高的山顶上架设一个无线信号发射塔，或者是在城市中心建一座很高的发射塔，在发射塔上安装一台大功率的无线信号发射机，使发射的无线信号能够覆盖一个城市几十千米范围的区域；另外一种办法是采用卫星通信技术，通过卫星信号覆盖地球表面的很大面积，从而解决大范围的无线通信问题，这就是移动通信中的大区制信号覆盖方法，如图 2-54 所示。

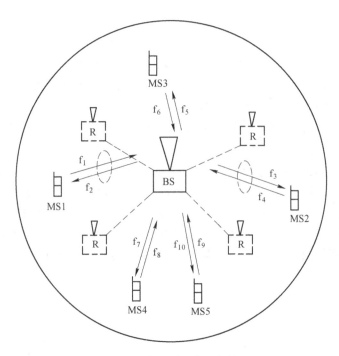

图 2-54　大区制通信的架构

大区制通信存在三个主要的问题：

第一，大区制适合广播式单向通信的需求，如传统的电视广播、广播电台。手机与电视机、收音机不一样，它需要双向通信。大区制边缘位置的手机距无线信号发射塔比较远，如果手机需要将信号传送到发射塔，那么手机发射的信号功率就要比较大。

第二，手机发射信号功率大又带来了三个问题：一是手机的体积不可能太小；二是手机价格会很贵，手机价格贵，使用的人就会少，不能形成规模效益，手机使用的费用也会相应提高；三是手机发射功率大，对人体的电磁波辐射影响增大，不符合环保的要求。

第三，由于城市里的建筑物、地下车库，或者是汽车、火车的金属车顶都会阻挡无线信号，因此不能保证手机在一些特殊环境中畅通的通信。

正是由于存在这些问题，电信业在移动通信中不采用大区制，而是采用小区制。

B　小区制的基本概念

小区制是将一个大区制覆盖的区域划分成多个小区，在每个小区（cell）中设立一个基站（base station），用户手机与基站通过无线链路建立连接，从而实现双向通信。

小区制主要有以下特点：

（1）小区制是将整个区域划分成若干个小区，多个小区组成一个区群。由于区群结构酷似蜂窝，因此小区制移动通信系统也称为蜂窝移动通信系统。

（2）每个小区架设一个（或几个）基站，小区内的手机与基站建立无线链路。

（3）区群中各小区基站之间可以通过光缆、电缆或微波链路与移动交换中心连接，移动交换中心通过光缆与市话交换网络连接，从而构成一个完整的蜂窝移动通信网络系统。图 2-55 为蜂窝移动通信系统结构图。

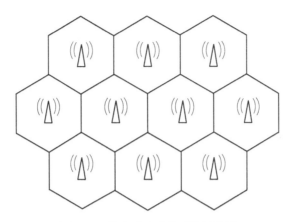

图 2-55　蜂窝移动通信系统结构图

　　如果将移动通信与有线通信相比较，就会发现它们的主要区别在信道与接口标准上。图 2-56 给出了移动通信与有线通信在信道与接口方面的区别。

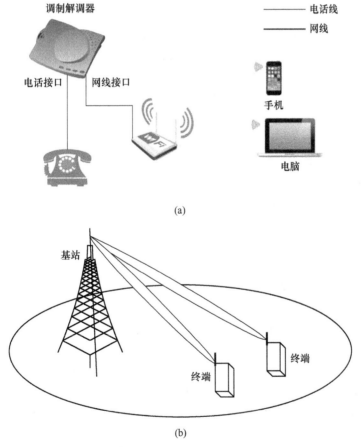

图 2-56　移动通信与有线通信的信道与接口的区别
（a）有线通信；（b）移动通信

如图 2-56（a）所示，只要将电话机与预先安装的调制器插座口用带有标准接头的电话线连接，就可以接入电话局的程控交换机，进入电话交换网，就可以与世界上任何一个地方的固定电话通话。

如图 2-56（b）所示，移动通信场景下，终端移动手机与基站使用的是无线信道，无线信道成为手机与基站之间的无线"空中接口"。基站通过空中接口的下行信道向手机发送语音、数据与信令，手机通过空中接口的上行信道向基站发送语音、数据与信令信号。手机通过基站接入到蜂窝移动通信系统中，要做到用户在移动状态下有条不紊地通信，就必须严格遵循移动通信的空中接口标准。正是移动通信空中接口技术与标准的进步，推动移动通信技术从 1G、2G、3G、4G 到 5G 地不断发展。

2.2.3.2　移动通信技术与标准的发展

随着信息技术的发展，用户的需求日渐增多，移动通信技术已成为当代通信领域发展潜力最大的模块，也成为市场前景最广的研究热点。目前，移动通信技术已经历了几代的发展。

A　第一代移动通信技术（1G）——模拟移动通信

第一代移动通信起源于 20 世纪 80 年代，主要采用的是模拟调制技术与频分多址接入（FDMA）技术，这种技术的主要缺点是频谱利用率低，信令干扰话音业务。1G 主要代表有：美国的先进的移动电话系统（AMPS）、英国的全球接入通信系统（TACS）和日本的电报电话系统（NMT）。1G 移动通信基于模拟传输技术，其特点是业务量小、质量差、安全性差、没有加密和速度低。1G 主要基于蜂窝结构组网，直接使用模拟语音调制技术，传输速率约 2.4kbit/s。

从以上介绍可以总结出 1G 的主要特点有：

（1）只有语音业务；

（2）频谱复用率低；

（3）标准不统一，不能漫游（工作频段不同）；

（4）安全性差；

（5）设备价格高（"大哥大"）。

B　第二代移动通信技术（2G）——数字移动通信

起源于 20 世纪 90 年代初期，主要采用数字的时分多址（TDMA）和码分多址（CDMA）技术。第二代移动通信数字无线标准主要有：欧洲的 GSM 和美国高通公司推出的 IS-95CDMA 等，我国主要采用 GSM，美国、韩国主要采用 CDMA。为了适应数据业务的发展需要，在第二代技术中还诞生了 2.5G，也就是 GSM 系统的 GPRS 和 CDMA 系统的 IS-95B 技术，大大提高了数据传送能力。

2G 技术的标准基本可分为两种，一种是基于 TDMA 发展出来的，以 GSM（Global System for Mobile Communication）为代表；另一种则是 CDMA 规格，复用（Multiplexing）形式的一种。具体的 2G 通信标准如下所述。

（1）GSM：基于 TDMA 发展出来，源于欧洲，已全球化。

（2）IDEN：基于 TDMA 发展出来，美国独有的系统。被美国电信系统商 Nextell 使用。

（3）IS-136（也叫作 D-AMPS）：基于 TDMA 发展出来，是美国最简单的 TDMA 系统，用于美洲。

（4）IS-95（也叫作 cdmaOne）：基于 CDMA 发展出来，是美国最简单的 CDMA 系统，用于美洲和亚洲一些国家。

（5）PDC（Personal Digital Cellular）：基于 TDMA 发展出来，仅在日本普及。

2G 的主要业务是语音，其主要特性是提供数字化的话音业务及低速数据业务。它克服了模拟移动通信系统的弱点，话音质量、保密性能得到极大的提高，并可进行省内、省际自动漫游。第二代移动通信系统替代第一代移动通信系统完成模拟技术向数字技术的转变。

2G 的主要特点包括：

（1）标准不统一，只能在同一制式覆盖区域漫游，无法进行全球漫游；

（2）带宽有限，不能提供高速数据传输；

（3）抗干扰抗衰落能力不强，系统容量不足；

（4）频率利用率低。

接下来，重点介绍 GSM 通信标准。

GSM 是由欧洲电信标准组织 ETSI 制定的一个数字移动通信标准，GSM 是全球移动通信系统（Global System for Mobile communications）的简称。它的空中接口采用时分多址技术，自 20 世纪 90 年代中期投入商用以来，被全球超过 100 个国家采用。GSM 标准的设备占据当前全球蜂窝移动通信设备市场的 80% 以上。

GSM 是当前应用最为广泛的移动电话标准。全球超过 200 个国家和地区、超过 10 亿人正在使用 GSM 电话，所有用户可以在签署了"漫游协定"移动电话运营商之间自由漫游。GSM 较它以前的标准最大的不同是它的信令和语音信道都是数字式的，因此 GSM 被看作是第二代（2G）移动电话系统，这说明数字通信从很早就已经构建到系统中。GSM 是一个当前由 3GPP 开发的开放标准。

从用户观点出发，GSM 的主要优势在于用户可以从更高的数字语音质量和低费用的短信之间做出选择。网络运营商的优势是可以根据不同的客户定制设备配置，因为 GSM 作为开放标准提供了更容易的互操作性。这样，标准就允许网络运营商提供漫游服务，用户就可以在全球使用他们的移动电话了。

GSM 作为一个继续开发的标准，保持向后兼容原始的 GSM 电话，例如报文交换能力在 Release 97 版本的标准才被加入进来，也就是 GPRS。高速数据交换也是在 Release 99 版标准才引入的，主要是 EDGE 和 UMTS 标准。

GSM 系统架构图如图 2-57 所示。

从图 2-57 可以看出，GSM 系统组成要素主要包括：

（1）移动台（MS）。移动台是公用 GSM 移动通信网中用户使用的设备，也是用户能够直接接触的整个 GSM 系统中的唯一设备。移动台的类型不仅包括手持台，还包括车载台和便携式台。伴随着 GSM 标准的数字式手持台进一步小型、轻巧和增加功能的发展趋势，手持台的用户将占整个用户的极大部分。

（2）基站子系统（BSS）。基站子系统是 GSM 系统中与无线蜂窝方面关系最直接的基本组成部分，它通过无线接口直接与移动台相接，负责无线发送接收和无线资源管理。另

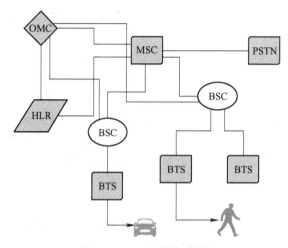

图 2-57　GSM 系统架构图

外，基站子系统与网络子系统（NSS）中的移动业务交换中（MSC）相连，实现移动用户之间或移动用户与固定网络用户之间的通信连接，传送系统信号和用户信息等。当然，要对 BSS 部分进行操作维护管理，还要建立 BSS 与操作支持子系统（OSS）之间的通信连接。

（3）移动服务交换中心（MSC）。MSC 是整个 GSM 网络的核心，它控制所有 BSC 的业务，提供交换功能以及和系统内其他功能的连接。MSC 可以直接提供或通过移动网关 GMSC 提供和公共电话交换网（PSTN）、综合业务数字网（ISDN）、公共数据网（PDN）等固定网的接口功能，把移动用户与移动用户、移动用户和固定网用户互相连接起来。

（4）网络维护运营中心（OMC）提供对网络单元的访问功能，这对远程操作、维护和网络状态监视这类附加功能是十分必要的。同时，OMC 能够向上级网管中心提供接口，这个接口支持上级网管中心所必需的功能和后处理设施。

（5）归属位置寄存器（HLR）。它是一个存储本地用户信息的数据库，一个 HLR 可以控制若干个移动交换区域。在 GSM 系统中会设置好几个 HLR，每个用户需在对应的某个 HLR 上登记，相当于可以理解为我们把我们的户口放在唯一的一个派出所里面，不能把户口同时放在两个派出所。

（6）访问位置寄存器（VLR）。它是一种存储来访用户信息的数据库，一个 VLR 通常为一个 MSC 所控制。当用户漫游到新的 MSC 时，必须向该区的 VLR 申请登记，然后 VLR 从该用户的 HLR 查询相关的参数，分配一个新的漫游号（MSRN），并通知其 HLR 修改该用户的位置信息，这样其他用户呼叫该用户时才能有路由信息。当移动用户由一个 VLR 服务区移动到另一个 VLR 服务区时，HLR 在修改该用户的位置信息后，还要通知原来的 VLR，删除此移动用户的位置信息。

C　第三代移动通信技术（3G）——数字移动通信

3G 的理论研究、技术开发和标准的制定开始于 20 世纪 80 年代中期，国际电信联盟（ITU）将其正式命名为国际移动通信 2000（IMT-2000，International Mobile Telecommunications in the year 2000），欧洲电信标准协会（ETSI）称其为通用移动通信系统（UMTS，Universal Mobile Telecommunication System）。

3G 最基本的特征是智能信号处理技术，智能信号处理单元成为基本功能模块，支持话音和多媒体数据通信，它可以提供前两代产品不能提供的各种宽带信息业务，例如高速数据、慢速图像与电视图像等。

3G 技术标准：国际电信联盟（ITU）目前一共确定了全球四大 3G 标准，分别是 WCDMA、CDMA2000、TD-SCDMA 和 WIMAX。在中国，中国移动采用 TD-SCDMA，中国电信采用 CDMA2000，中国联通采用 WCDMA。

（1）WCDMA（Wideband CDMA），从事 WCDMA 标准研究和设备开发的厂商很多，其中包括诺基亚、摩托罗拉、西门子、NEC、阿尔卡特等，该标准提出了 GSM（2G）—GPRS—EDGE—WCDMA（3G）的演进策略。

（2）CDMA2000（窄带 CDMA）由美国高通公司推出，摩托罗拉、朗讯和三星都有参与，韩国是 CDMA2000 的主导者。该标准提出了 CDMA（2G）—CDMA2001x—CDMA2003x（3G）的演进策略，其中 CDMA2001x 被称为 2.5G 移动通信技术。

（3）TD-SCDMA（Time Division-Synchronous CDMA，时分同步 CDMA），该技术是由中国大唐电信制定的 3G 标准。该标准的提出不经过 2.5G 的中间环节，直接向 3G 过渡，非常适用于 GSM 系统向 3G 升级。

（4）WIMAX（微波存取全球互通），又称为 802.16 无线城域网，是又一种为企业和家庭用户提供"最后一英里"的宽带无线连接方案。

D 第四代移动通信技术（4G）——数字移动通信

4G 是第四代通信技术的简称，4G 技术又称为 IMT-Advanced 技术。准 4G 标准是业内对 TD 技术向 4G 最新进展的 TD-LTE-Advanced 称谓。世界很多组织给 4G 下了不同的定义，而 ITU 代表了传统移动蜂窝运营商对 4G 的看法，认为 4G 是基于 IP 协议的高速蜂窝移动网，现有的各种无线通信技术从现有 3G 演进，并在 3GLTE 阶段完成标准统一。

2012 年 1 月 18 日，国际电信联盟在 2012 年无线电通信全会全体会议上，正式审议通过将 LTE-Advanced 和 WirelessMAN-Advanced（802.16m）技术规范确立为 IMT-Advanced（俗称"4G"）国际标准，我国主导制定的 TD-LTE-Advanced 同时成为 IMT-Advanced 国际标准。

2013 年 12 月 4 日，工业和信息化部正式发放 4G 牌照，宣告我国通信行业进入 4G 时代。

4G 通信系统的这些特点，决定了它将采用一些不同于 3G 的技术。对于 4G 中使用的核心技术，业界并没有太大的分歧。总结起来，有以下几种。

（1）正交频分复用技术（OFDM）。OFDM 是一种无线环境下的高速传输技术，其主要思想就是在频域内将给定信道分成许多正交子信道，在每个子信道上使用一个子载波进行调制，各子载波并行传输。尽管总的信道是非平坦的，即具有频率选择性，但是每个子信道是相对平坦的，在每个子信道上进行的是窄带传输，信号带宽小于信道的相应带宽。OFDM 技术的优点是可以消除或减小信号波形间的干扰，对多径衰落和多普勒频移不敏感，提高了频谱利用率，可实现低成本的单波段接收机。

（2）软件无线电技术。软件无线电的基本思想是把尽可能多的无线及个人通信功能通过可编程软件来实现，使其成为一种多工作频段、多工作模式、多信号传输与处理的无线电系统。也可以说，软件无线电技术是一种用软件来实现物理层连接的无线通信方式。

（3）智能天线技术。智能天线具有抑制信号干扰、自动跟踪以及数字波束调节等智能功能，是未来移动通信的关键技术。智能天线应用数字信号处理技术，产生空间定向波束，使天线主波束对准用户信号到达方向，旁瓣或零陷对准干扰信号到达方向，达到充分利用移动用户信号并消除或抑制干扰信号的目的，这种技术既能改善信号质量又能增加传输容量。

（4）多输入多输出技术（MIMO）。MIMO 技术是指利用多发射、多接收天线进行空间分集的技术，它采用的是分立式多天线，能够有效地将通信链路分解成为许多并行的子信道，从而大大提高容量。信息论已经证明，当不同的接收天线和不同的发射天线之间互不相关时，MIMO 系统能够很好地提高系统的抗衰落和噪声性能，从而获得巨大的容量。在功率带宽受限的无线信道中，MIMO 技术是实现高数据速率、提高系统容量和传输质量的空间分集技术。

（5）基于 IP 的核心网。4G 移动通信系统的核心网是一个基于全 IP 的网络，可以实现不同网络间的无缝互联。核心网独立于各种具体的无线接入方案，能提供端到端的 IP 业务，能同已有的核心网和 PSTN 兼容。核心网具有开放的结构，能允许各种空中接口接入核心网；同时核心网能把业务、控制和传输等分开。采用 IP 后，所采用的无线接入方式和协议与核心网络（CN）协议、链路层是分离独立的。IP 与多种无线接入协议相兼容，因此在设计核心网络时具有很大的灵活性，不需要考虑无线接入究竟采用何种方式和协议。

E　第五代移动通信技术（5G）——数字移动通信

第五代移动通信技术（5th Generation Mobile Communication Technology，5G）是具有高速率、低时延和大连接特点的新一代宽带移动通信技术，是实现人机物互联的网络基础设施。具体关于 5G 技术及应用将在后续项目中详细介绍。

最后，对 1G～5G 从五个方面进行对比，见表 2-3。

表 2-3　1G～5G 典型特征对比

通信技术	典型频段	传输速率	关键技术	技术标准	提供服务
1G	800/900MHz	约 2.4kbit/s	FDMA、模拟语音调制、蜂窝结构组网	NMT、AMPS 等	模拟语音业务
2G	900MHz 与 1800MHz、GSM900 890～900MHz	约 64kbit/s GSM900 上行/下行：速率 2.7/9.6kbit/s	CDMA、TDMA	GSM、CDMA	数字语音传输
3G	WCDMA 上行/下行：1940～1955MHz/2130～2145MHz	一般在几百 kbit/s 以上、125kbit/s～2Mbit/s	多址技术、Rake 接收技术、Turbo 编码及 RS 卷积码	CDMA2000（电信）TD-CDMA（移动）WCDMA（联通）	同时传输语音与数据信息
4G	TD-LTE 上行/下行：555～2575MHz，2300～2320MHz FDD-LTE 上行/下行：1755～1765MHz 1850～1860MHz	2Mbit/s～1Gbit/s	OFDM SC-FDMA MIMO	LTE、LTE-A、WiMax	快速传输数据、音频、视频、图像

通信技术	典型频段	传输速率	关键技术	技术标准	提供服务
5G	3300~3600MHz 4800~5000MHz（我国）	理论 10Gbit/s， 即 1.25GB/s	毫米波、大规模 MIMO、NOMA、 OFDMA、SC-FDMA		快速传输高清视 频、智能家居等

2.3　物联网应用层及关键技术

扫一扫
查看视频 21

物联网通过覆盖全球的传感器、RFID 标签实时感知并产生海量数据不是目的，通过汇聚、挖掘与智能处理，从海量数据中获取有价值的知识，为不同行业的应用提供智能服务才是我们真正所要达到的结果。本节在介绍物联网数据特点的基础上，将对物联网海量数据存储、数据融合、云计算、数据挖掘与大数据技术进行系统地讨论。

2.3.1　物联网应用层的基本概念

物联网的应用层可以进一步分为：管理服务层与行业应用层。服务管理层通过中间件软件实现了感知硬件与应用软件物理的隔离与逻辑地无缝连接，提供海量数据的高效、可靠地汇聚、整合与存储，通过数据挖掘、智能数据处理与智能决策计算，为行业应用层提供安全的网络管理与智能服务。

2.3.1.1　管理服务层

管理服务层位于传输层与行业应用层之间。当感知层产生的大量数据经过传输层传送到应用层时，如果不经过有效地整合、分析和利用，就不可能在物联网中发挥应有的作用。在提供数据存储、检索、分析、利用服务功能的同时，管理服务层还要提供信息安全、隐私保护与网络管理功能，在管理之中也体现出服务的目的。

A　中间件软件

物联网中有各种感知硬件（RFID 标签、传感器等）、感知数据读写设备，以及各种各样的应用系统，要屏蔽不同感知与读写设备的差异，向不同应用需要的系统提供服务，就需要借鉴计算机软件技术中成熟的中间件技术；通过设计 RFID 中间件或传感器中间件，在物理上隔上物联网应用系统与 RFID 或传感器硬件，同时在逻辑上实现无缝连接。因此，中间件软件技术是支持物联网应用的重要的基础技术之一。

B　数据存储服务

从数据获取角度，感知层的一个重要特点是"以数据为中心"。例如，对于零售连锁店 RFID 应用系统，高层的管理人员关心的是哪些品种的商品在什么时间、在哪些商店卖出去多少，他们并不关心使用哪种 RFID、如何组网、数据如何传输、传输出错是如何处理的。对于智能交通系统，用户关心的是哪条道路发生了拥堵、哪条道路畅通、目的地周边有没有停车位，他们并不关心传感器放置在哪里、如何组网、数据是如何传输的，以及道路拥塞情况是用哪种算法分析的。物联网数据的特点是海量性、多态性、动态性与关联性，管理服务层要提供物联网海量数据存储、融合、查询、检索的服务功能。

C　智能数据处理与智能决策服务

面对物联网的海量数据，人们必须借助计算机的帮助才能获得相关的知识。数据挖掘（Data Mining）就是运用关联规则挖掘、分类与预测、聚类分析、时序模式挖掘等算法，从大量数据中提取或"挖掘"知识的过程。例如，在精准农业大棚作物生产的物联网应用中，人们通过传感器获取环境、温度、湿度、土壤等参数；通过比较、分析大量的历史数据，及时掌握当前农作物生长的环境现状与变化趋势；通过数据挖掘算法，找出影响作物产量的主要因素和获得丰产的最佳条件；通过控制大棚的温度、湿度，以及恰当的施肥时机与数量，达到以最小的投入获得最高产量和效益的目的。在大型连锁店的销售与物流配送货的物联网应用中，管理人员需要分析和比较历年不同季节货物销售数据，分析和预测货物销售的趋势，制定销售策略；通过分析库存情况，决定采购计划；通过对各个销售商店的存货数量分析，确定物品调度计划，计算配送货车优化的运输路径。通过信息流来加快物流与资金流的周转，达到节约成本、获取更高经济效益的目的。

物联网的价值体现在对于海量感知信息的智能数据处理、数据挖掘与智能决策水平上，管理服务层的智能数据处理与智能决策为物联网智能服务提供了技术支撑。

对于大型物联网应用系统的网络管理是管理服务层必须提供的重要功能之一。管理服务层的数据挖掘、智能数据处理与智能决策必须得到高性能计算与云计算平台的支持，同时高性能计算与云计算平台也是信息安全与网络管理功能服务的对象。

2.3.1.2　行业应用层

物联网的特点是多样化、规模化与行业化，物联网可以用于智能电网、智能交通、智能物流、智能数字制造、智能建筑、智能农业、智能家居、智能环境监控、智慧医疗保健、智慧城市等领域。图 2-58 给出了物联网应用的示意图。

物联网体系结构的行业应用层由多样化、规模化的行业应用系统构成。为了保证物联网中人与人、人与物、物与物之间有条不紊地交换数据，就必须制定一系列的信息交互协议。

实际上我们对"协议"这个概念并不陌生，人与人之间的对话就必须遵循用汉语对话的协议。例如，A 问 B "你在干什么?" B 回答"我在学习物联网技术"。这里就包含着"语义""语法"与"时序"。通俗地说，语义表示做什么，语法表示怎么做，时序表示什么时候做。

行业应用层的主要组成部分是应用层协议，应用层协议同样是由语法、语义与时序组成的。语法规定了智能服务过程中的数据与控制信息的结构与格式；语义规定了需要发出何种控制信息，以及完成的动作与响应；时序规定了事件实现的顺序。

不同的物联网应用系统需要制定不同的应用层协议。例如，智能电网的应用层协议与智能交通的协议不可能相同。为了实现复杂的智能电网的功能，人们必须为智能电网的工作过程制定组协议。为了保证物联网中大量的智能物体之间有条不紊地交换信息、协同工作，人们必须制定大量的协议，构成一套完整的协议体系。

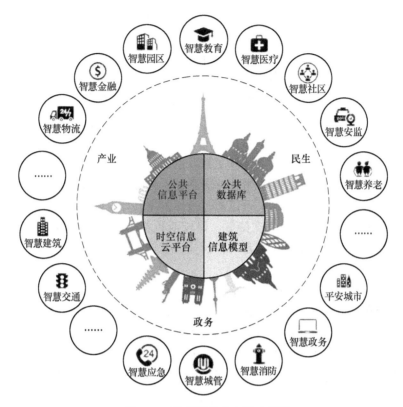

图 2-58　物联网行业应用示意图

2.3.2　云计算技术

2.3.2.1　云计算产生的背景

我们可以通过一段故事来了解云计算产生的背景，以及它在互联网、移动互联网与物联网中的应用。

2006 年 8 月，一家名叫 Animoto 的小公司在纽约成立，公司是由一个刚大学毕业不久的年轻人史蒂维·克里夫登创立的。他和几位年轻人看到人们将旅行中拍摄的照片有编成 Flash 短片的需求，就用几台服务器组成一个基于网络视频展示服务的平台，在互联网上提供一种根据用户上传的图片与音乐来自动生成定制视频的服务。该公司创建之初，每天大约有 5000 个用户。

2008 年 4 月，Facebook 社区向它的用户推荐了 Animoto 公司的服务项目，3 天之内就有 75 万人在 Animoto 网站上注册，高峰时期每小时用户达到 25000 人。这时，公司的几台服务器已经不堪重负了。根据当时业务的发展，Animoto 公司需要将它的服务器扩容 100 倍。史蒂维既没有资金进行这么大规模的扩容，也没有技术能力与兴趣来管理这些服务器。正在他一筹莫展的时候，一位专门为亚马逊公司云计算设计应用软件的同学告诉他：你不需要自己购买服务器和存储设备，也不需要自己管理，只需要租用亚马逊云计算的计算资源和存储资源，就可以解决问题，这样既可以节省很多钱，也可以很方便地将视频业务服务移植到亚马逊云中。史蒂维接受了同学的建议，与亚马逊公司签订了合作协议。

通过这种合作，Animoto 公司没有购买新的服务器与存储器，只花了几天的时间就将业务转移到亚马逊云上，根据用户的流量来租用亚马逊云的计算与存储资源，同时把网络系统、服务器、存储器的管理工作交给亚马逊公司的专业人员承担。Animoto 公司使用亚马逊云的一台服务器，一小时只需要花费 10 美分，这还包括了网络带宽、存储与服务的费用。

从用户的角度，云计算技术大大降低了互联网公司创业的门槛和运营成本，使得创业者只需要关注互联网服务本身，而把繁重的服务器、存储器与网络管理任务交给专业公司完成。从云计算提供商的角度，他们可以通过高速网络技术，将成千上万台廉价的 PC 主板互联起来，在云计算软件系统的支持下，以较低价格提供即租即服务的计算与存储服务。因此，云计算不仅仅是技术，更是一种商业运营模式。

2.3.2.2　云计算的定义

美国国家标准与技术研究院（NIST）定义：云计算是一种模型，它可以实现随时随地、便捷地、随需应变地从可配置计算资源共享池中获取所需的资源（例如，网络、服务器、存储、应用及服务），资源能够快速供应并释放，使管理资源的工作量及其与服务提供商的交互减小到最低限度。从定义中我们也可以看出云计算的优势，见表 2-4。

表 2-4　云计算的优势

云计算定义	对应优势
随时随地、便捷地	广泛的网络接入
随需应变地、资源能够快速供应并释放	快速弹性伸缩
使管理资源的工作量及其与服务提供商的交互减小到最低限度	按需自助服务

2.3.2.3　云计算的特点

有了云计算的定义及优势，下面给出云计算特点的详细概述。

A　可扩展性

云计算中，物理或虚拟资源能够快速地水平扩展，具有强大的弹性，通过自动化供应，可以达到快速增减资源的目的。云服务客户可以通过网络，随时随地获得无限多的物理或虚拟资源。

使用云计算的客户不用担心资源量和容量规划，如果需要，客户可以方便快捷地获取新的、服务协议范围内的无限资源。资源的划分、供给仅受制于服务协议，不需要通过扩大存储量或者维持带宽来维持，这样就降低了获取计算资源的成本。

B　超大规模

云计算中心具有相当的规模，很多提供云计算的公司的服务器数量达到了几十万、几百万的级别，而使用私有云的企业一般拥有成百上千台服务器。云能整合这些数量庞大的计算机集群，为用户提供前所未有的存储能力和计算能力。

C 虚拟化

当用户通过各种终端提出应用服务的获取请求时，该应用服务在云的某处运行，用户不需要知道具体运行的位置以及参与的服务器的数量，只需获取需求的结果就可以了，这有效减少了云服务用户和提供者之间的交互，简化了应用的使用过程，降低了用户的时间成本和使用成本。

云计算通过抽象处理过程，对用户屏蔽了处理复杂性。对用户来说，他们仅知道服务在正常工作，并不知道资源是如何使用的。资源池化将维护等原本属于用户的工作，移交给了提供者。

D 按需服务

无须额外的人工交互或者全硬件的投入，用户就可以随时随地获得需要的服务。用户按需获取服务，并且仅为使用的服务付费。

这种虚拟化软件调度中心可以提高效率并避免浪费，类似人们在家里吃饭，想吃各式各样的饭菜，就需要买各种餐具以及食材，这样会造成餐具的空闲和饭菜的浪费；而云计算就像是吃自助餐，无须自己准备食材和餐具，需要多少取多少，想吃什么取什么。按需服务，按需收费。

云计算服务通过可计量的服务交付来监控用户服务使用情况并计费，云计算为用户带来的主要价值是将用户从低效率和低资产利用率的业务模式中带离出来，进入高效模式。

E 高可靠性

首先，云计算的海量资源可以便捷地提供冗余；其次，构建云计算的基本技术之一即虚拟化，可以将资源和硬件分离，当硬件发生故障时，可以轻易地将资源迁移、恢复。

在软硬件层面，采用数据多副本容错、计算机节点同构等方式，在设施、能源制冷和网络连接等方面采用冗余设计。同时，为了消除各种突发情况，诸如电力故障、自然灾害等对计算机系统的损害，需在不同地理位置建设公有云数据中心，从而消除一些可能的单点故障。

F 网络接入广泛

云计算使用者可以通过各种客户端设备，如手机、平板电脑、笔记本电脑等，在任何网络覆盖的地方，方便地访问云计算服务方提供的物理资源以及虚拟资源。

2.3.2.4 云计算的部署模式

云计算的分类方式很多，最常见的两种分类依据是：第一种按运营模式（公有云、私有云、混合云、行业云）分类，如图 2-59 所示；第二种是按服务模式（IaaS、PaaS、SaaS）分类。

A 按运营模式分类

a 公有云

公有云是大众熟知的云计算，百度网盘、华为手机的云备份恢复功能、有道云笔记以及网易云音乐都属于公有云。

目前的公有云可以提供给用户众多的服务，用户可以通过互联网像使用水电一样使用公有云服务，随用随到，用多少付多少。从用户的角度来说，自己只需要购买云计算上的

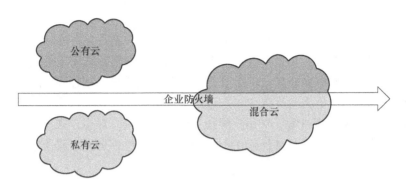

图 2-59　云计算常见的运营模式

资源或者服务，而云计算所用的硬件以及相应的管理工作都是由第三方的服务商负责的。

　　b　私有云

　　私有云部署在企业和单位的内部，运行在私有云中的数据全部保存在企业自有的数据中心，如果需要访问数据需要经过部署在数据中心入口的防火墙。

　　私有云在建设的过程中可以基于企业应有的架构进行改造。但是所有的事情都有两面性，如果企业采用私有云可以保证数据的安全，但是自己原有的架构会随着时间的推移，设备会越来越旧，而更换这些设备会是相当高的费用。

　　企业也可以在公有云购买云专属服务，这种方式可以将企业的关键业务和关键数据放在公有云的专属服务器上。因为可靠的网络隔离，完全可以满足和私有云一样的高安全性、高可靠性、高性能性。

　　c　行业云

　　由某个行业或者某个区域内起主导作用或者掌握了关键资源的组织建立和维护已公开或者半公开的方式向行业内部和相关组织和公众提供有偿或者无偿服务的云平台。

　　除了行业云还有一个社区、政府等建设的云，可以叫作社区云等。这类云其实也算是行业云。

　　d　混合云

　　包含了私有云、公有云、行业云中的两种或两种以上。企业一般会使用企业防火墙，对公有云和私有云进行隔离，来保护数据的安全。

　　云计算常见几种云的比较见表 2-5。

表 2-5　各种云的比较

分类	区　别	优　势	劣　势
公有云	搭建者和用户不同	便宜，不需要自己管理，按需自助、弹性伸缩	不安全、性能低（毕竟不是部署在自己家，需要通过互联网）、不可靠
私有云	搭建者和用户相同	高安全、高性能、高可靠	成本高（建设时需要自己买硬件，升级硬件时成本高），需要自己运维

续表 2-5

分类	区 别	优 势	劣 势
行业云	一个行业一起用的云（医疗）（私有云）	无	无
混合云	上述三种云两种或两种以上混合	集合以上优点	成本高、学习成本高

B 按服务模式分类

云计算服务提供商提供的服务类型可以分为三种：

（1）如果用户不想购买服务器，仅仅是通过互联网租用虚拟主机、存储空间与网络带宽，那么这种服务方式称为"基础设施即服务（IaaS）"。

（2）进一步，如果用户不但租用虚拟主机、存储空间与网络带宽，而且利用操作系统、数据库、应用程序接口 API 来开发物联网应用，那么这种服务方式称为"平台即服务（PaaS）"。

（3）更进一步，如果直接在为用户定制的软件上部署物联网应用系统，那么这种服务方式称为"软件即服务（SaaS）"。

显然，基础设施即服务（IaaS）只涉及租用硬件，是一种基础性服务；平台即服务（PaaS）在租用硬件的基础上，租用特定的操作系统与应用程序自己进行应用软件的开发；软件即服务（SaaS）则是在云平台提供的定制软件上，直接部署用户自己的应用系统。云计算三种服务模式对比如图 2-60 所示。

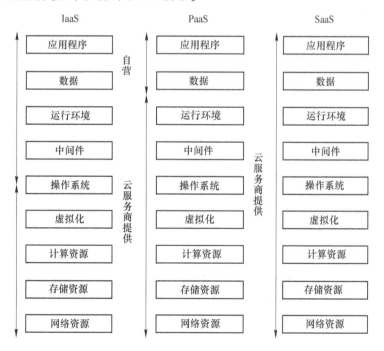

图 2-60 云计算三种服务模式对比

2.3.2.5　云计算的发展

A　云计算 1.0

在云计算 1.0 时代的重点关注是计算虚拟化，也就是通过虚拟化集群调度软件将更多的 IT 应用复用在更少的服务器节点上，从而实现资源利用率提高。华为 HCIA 阶段就是主要学习虚拟化的知识。

在 1.0 时代大家都发现虽然用户使用了虚拟化，可以提升用户的硬件利用率，但是用户在申请这个虚拟机的时候，还是需要走传统的审批流程。比如用户创建的虚拟机需要几个 CPU、最大内存、多大硬盘，然后再由管理员手动去创建这个虚拟机。如果一个企业比较大，管理员这个工作的效率非常低而且非常耗时间，所以我们就进入了云计算 2.0 时代。

B　云计算 2.0

2.0 面向的是基础设施云租户和云用户的资源服务化和管理自动化的阶段。在这个阶段，以前需要人工创建一个虚拟机、云硬盘等这些操纵的全部能够变成自动化；同时在提供虚拟机的规格，比如多大的硬盘、CPU 个数等，也进行了标准化的定制。用户在 Web 界面就可以看到自己所需要的虚拟机的规格，进行自助的申请。管理员只需要通过审批，用户就可以使用自己的虚拟机。

C　云计算 3.0

到了 3.0 时代，云计算关注的是云原生以及业务的重构。将其 IT 之前的业务架构逐步从纵向扩展应用分层架构体系，走向分布式无状态化的架构，从而使得其 IT 在支撑企业业务敏捷化智能化以及资源利用效率提升方面迈上了一个新的高度和台阶。

三种版本的云计算对比见表 2-6。

表 2-6　云计算的三种版本对比

发展	定义	技术代表	特点
云计算 1.0	计算虚拟化	Hyper-v（微软）、XEN、KVM、Vmware ESX	虚拟化，更好的资源利用率
云计算 2.0	软件定义与整合	Openstack、Vmware、AWS（亚马逊）	基础设施云化，资源服务标准化、自动化
云计算 3.0	云原生与重构业务	Docker、CoreOS、Cloud Foundry	应用云化，敏捷应用开发与生命周期管理

2.3.2.6　云计算应用与物联网

云计算并不是一个全新的概念。早在 1961 年，计算机先驱 John MeCarthy 就预言："未来的计算资源能像公共设施（如水、电）一样被使用"。为了实现这个目标，在之后的几十年里，学术界和产业界陆续提出了集群计算、网格计算、服务计算等技术，而云计算正是在这些技术的基础上发展而来。云计算采用计算机集群构成数据中心，并以服务的形式交付给用户，用户可以像使用水、电一样按需购买云计算资源。因此，云计算是一种计算模式，它是将计算与存储资源、软件与应用作为服务，通过网络提供给用户。

未来的各种物联网应用，以及个人计算机、笔记本电脑、平板电脑、智能手机、

GPS、RFID 读写器、智能机器人、可穿戴计算等数字终端设备装置，都可以作为云终端在云计算环境中使用。

有了云计算服务的支持，用户可以将与计算、存储相关的设备与系统的构建、管理和日常维护，甚至是软件的开发，交给提供云计算服务的专业厂商去做。用户购买了云计算专业厂商的服务之后，就可以专心地构思物联网应用系统的功能、结构，专注于物联网应用系统的构建、运行。因此，云计算已经成为物联网重要的信息基础设施之一。

2.3.3 大数据技术

2.3.3.1 数据挖掘

A 数据挖掘的研究背景

数据挖掘是大数据数据分析的基础。当前，大数据技术仍然是基于聚类、分类、主题推荐等方法，很多方法都是在原有数据挖掘算法上的改进，并将单机实现改成适应多台计算机并行计算的算法。因此，了解大数据技术首先要理解数据挖掘的基本概念。

接触过数据挖掘技术的人，几乎都知道"啤酒与尿布"的故事。美国沃尔玛旗下的一家日用品超市出售各种品牌的啤酒与小孩用的尿布。有一天，超市工作人员接到通知，要他们将尿布放在啤酒柜台附近。听起来，啤酒与尿布是完全不相干的商品，为什么要放在一起？售货员很困惑，但执行这个决定后，当月的啤酒与尿布的销售量都上升了。原来，沃尔玛公司的工作人员分析旗下超市销售记录时发现了一个有趣的现象，那就是消费者经常在购买尿布的同时购买啤酒。通过进一步调查发现，一些年轻的父亲在接到给孩子买尿布的指令后，去超市买尿布的同时也会给自己买一些啤酒。沃尔玛公司的管理人员在确认这个信息之后，采取将啤酒与尿布放在一起的策略，既方便了顾客购物，又能够提高销售业绩，收到了两全其美的效果。从这个例子中也可以看出：对于同样的数据，有人只是简单地做统计，也有人会应用人类的智慧，透过这些数据找到一定的规律，从大量数据中提取出些非常有价值的信息和知识，这个过程就是数据挖掘（Data Mining）。

数据挖掘技术是人们长期对数据库技术进行研究和开发的结果。现在，很多公司已经在数据库中存储了大量的商业数据。很多用户满足于使用查询、搜索与报表统计处理数据，但是另一部分用户则希望从数据库中发现更有价值的信息，这就需要使用数据挖掘技术。数据挖掘是在大型数据库中发现、提取隐藏的预言性知识的方法，它使用统计方法和人工智能方法去找出普通数据查询中被忽视的数据隐含的趋势性的信息，用户可以通过数据挖掘技术从大量数据中提取有价值的信息和知识。因此，数据挖掘本身就是一个"沙里淘金"的过程。

B 数据挖掘的功能

数据挖掘是物联网数据处理中一个重要的方法。数据挖掘可以完成两方面的功能：一是通过描述性分析，做到"针对过去，揭示规律"；二是通过预测性分析，做到"面向未来，预测趋势"，如图 2-61 所示。

"历史告诉我们未来"，若想知道未来的事情，最好的方法是"往后"看。微软大数据研究院的研究人员采用过去 20 年间《纽约时报》报道的内容以及 20 年间网上的数据（共有 90 个数据源），来构建各种自然灾害与疾病的预警系统。预警系统采用一个时间序

图 2-61　数据挖掘的两大功能

列模型，从海量数据中挖掘知识，预测未来可能发生的事情，预测的结果令人惊讶。比如，根据某个地区干旱发生几年后暴发霍乱的概率会上升这一规律，预警系统认为 2006 年发生过干旱的安哥拉很可能发生霍乱，后来安哥拉的确发生了霍乱。这种预测系统不但能够预测各种各样的自然灾害在每一个地区发生的概率，而且可以预测该地区暴力活动的可能性，尤其是在疾病暴发和暴力活动方面预测的正确性能够达到 70%～90%。

目前，数据挖掘技术已经广泛应用于银行、商业与政府部门。大型零售商依靠大数据对单个消费者购买偏爱的洞察达到前所未有的水平，从而能够及时地满足客户的需求。银行管理人员可以从大量储户存取行为的数据中，提取不同收入群体、不同时间段、不同地区的规律性的活动与变化的信息，有针对性地开展新业务与新服务。警察通过对城市街头犯罪的数据预测，可以加大重点防范区域的防范力度，大幅度降低该地区街头犯罪的发案率。

通过无处不在的传感器、RFID 自动获取、存储物理世界的各种数据，并不是我们组建物联网应用系统的根本目的，我们希望透过海量数据，寻找物理世界的变化规律与发展趋势，从而更加智慧地处理物理世界的问题，否则我们只是在制造大量的"信息垃圾"。因此，如何有效地利用物联网海量数据已经成为物联网应用研究的关键。面对物联网各种类型的应用系统和不同的需求，会产生各种各样的新型数据挖掘算法。

2.3.3.2　大数据

A　大数据概念的提出

我们可以用一个与物联网的位置信息发现与位置服务相关的例子来说明大数据概念产生的背景。

2011 年度"诺基亚移动数据挖掘竞赛"。在 2009 年初，诺基亚洛桑研究中心等 3 家研究机构发起了一项移动数据研究计划，这个计划最初的任务是搜集数据。他们首先组织了洛桑数据采集小组，并在日内瓦湖区募集了 185 名数据采集志愿者，这些志愿者涵盖各个年龄段和职业阶层，他们之间有一些社交活动。数据采集小组要求每位志愿者在日常生活中使用诺基亚 N95 智能手机，从每部手机中采集到的数据就成为这项研究计划的数据来源。数据采集过程经历了一年多的时间，为移动数据挖掘研究提供了充足的数据。采集的移动数据主要分为两类。

第一类是用户手机使用的各项记录。例如，用户打电话、发短信的数量，通信录的使用情况，链接的手机基站号，音乐和多媒体文件使用记录，手机进程记录，手机充电和静音记录等。

第二类是手机后台收集的用户行为数据。例如，GPS、WiFi 定位信息和加速度传感器的数据。为了保护数据采集者的隐私，所有的内容信息都没有被记录，对用户特定的信息都采取了匿名处理。

竞赛规定了三项任务。

第一项任务：地点预测。从用户在某个地点的移动信息来推断这个地点的类型，这个任务有 10 个不同的地址类型，如家庭、学校、工作单位、朋友家与交通地点等。

第二项任务：下一地点预测。已知用户在某个地点和一些在这个地点记录的移动信息，推断用户下一个要去的地点。

第三项任务：用户特征分析。从用户的移动信息来推断用户的五个特征，这五个特征是性别、职业、婚姻状态、年龄与家庭人口。

全世界共有 108 支队伍参加这次竞赛。竞赛从 2011 年 11 月开始，到 2012 年 6 月结束。这次竞赛的题目对于移动数据挖掘、社交网络、位置分析与预测都是很有挑战性的。参赛选手有很多奇思妙想，对于物联网智能数据处理与基于位置数据挖掘的研究具有重要的启示作用。

B　大数据的应用

对于同一组数据的数据挖掘结果，不同的人有不同的认知角度与使用价值。对于提供移动通信网运营的公司技术人员来说，他们可通过分析移动数据挖掘结果来了解移动通信用户的行为特征、不同位置手机用户的密度、通信流量，从而对当前基站分布的状况进行评价，并规划近期继续增加的基站的位置与通信带宽。对于位置服务提供商，他们可以根据数据挖掘的结果了解客户的需求，根据不同消费群体有针对性地开发新的服务类型。对于当地政府的官员，他们可以根据数据挖掘的结果了解不同社区人群的结构、经济状况、消费特点，寻求更适合与不同阶层人员沟通的渠道，提高政府的服务水平。对于心怀叵测的黑客来说，数据挖掘的结果无疑暴露了很多人与家庭的隐私，为他们从事非法活动提供了极为重要的情报。从事信息安全的研究人员与政府官员必须对泄露这些重要的隐私信息所产生的后果进行评估，并千方百计地保护这些重要的隐私信息不被坏人利用。

利用在商业、金融、银行、医疗、环保与制造业领域大数据分析基础上获取的重要知识，衍生出很多有价值的新产品与新服务，人们也逐渐认识到大数据的重要性。2008 年之前我们一般将这种大数据量的数据集称为海量数据。2008 年，Nature 杂志出版了一期专刊，专门讨论未来大数据处理的挑战性问题，提出了大数据（Big Data）的概念。

2.3.3.3　物联网对大数据发展的贡献

如果我们将全球互联网与移动互联网所产生的数据快速增长看作一次数据"爆炸"的话，那么物联网所引起的是数据的"超级大爆炸"。物联网中大量的传感器、RFID 标签、视频探头，以及智能工业、智能农业、智能交通、智能电网、智能医疗、智能物流、智慧环保、智能家居等应用，都是造成数据"超级大爆炸"的重要原因。

在智能交通应用中，一个中等城市仅车辆视频监控的数据，3 年累计将达到 200 亿条，数据量达到 120TB。在智能医疗应用中，一张普通的 CT 扫描图像的数据量大约为 150MB，一个基因组序列文件大约为 750MB，标准的病理图的数据量大约为 5GB。如果将这些数据乘以一个三甲医院的病人人数和平均寿命，那么仅一个医院累计存储的数据量就可以达到几个 TB，甚至是几个 PB。

政府的数据大致有三种来源：一是从社会各个层面调查、搜集的数据形成了政府在制定政策时辅助决策的民意数据；二是各级政府部门办公都会形成很多业务数据；三是政府部门通过各种物联网应用系统自动感知得到的城市、农村的气象、地质、公路、水资源、陆地、海洋等实时、动态的环境数据。因此，政府数据可以进一步细分为民意数据、业务数据与环境数据，如图 2-62 所示。

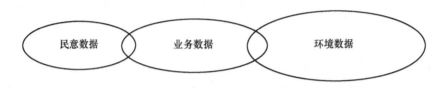

图 2-62　政府数据的组成关系

这三种数据的收集方式不同，数据量不同，数据发展的速度也不同，它们之间存在一些交叉和重叠。有些民意数据同时也是政府的业务数据，有些对环境监控产生的数据也是某些政府部门的业务数据。随着物联网应用的开展，环境数据增长会更快。环境数据包括各种传感器数据、RFID 数据与视频监控等感知数据，以及数字地图、遥感、GPS、GIS 等空间数据，它们具有各种各样的形式与结构，具有不同的语义。这三类数据都呈现出一种快速增长的趋势，这种数据增长方式表现在三个维度上：一是同类数据的数据量在快速增长；二是数据增长的速度在加快；三是数据的多样化，新的数据种类与新的数据来源在不断增长。数据的三维增长趋势如图 2-63 所示。

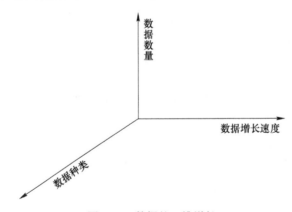

图 2-63　数据的三维增长

2.3.3.4　大数据对物联网发展的影响

A　大数据的定义

大数据并不是一个确切的概念。到底多大的数据是大数据，不同的学科领域、不同的行业会有不同的理解。目前，对于大数据可以看到多种定义，比较典型的有两种定义。

第一种是从技术能力角度出发给出的定义，即大数据是指无法使用传统和常用的软件技术与工具在一定的时间内完成获取、管理和处理的数据集。

在数字经济时代，数据是新的生产要素，是基础性资源和战略性资源，也是重要的生产力。从这个观点出发，第二种定义是大数据是一种有大应用、大价值的数据资源。

理解大数据的定义时，需要注意以下几点：

（1）人为的主观定义。对大数据的人为的主观定义将随着技术发展而变化，同时不同行业对大数据的量的衡量标准也会不同。目前，不同行业比较一致的看法是数据量在几百个 TB 到几十个 PB 量级的数据集都可以称为大数据。

（2）大数据的"5V"特征。数据量的大小不是判断大数据的唯一标准，而是要看它是不是具备"5V"的特征。

1）大体量（Volume）：数据量达到数百 TB 到数百 PB，甚至是 EB 的规模；

2）多样性（Variety）：数据呈现各种格式与各种类型；

3）时效性（Velocity）：数据需要在一定的时间限度下得到及时处理；

4）准确性（Veracity）：处理结果要保证一定的准确性；

5）大价值（Value）：分析挖掘的结果可以带来重大的经济效益与社会效益。

（3）工业界对大数据的认识。工业界对大数据的认识可以归纳为两点：第一，大数据的体量不是问题的关键，重要的是我们能不能从 TB、PB 量级的数据中分析、挖掘出有价值的知识。第二，同样大小的数据，如 1TB 数据，对于智能手机就是大数据，而对于高性能计算机就算不上是大数据。比较共性的认识是：大数据一般是指规模大、变化快、价值高的数据。因此，工业界对大数据给出了一个三维的定义：大小、多样性、速度。"大小、多样性"很好理解。这里提出的"速度"是指数据创建、积累、接收与处理的速度。快速发展的市场要求企业必须进行实时信息的处理，或者是"准实时"的响应和决策，否则大数据分析与挖掘也是没有实际价值的。物联网大数据应用对于数据处理速度有很高的要求。

（4）大数据研究的科学价值。对于大数据研究的科学价值，我们可以援引 2007 年图灵奖获得者吉姆格雷的观点来说明，吉姆格雷指出：科学研究将从实验科学、理论科学、计算科学，发展到数据科学。科学研究将从传统划分的三类（实验科学、理论科学与计算科学），发展到第四类的"数据科学"。大数据对世界经济、自然科学、社会科学的发展将会产生重大和深远的影响。

B　大数据国家战略

著名的国际咨询机构麦肯锡公司于 2011 年 5 月发布了《大数据：下一个创新、竞争和生产力的前沿》研究报告，该报告指出：大数据将成为全世界下一个创新、竞争和生产率提高的前沿。抢占这个前沿，无异于抢占下一个时代的"石油"和"金矿"。IT 界流传着这样一句话："数据是下一个'Intel Inside'，未来属于将数据转换成产品的公司和人们"。

2012 年 3 月，美国政府为进一步推进"大数据"战略，由国防部、能源部等 6 个联邦政府部门投入 2 亿多美元启动"大数据研究与发展计划"，以推动大数据的提取、存储、分析、共享和可视化，报告指出：像美国历史上对超级计算和互联网的投资一样，这个大数据发展研究计划将对美国的创新、科研、教育和国防产生深远的影响。2012 年 7 月，联合国发布了一本关于大数据的白皮书《大数据促发展：挑战与机遇》。

我国政府与学术界也高度重视大数据的研究与应用。2015 年 9 月，我国政府发布了《关于促进大数据发展的行动纲要》。2016 年 3 月，发布《中华人民共和国国民经济和社会发展第十三个五年规划纲要》，首次提出要实施国家大数据战略。2016 年 12 月，我国工信部正式发布《大数据产业发展规划（2016-2020 年）》。

从以上分析中，我们可以得到以下结论：

第一，物联网使用不同的感知手段获取大量的数据不是目的，而是要通过大数据处理，提取正确的知识与准确的反馈控制信息，这才是物联网对大数据研究提出的真正需求。

第二，大数据的应用水平直接影响着物联网应用系统存在的价值和重要性，大数据应用的效果是评价物联网应用系统技术水平的关键指标之一。

第三，物联网的大数据应用是国家大数据战略的重要组成部分，结合不同行业、不同用途的物联网，大数据研究必将成为物联网研究的重要内容。

C　物联网大数据的特点

我们目前讨论的大数据，数据的主要来源还是互联网、移动互联网。随着物联网的大规模应用，接入物联网的传感器、RFID 标签、智能硬件将呈指数趋势增长，物联网产生的大数据将远远超过互联网。物联网数据无疑将成为大数据的主要来源。我们通常用"5V"来描述互联网时代大数据的特点，类似地，有的学者提出用"5H"来描述物联网时代大数据的特点，如图 2-64 所示。

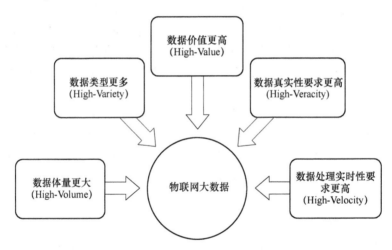

图 2-64　物联网大数据的特征

在物联网智能交通、智能环保、智能农业、智能医疗、智能物流等应用中，将有数百亿的传感器、RFID 标签、视频探头、监控设备、用户终端设备接入物联网，它们所产生的数据量要远远大于互联网所产生的数据量，这就形成了物联网大数据"体量更大（High-Volume）"的特点。智能医疗、智能电网、桥梁安全监控、水库安全监控、机场安全感知的参数差异很大，使用的传感器与执行器设备类型都不相同，这就形成了物联网大数据的"数据类型更多（High-Variety）"的特点。智能交通中无人驾驶汽车产生的数据如果出错、处理不及时或者处理结果出错，就有可能造成车毁人亡的后果；智能工业生产线上产生的数据出现错误、处理不及时或者处理结果出错，就有可能造成严重的生产安全事故；智能医疗中对患者生理参数测量数据出错、处理不及时或者处理后果出错，就有可能危及患者生命。因此，物联网大数据具有"数据价值更高（High-Value）""数据真实性要求更高（High-Veracity）与"数据处理实时性要求更高（High-Velocity）"的特点。

项目总结

本项目围绕物联网的三层架构，系统地介绍了感知层、网络层、应用层的概念及特征。针对感知层详细介绍了感知层的关键技术：RFID 与自动识别技术、传感器技术与无线传感器网络、智能感知设备与嵌入式技术；针对网络层详细介绍计算机网络技术与移动通信技术；针对应用层详细介绍了云计算技术与大数据技术。

知识过关

1. 选择题

（1）关于二维码特点的描述中，错误的是（　　　）。

A. 高密度编码，信息容量大、容错能力强、纠错能力强

B. 可以表示声音、签字、指纹、掌纹信息

C. 可以表示多种语言文字

D. 可以表示视频信息

（2）关于 RFID 标签信息特点的描述中，错误的是（　　　）。

A. 所有 RFID 标签都可以读取与写入数据

B. RFID 标签是由 RFID 芯片、天线与电路组成

C. RFID 读写器读取标签的距离可以从几厘米到上百米

D. RFID 读写器可以在黑暗的环境中读取 RFID 标签数据

（3）关于传感器特点的描述中，错误的是（　　　）。

A. 由敏感与转换元件组成

B. 能感知到被测量的物理量

C. 一种传感器的形状可以不相同，但是测量精度是相同的

D. 要能够满足感知信息的传输、处理、存储、显示、记录和控制要求

（4）关于传感器分类方法的描述中，错误的是（　　　）。

A. 根据传感器地址分类　　　　　　　　B. 根据传感器工作原理分类

C. 根据传感器感知的对象分类　　　　　D. 根据传感器的应用领域分类

（5）以下不属于力传感器的是（　　　）。

A. 力矩传感器　　　　B. 磁传感器　　　　C. 黏度传感器　　　　D. 密度传感器

（6）以下不属于无线传感器网络节点的是（　　　）。

A. 自组织　　　　　　B. 多跳传输　　　　C. 主从结构　　　　　D. 无线信道

（7）关于传感器网络特点的描述中，错误的是（　　　）。

A. 网络规模大　　　　　　　　　　　　B. 以网络为中心

C. 灵活的自组织能力　　　　　　　　　D. 拓扑结构的动态变化

（8）关于智能硬件共性特点的描述中，错误的是（　　　）。

A. 计算+通信　　　　　　　　　　　　B. 智能+控制

C. RFID+传感器　　　　　　　　　　　D. 大数据+云计算

（9）关于嵌入式系统特点的描述中，错误的是（　　　）。

A. 针对某些特定的应用

B. 专用的计算机系统

C. 剪裁计算机的硬件

D. 适应对计算机功能、可靠性、成本、体积、功耗的要求

（10）以下不属于生物特征识别内容的是（　　　）。

A. 指纹识别　　　　　B. 人脸识别　　　　　C. 虹膜识别　　　　　D. 频率识别

（11）关于计算机网络"分组交换"特点的描述中，错误的是（　　　）。

A. 分组交换适合突发性强的计算机数据通信的要求

B. 分组交换在发送数据之前需要事先建立线路连接

C. 分组头部带有源地址和目的地址

D. 分组数据最大长度确定

（12）关于 IP 地址的描述中，错误的是（　　　）。

A. IP 协议与网络规模的矛盾突出表现在 IP 地址上

B. IP 协议有两个版本：IPv4 和 IPv6

C. IPv4 地址已经分配出大约 50%

D. IPv6 地址能够满足物联网大量节点接入的需求

（13）智能医疗应用为计算机网络增加了一种网络类型是（　　　）。

A. 局域网　　　　　　B. 城域网　　　　　C. 个人区域网　　　　D. 人体区域网

（14）以下关于 WBAN 特点的描述中，错误的是（　　　）。

A. 用于健康医疗监控

B. 节点之间的距离一般在 1m 左右

C. 节点之间的传输速率最大是 1Mbit/s

D. 2012 年，IEEE 批准的标准是 IEEE 802.15.6

（15）关于蜂窝移动通信网小区制特点的描述中，错误的是（　　　）。

A. 将一个大区制覆盖的区域划分成多个小区

B. 多个小区组成一个区群

C. 在每个小区只设立一个基站

D. 小区内的手机与基站建立无线链路

（16）关于蜂窝移动通信网络特点的描述中，错误的是（　　　）。

A. 无线信道是手机与基站之间的无线"空中接口"

B. 基站通过空中接口的下行信道向手机发送语音、数据与信令

C. 手机通过空中接口的上行信道向基站发送语音、数据与信令信号

D. 根据手机硬件与软件、App 的发展水平可以划分出手机的 1G 到 5G

（17）关于物联网数据特征的描述中，错误的是（　　　）。

A. 海量　　　　　　　B. 动态　　　　　　C. 离散　　　　　　D. 关联

（18）以下不属于云计算服务类型的是（　　）。

A. IaaS　　　　　　　　B. BaaS　　　　　　　C. PaaS　　　　　　　D. SaaS

（19）关于云计算特征的描述中，错误的是（　　）。

A. 按需服务与资源池化　　　　　　B. 泛在接入与服务可计费

C. 开发标准与移动服务　　　　　　D. 快速部署与高可靠性

（20）以下不属于大数据与数据挖掘特点的描述中，错误的是（　　）。

A. 数据挖掘是大数据数据分析的基础

B. 数据挖掘是从大量数据中提取出有价值的信息和知识的过程

C. 数据挖掘包括历史性分析与预测性分析

D. 对于同一组数据的数据挖掘结果，不同的人有不同的认识角度与使用价值

2. 思考题

（1）请解释无源 RFID 标签工作原理。

（2）请试着设计一个阅览室图书自动借阅系统，并说明系统工作原理。

（3）请试着设计一个小区地下车库不停车电子收费系统（ETC），并解释系统工作原理。

（4）设想一下，一部智能手机需要用到哪几种传感器，为什么？

（5）智能手机的接近传感器有助于节约电能，请找到你所使用的手机安装接近传感器的位置。

（6）试着设计一个用于煤矿工人井下定位的矿井地下无线传感器网络系统结构方案，并阐述设计的基本思路。

（7）请试着设计一套能够在自行车拐弯时实现变道提示、周边车辆距离过近报警的智能安全警示系统，说明设计的思路与采用的技术。

（8）请试着设计一套"公交车刷脸支付"系统，说明设计的思路与需要注意的问题。

（9）为什么要研究分组交换网技术？

（10）为什么说 IPv6 协议将成为物联网核心协议之一？

（11）为什么说进入 5G 时代，受益最大的是物联网？

（12）请用例子说明你对物联网"数据、信息与知识"之间关系的理解。

（13）举出 3 个能够说明物联网数据关联性的例子。

（14）如何理解用户"可以像使用水、电一样按需购买和使用云计算资源"？

（15）请结合生活中的例子说明你对数据挖掘作用的理解。

（16）请结合生活中的例子说明大数据对于物联网应用的重要性。

 项目任务

项目任务 1

1. 任务目的

（1）能够描述射频识别系统的构成。

（2）能够了解射频识别技术的实际应用情况。

2. 任务要求

通过项目 2 的学习，初步了解物联网感知层的关键技术。为了加深对 RFID 系统构

成、工作原理的认识，进行基于 RFID 的应用系统的校内外应用场景调研，获取有关 RFID 系统的有关信息。在此基础上完成：

（1）写出完整的 RFID 应用系统调研报告，包括应用场景的系统总体建设和系统组成、模块功能描述。

（2）对调研内容采用 PPT 形式进行课堂汇报，每组时间 8~10min。

3. 任务评价

项目任务 1 评价表见表 2-7。

表 2-7　项目任务 1 评价表

序号	项目要求	教师评分
1	所选主题内容与任务要求一致（15 分）	
2	物联网生活场景描述清晰，表现方式多样化（35 分）	
3	PPT 制作精美、讲解流畅（30 分）	
4	具有扩展功能（20 分）	

项目任务 2

1. 任务目的

（1）进一步认识无线传感网的基本构成。

（2）进一步加深对无线传感网的特点理解。

（3）能够描述数据融合的具体应用。

2. 任务要求

通过项目 2 的学习，初步了解无线传感网的基本概念、基本组成及基本特点。为了加深对相关内容的理解，请按要求完成以下任务：

农业信息化、智慧化是国民经济和社会信息化的重要组成部分，智能农业控制通过实时采集农业大棚内的温度、湿度信号，以及光照、土壤温度、土壤水分等环境参数，自动开启或者关闭指定设备。可以根据用户需求，随时进行处理，为农业生态信息自动监测、对设施进行自动控制和智能化管理提供科学依据。大棚监控及智能控制解决方案是通过光照、温度、湿度等无线传感器，对农作物温室内的温度、湿度信号及光照、土壤温度、土壤含水量、二氧化碳浓度等环境参数进行实时采集，自动开启或者关闭指定设备（如远程控制浇灌、开关卷帘等）。

自主设计智慧农业智能大棚的系统结构，要求：

（1）分析智慧农业智能大棚能够实现哪些功能。

（2）选择合适的设备，画出智能大棚的系统拓扑图。

（3）整理一个完整的设计方案，并制作 PPT 辅助进行阐述。

分组课后完成，每组 3~5 人，采取课堂汇报的形式，时间 8~10min。

3. 任务评价

项目任务 2 评价表见表 2-8。

表 2-8　项目任务 2 评价表

序号	项目要求	教师评分
1	分析大棚的主要功能（25 分）	
2	针对实现功能，依次选择合适的设备，并论述选择理由（35 分）	
3	根据所选硬件，画出系统硬件拓扑图（20 分）	
4	整理完整设计方案，PPT 制作精美、讲解流畅（20 分）	

提升篇

项目 3 5G IoT 基础

项目思维导图

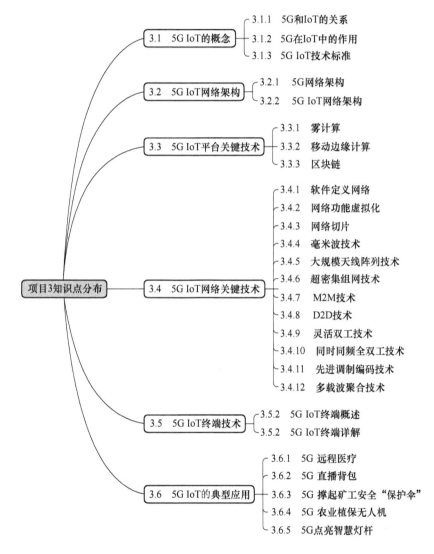

教学目标

＊知识目标

（1）了解 5G IoT 技术应用现状。

（2）掌握 5G IoT 的概念。

（3）熟悉 5G IoT 的网络架构。

（4）掌握 5G IoT 的平台关键技术。

（5）掌握 5G IoT 的网络关键技术。

＊技能目标

（1）能够熟练画出 5G IoT 的网络架构。

（2）能够分析 5G IoT 各项关键技术。

（3）能够完成基本的 5G IoT 组网方案设计。

＊思政目标

（1）树立民族自豪感。

（2）具备爱国精神与创新精神。

（3）具备大国工匠精神。

（4）具备实事求是精神。

（5）具备执业道德与操守。

3.1　5G IoT 的概念

扫一扫
查看视频 31

3.1.1　5G 和 IoT 的关系

全球新一轮科技革命和产业变革正蓬勃兴起，移动通信技术十年一周期，历经了第一代移动通信技术（1G）到第四代移动通信技术（4G）迭代演进发展历程，目前正处于第五代移动通信（5G）阔步前进，构建高速率、低时延高可靠、海量机器连接的新型网络基础设施的关键时期。5G 作为新型基础设施建设（新基建）的龙头、产业发展的助推器，将全面构筑经济社会数字化转型的关键基础设施，开启万物互联的信息通信发展新时代。

万物互联，未来已来，高带宽、低时延的 5G 技术优势将极大提高数字传输效率，不仅改变我们的生活，更将推动各行业升级发展。5G 的实现会给物联网带来什么样的变化？我们又该如何理解 5G 和物联网的关系呢？让我们一起来揭开 5G IoT 这层神秘面纱！

3.1.1.1　什么是 5G？

5G 又称为"IMT-2020"（International Mobile Telecommunication for 2020 and Beyond，面向 2020 年及未来的全球移动通信）。与前几代移动通信技术不同，5G 不再是一个单一的无线接入技术，也不是几个全新的无线接入技术，而是多种新型无线接入技术和现有无线接入技术集成后的解决方案总称。

自从 5G 网络技术的概念在世界上出现以来，就引发了各国科学家、物理学家对其的高度重视。由于 5G 技术在辐射范围、信息处理能力、数据传输能力上极大地碾压了以往几代的通信技术，这使得全球掀起了研发 5G 技术的浪潮。据相关的报告研究发现，5G 技术的服务应用在 2021 年开启一个新的篇章，并且在医学、物流、气象研究等多个领域进行服务。5G 移动通信凭借其自身的优异性，在未来的信息系统中将起到中流砥柱的作用，它极大地加强了信息之间的关联性，使以往的信息传播速度得到了前所未有的提升，在一定程度上其应用的范围领域得到了扩大，使人们进入了一个崭新的时代。

移动互联网（MI，Mobile Internet）和物联网（IoT，Internet of Things）作为未来移动通信发展的两大主要驱动力，为第五代移动通信提供了广阔的应用前景。面向未来数据流量的千倍增长，千亿设备连接和多样化的业务需求都对 5G 系统设计提出了严峻挑战。与4G 相比，5G 支持更加多样化的场景，融合多种无线接入方式，并充分利用低频和高频等频谱资源。同时，5G 还将满足网络灵活部署和高效运营维护的需求，大幅提升频谱效率、能源效率和成本效率，全面提升服务创新能力，拓展移动通信产业空间，实现移动通信网络的可持续发展。

3.1.1.2 什么是物联网？

物联网技术最早源于传媒领域的发展，第三次信息科技革命为它的产生提供了契机。物联网是指通过各种信息传感设备，实时采集任何需要监控、连接、互动的物体或过程等各种需要的信息，与互联网结合形成的一个巨大网络。物联网的目的是实现物与物、物与人，所有的物品与网络的连接，方便识别、管理和控制。因此，我们也可以简单地把物联网理解为物物相连的互联网。

3.1.1.3 5G 与 IoT 有什么关系？

5G 和物联网到底有什么样的关系呢？5G 给我们带来的不仅仅是更快的网速，而是更多更广以及更深层次的影响。据高通公司报告预测，到 2035 年 5G 将在全球创造 12.3 万亿美元经济产出，预计在 2020~2035 年间，5G 对全球 GDP 增长的贡献将相当于与印度同等规模的经济体。

5G 将加速万物互联时代的到来。自"感知中国"概念提出以来，物联网在国内已经发展十年有余，在我国物联网发展历程中，能够真正落地的物联网应用少之又少，这是什么原因呢？除了技术原因外还有一个重要的原因，就是已有 4G 网络的通信能力大大限制了物联网产业的发展。4G 网络无法很好地满足车联网、智能家居、智慧医疗、智能工业以及智慧城市等多方面的需要。相对于 4G 网络，5G 具备更加强大的通信和带宽能力，能够满足物联网应用高速稳定、覆盖面广等需求。5G 将通过与工业、交通、医疗、文化体育、能源等各个行业融合，孕育出一系列新兴信息产品和服务，产生各种 5G 行业应用，重塑传统产业发展模式。5G 的出现，使很多还处在理论或者试点阶段的物联网应用不仅能够落到实处，而且还能得到迅速地推广和普及。所以 5G 技术对于物联网行业来说不仅是雪中送炭，也是锦上添花。5G 的重点行业应用领域如图 3-1 所示。

我国 5G 网络基础设施建设目前位列全球第一梯队。据工信部相关数据显示，截至2020 年 9 月底，我国累计建设 5G 基站 69 万座，2020 年底建设 55 万座基站目标提前完成。目前累计终端连接数已超过了 1.6 亿户，5G 网络和终端商用快速发展，超高清视频、云游戏、移动云、VR 等应用场景逐渐丰富，工业、医疗、教育、能源、自动驾驶等垂直行业实践不断深化。

那么，物联网对于 5G 又有什么影响呢？物联网是 5G 商用的前奏和基础，发展 5G 的目的是为了能够给我们的生产和生活带来便利，而物联网就为 5G 提供了一个大展拳脚的舞台，在这个舞台上 5G 可以通过众多的诸如智慧农业、智慧物流、智能家居、车联网、

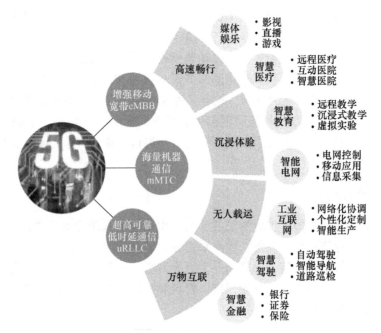

图 3-1　5G 重点行业应用领域

智慧城市等物联网应用真正落到实处，发挥出其强大的作用。

因此，5G 和物联网是相辅相成的关系，两者相互作用共同为人类社会的发展谋福利，5G 的实现不仅会给物联网带来深远的影响，也将极大推动我国经济的发展。

3.1.1.4　5G IoT 的概念

2019 年 6 月 6 日，工信部发放 5G 商用牌照，正式开启了中国的"5G 时代"。工信部部长出席颁证会时表示，企业要以市场和业务为导向，积极推进 5G 融合应用和创新发展，聚焦工业互联网、物联网、车联网等领域，为更多的垂直行业赋能赋智，促进各行各业数字化、网络化、智能化发展。

2019 年 12 月全国工业和信息化工作会议上提出，稳步推进 5G 网络建设，深化共建共享，力争 2020 年底实现全国所有地级市覆盖 5G 网络。2020 年 3 月，工信部印发《关于推动 5G 加快发展的通知》，提出推进 5G 网络建设、应用推广、技术发展和安全保障四大任务。其中丰富技术应用场景方面，培育新型消费模式，鼓励基础电信企业通过套餐升级优惠等举措促进 5G 终端消费，推广 5G+VR/AR、赛事直播等应用促进新型信息消费，加速 "5G+医疗健康""5G+工业互联网""5G+车联网" 协同发展。技术研发方面，要求加速 5G 应用模组研发，支持 5G 核心芯片、关键元器件等重点领域的研发，开展 5G 增强技术研发试验，组织开展毫米波设备和性能测试，提升 5G 技术创新支撑能力，打造并提供行业云服务、能力开放平台、应用开发环境等共性平台，加快 5G 检测认证平台建设，提升测试、检验、认证等服务能力。2020 年是 5G 发展的关键年份，中央政治局会议、国务院常务会议、中央政治局常务会等多次会议中强调 "加快 5G 商用步伐"，充分体现出 5G 新基建对于拉动经济增长的重要性和紧迫性。

综上所述，5G IoT 即基于 5G 蜂窝移动通信网络的物联网技术和应用。利用 5G 无线网络的无缝覆盖与低成本实现万物互联，利用 5G 网络大带宽、大连接、低时延的技术特征，匹配行业应用场景的业务需求，拓展物联网应用的广度和深度。因此，5G 物联网是新型基础设施的重要组成部分。

3.1.2 5G 在 IoT 中的作用

3.1.2.1 优化网络环境

5G 网络技术实施发布后，其传输速度将会比 4G 高出百倍。对于那些移动电话和平板电脑的移动数据终端来说，信息传输的时效和质量将得到明显的改善。从其他角度来看，用户的控制信号将会成为多元化云信号，这种信号经过云计算和大数据处理后将信息实现整合，最终呈现到用户面前，它的发展将为物联网技术的应用提供坚实的基础。

3.1.2.2 显著扩大覆盖范围

改进后的移动通信技术将用于多个天线以及高频带，和其他相关技术进行直接的通信。通过对以往的峰值数据模式进行改变，不同终端之间的通信频率也将得到很大程度上的改善。在信息网络覆盖的前提下，这样做可以有效减小模块的整体大小，为智能通信提供重要的技术支撑与维护。

3.1.2.3 促进科技应用创新

据相关的调查研究发现，5G 移动通信技术可以实现许多 4G 网络无法达到的效果，比如在人工智能化机器人和汽车智能导航的开发应用中，5G 网络技术可凭借其强大的数据操作运算能力对信息进行分析，从而更好地为这些应用的提升带来契机。

3.1.3 5G IoT 技术标准

扫一扫
查看视频 32

国际电信联盟（ITU）召开的 ITU-R WP5D 会议于 2020 年 7 月 9 日圆满结束，该会议对国际移动通信系统（IMT）做出重大决议，一个重要亮点是 NB-IoT（窄带物联网，Narrow Band-Internet of Things）和 NR（新空口，New Radio）一起正式成为 5G 标准，这是全球科技产业的一个重大历史时刻！

3.1.3.1 NB-IoT

NB-IoT 是指窄带物联网（Narrow Band-Internet of Things）技术，聚焦于低功耗广覆盖（LPWA）物联网（IoT）市场，是一种可在全球范围内广泛应用的新兴技术。NB-IoT 使用 License 频段，可采取带内、保护带或独立载波等三种部署方式，与现有网络共存。NB-IoT 因其低功耗、连接稳定、成本低、架构优化出色等特点而备受关注。

NB-IoT 物联网典型应用场景包括智慧城市、智能家居、智能门锁、智能城市路灯、智能电表、水表、气表、下水道水位探测、智能交通、环境监控、物流资产追踪、智能畜牧业等。远距离无线通信可避免铺设有线管道，低功耗可保证几年不用更换电池，省事省成本，这对于规模浩大的智慧城市建设简直是不二选择。

3.1.3.2　NR（新空口，New Radio）

NB-IoT 和 eMTC（增强型机器类型通信，Enhance Machine Type Communication）是简化版、轻量版的 LTE，针对低功耗、低成本、低速率、大连接和广覆盖的物联网应用而生。进入 5G 万物互联时代，也需要一个简化版、轻量版的 5G NR，它就是 NR-Light。

为什么需要 NR-Light 呢？

5G 网络的发展主要面向物联网、工业互联网和车联网，包括增强移动宽带（eMBB，Enhanced Mobile Broadband）、海量机器类型通信（mMTC，Massive Machine Type Communication）与超高可靠超低时延（uRLLC，Ultra-reliable and Low Latency Communications）三大应用场景，如图 3-2~图 3-5 所示。

图 3-2　5G 三大应用场景

（1）eMBB 主要针对 4K/8K 超高清视频、虚拟现实和增强现实 VR/AR 等大带宽应用。

（2）uRLLC 主要针对远程机器人控制、自动驾驶等"高端"物联网应用场景。

（3）NB-IoT 和 eMTC 演进为 mMTC，主要针对传感器和数据采集为目标的场景，如抄表、路灯、停车等"低端"物联网应用场景。

简单地讲，uRLLC 针对的是"高端"物联网应用场景，而 mMTC 针对的是"低端"物联网应用场景，那么问题就来了，在 eMBB、mMTC 与 uRLLC 之间存在的"中端物联网市场"的空白地带谁来解决？以 5G 智能制造为例，只有机器人控制、AI 质量检查等应用才需要超大带宽和超低时延的网络能力；对于工厂内的监控摄像头、大量传感器而言，超大带宽和超低时延可能就是浪费，而 NB-IoT/eMTC 在时延和带宽能力上又不能满足需求。

因此，5G 需要一种针对"中端"物联网应用场景解决方案，5G NR-Light 物联网技术

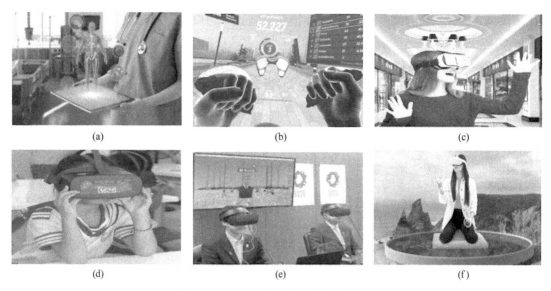

图 3-3 5G eMBB 应用——虚拟现实 VR

（a）医学教学；（b）娱乐游戏；（c）时尚；（d）情景教学；（e）商务会议；（f）环境

应运而生。NR-Light 的性能与成本介于 eMTC/NB-IoT 与 NR eMBB/uRLLC 之间，仅占用 10MHz 或 20MHz 带宽，支持下行速率 100Mbit/s、上行速率 50Mbit/s，主要应用于工业物联网传感器、监控摄像头、可穿戴设备等场景。

　　随着物联网与工业互联网规模化发展，万物互联之门将被开启。5G、物联网、云计算、大数据、人工智能、边缘计算、区块链技术深度融合，构建新一代行业应用综合信息服务平台，通过应用集成创新，将广泛拓展行业应用领域，创造丰富的行业应用。随着 5G 物联网技术的逐步成熟，5G 物联网应

图 3-4 5G uRLLC 应用——无人驾驶汽车

图 3-5 5G mMTC 应用——智慧家庭

用将由试点、试商用到规模化发展，5G 物联网新技术的应用不断拓展其行业应用的应用范围和应用领域，将催生垂直行业大量的新业务与新应用，推动行业应用创新发展。

3.2　5G IoT 的系统架构

扫一扫

查看视频 33

3.2.1　5G 网络架构

根据网络架构的演进，3GPP（3rd Generation Partnership Project，第三代合作伙伴计划）定义了两种 5G 业务的组网模式：非独立组网 NSA 和独立组网 SA。NSA 以 4G 基站作为控制面锚点来接入 4G 核心网或 5G 核心网，即使用现有的 4G 基础设施进行 5G 网络的部署。NSA 是一种过渡方案，仅能支持超移动宽带（eMBB）业务，大部分 5G 特性不能实现，当前阶段公众用户的 5G 业务会在 NSA 模式下运行；而 SA 是 5G 的标准组网模式，采用 5G 基站作为控制面锚点接入 5G 核心网，5G 的核心新技术，比如端到端切片，可以在 SA 模式下支撑各种创新业务运行，满足不同业务的保障业务级协议（SLA）要求。

3.2.1.1　NSA 组网模式

NSA 基于 4G 的扩展分组核心网（EPC）升级支持 5G 用户接入，对于数据业务，5G NSA 的核心网络架构基于 EPC 网络架构进行增强来实现，核心网通过软件升级快速支持 5G 业务的部署。对于语音业务，NSA 语音方案与 4G 保持一致，话音固定采用 VoLTE/CSFB。图 3-6 为 5G 的 NSA 组网模式。

3.2.1.2　SA 组网模式

5G SA 组网模式的核心网采用服务化架构，以云化为基础，支持网络切片、分布式部署、边缘计算等新特性。图 3-7 为 5G 的 SA 组网模式。

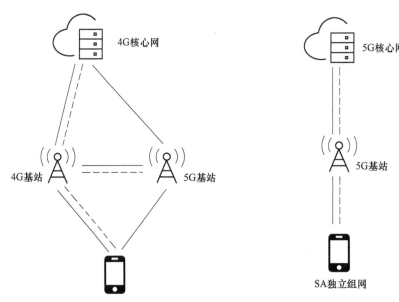

图 3-6　5G 的 NSA 组网模式　　　　　图 3-7　5G 的 SA 组网模式

5G 网络架构主要包括 5G 核心网 5GC 和无线接入网 NG-RAN 两大部分，目前采用 NSA 组网方式，正在向 SA 组网方式演进。5G 的总体架构如图 3-8 所示，5G 无线接入网包括两种网元：gNB 和 ng-eNB，其中，gNB 向 UE 提供 NR 用户面和控制面协议终端的节点，并且经由 NG 接口连接到 5GC；ng-eNB 向 UE 提供 E-UTRAN 用户面和控制面协议终端的节点，并且经由 NG 接口连接到 5GC。在两大主要接口中，NG 属于无线接入网和核心网的接口，Xn 属于无线网节点之间的接口。图 3-9 给出了 5G 端到端架构。

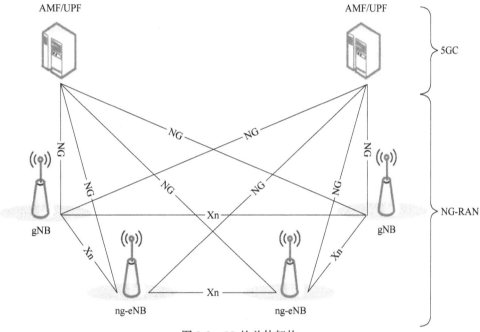

图 3-8　5G 的总体架构

5G 无线空口的关键技术主要体现在四个方面：

（1）新架构。基于"以用户为中心"的无线网络设计理念，采用集中式广域控制和分布式本地业务相结合的 CU/DU 两级架构。

（2）新设计。设计了全动态结构的新系统，可以灵活上下行时隙切换，动态帧结构和资源配置以及包括子载波、GP 等在内的多种参数配置，以适应不同商家，不同的业务需求包括不同的流量和物联网需求。

（3）新频段。5G 广域覆盖主要依赖 2.6GHz、3.5GHz、4.9GHz 中低频段，在满足多用户场景上使用 2.6GHz 频点，相比 3.5GHz 频段在覆盖上具有较大优势，可以解决超高频段的毫米波频段不足的问题。

（4）新天线。天线直接决定着移动通信的性能，透镜天线、稀疏阵等创新天线形态，同时制定大规模天线及增强方案、新型波束管理机制。

3.2.2　5G IoT 网络架构

5G IoT 端到端网络框架如图 3-10 所示，主要由行业终端、5G 物联网、行业应用服务器三个部分组成。

（1）5G 终端（NB-IoT 终端、NR-Light 终端）主要由各种类型传感器、芯片、模组和操作系统组成；

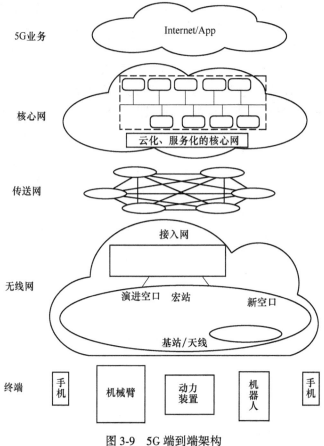

图 3-9　5G 端到端架构

（2）5G 物联网主要由 5G 网络和 IoT 平台组成，IoT 平台主要包括连接管理平台、设备管理平台、业务使能平台、应用使能平台。

1）连接管理平台主要提供连接配置和故障管理、保证终端联网通道稳定、网络资源用量管理、链接资费管理、账单管理、套餐变更、号码/IP 地址/MAC 资源管理，由电信运营商提供相应服务。

2）设备管理主要提供平台远程监控、设备调整、软件升级、系统升级、故障排查、生命周期管理等功能。

3）业务使能平台主要提供大数据分析、企业数据服务等功能，由人工智能和大数据分析服务提供商提供服务。

4）应用使能平台主要提供应用开发和统一数据存储两大功能的 PAAS 平台，构架在CMP 平台之上。

（3）行业应用服务器主要由第三方应用服务器、服务器端操作系统、物联网业务开发工具、物联网应用软件和数据分析挖掘软件组成。

图 3-10 按照物联网的业务处理流程，自左至右，依次完成数据采集、数据传输、数据处理到数据应用。其中，IoT 平台融合了人工智能、大数据、云计算、边缘计算和区块链等关键技术。

5G 物联网将支持多种接入方式，统一接入 5G 核心网，如图 3-11 所示。

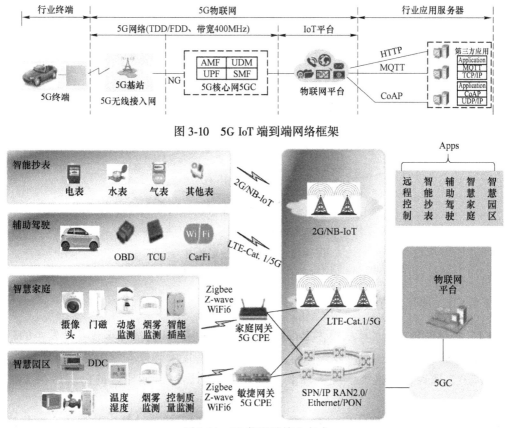

图 3-10　5G IoT 端到端网络框架

图 3-11　5G 物联网接入方式

3.3　5G IoT 平台关键技术

5G IoT 平台关键技术主要涉及人工智能、大数据、云计算、雾计算、移动边缘计算和区块链等技术，其中人工智能、大数据和云计算已在项目 2.3 节介绍，这里只针对雾计算、移动边缘计算和区块链技术进行介绍。

3.3.1　雾计算

提起云计算大家一定不陌生，云计算和大数据一起为物联网的发展做出了贡献，但是说起雾计算（FC，Fog Computing）你知道是什么吗？接下来我们就来了解什么是雾计算。

雾计算又叫 fogging，在该模式中数据、处理和应用程序集中在网络边缘的设备中，而不是几乎全部保存在云中。雾计算的概念是思科（Cisco）2012 年时提出的，其结构如图 3-12 所示。随后思科联合 Arm、戴尔、英特尔、微软和普林斯顿大学，于 2015 年联合成立了开放雾计算联盟（Open Fog Consortium）。正如云计算一样，雾计算也定义得十分形象，云是高高在上的，十分抽象，而雾则接近地面，与你我同在。雾计算没有强力的计算能力，雾是介于云计算和个人计算之间的，是半虚拟化的服务计算架构模型，可理解为本地化的云计算。雾计算是以个人、私有云、企业云等小型云为主，雾计算以量制胜，强调数量，不管单个计算节点能力有多么弱都要发挥作用，雾计算扩大了云计算的网络计算模式，将网络计算从网络中心扩展到了网络边缘，从而更加广泛地应用于各种服务。

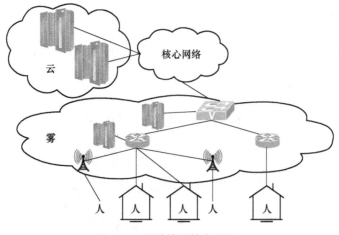

图 3-12　雾计算原始定义图

3.3.1.1　雾计算的特征

（1）极低时延。云计算从很多实现细节方面释放用户，包括计算或存储发生的精确位置信息；然而这种自由是可以选择的，当一个显著程度的延迟不可接受时（比如游戏、视频会议），遇到很多这类情况，自由又变成了不利因素，雾计算的出现解决了这一难题。

（2）更为广泛的地理分布，这正好与集中在某个地点的云计算（数据中心）形成强烈的对比。

（3）支持高移动性。对于雾计算来说，手机和其他移动设备可以互相之间直接通信，信号不必到云端甚至基站去绕一圈，因此可以支持很高的移动性。

（4）大型分布式控制系统，如智能电网、互联铁路、智能交通信号灯系统。

3.3.1.2　雾计算的应用场景

（1）物联网终端。比如：车联网应用和部署要求有丰富的连接方式和相互作用：车到车，车到接入点（无线网络连接、3G、LTE、路边单元），以及接入点到接入点等，雾计算能够提供丰富的车联网服务菜单中的信息娱乐、安全、交通保障和数据分析、地理分析情况。

（2）无线传感网络。无线传感网络的特点是极低的功耗，电池可以 5～6 年换一次，甚至可以不用电池而使用太阳能或者其他能源供电，这样的网络节点只有很低的带宽及低端处理器，以及小容量的存储器。传感器主要收集温度、湿度、雨量、光照亮等环境数据，不需要把这些数据传送到"云"里去，传到"雾"里就可以了，这是雾计算的典型应用。

3.3.2　移动边缘计算

边缘计算可以理解为利用靠近数据源的边缘地带来完成的运算程序。边缘计算和云计算互相协同，它们是彼此优化补充的存在，共同使能行业数字化转型。云计算是一个统筹者，它负责长周期数据的大数据分析，能够在周期性维护、业务决策等领域运行。边缘计算着眼于实时、短周期数据的分析，更好地支撑本地业务及时处理执行。边缘计算靠近设备端，也为云端数据采集做出了贡献，支撑云端应用的大数据分析，云计算也通过大数据分析输出业务规则下发到边缘处（MEC，Mobile Edge Computing），以便执行和优化处理。

移动边缘计算是指在接近智能手机或者移动终端的地方提供云计算能力，即将计算能力下沉到分布式基站，在无线网络侧增加计算、存储、处理等功能，将传统的无线基站升级为智能化基站。

MEC 设计初衷是为了满足特定低时延场景（如 VR、高清视频）下的业务体验需求，在 4G 时代，运营商和设备厂商已启动 MEC 的技术研究、产品研发和现网部署。5G 是为了应对移动互联网和物联网的发展所带来的数据流量激增、海量设备连接及行业深度融合而提出的新一代移动通信技术，MEC 所具备的业务体验优势以及创新型服务模式，使其成为 5G 中的原生能力，并在 5G 三大应用场景（eMBB、mMTC、URLLC）中发挥重要的作用。目前在全球范围内，MEC 已成为业界的关注和研究热点，在技术标准化、运营商 5G 规划以及厂商 5G 设备产品研发等各环节中，均将移动边缘计算作为 5G 网络重要的、不可分割的组成部分。

举例：无人车驾驶原理很简单：车上的摄像头拍摄视频，服务器实时分析视频中的路面情况并实时回传到车上。如果还像以前那样层层转发，估计这无人车谁也不敢坐，为什么？有些情况下，转向信息回传到方向盘时，可能已经撞车了。

要解决这一问题的办法有两种，要么加强网络的能力，要么加强前端的能力。5G 的到来本身已经大大加强了网络的能力，但网络是有一定的不确定性的，容易被干扰，所以我们不能把宝都压在网络一定行身上，前端的能力也必须加强。加强前端，一是增强摄像头的处理能力，这个能力很多厂家已经在做了，例如某些巨头推的 MPU、VPU 就是在摄像机镜头后面加上一块小小的处理器。但无论如何，这种小型处理器的能力毕竟有限，所以前端加强的另一类方法就来了：MEC。最常见的 MEC 部署，就是在基站上关联一个通用 x86 服务器，用来就近处理基站内需要处理的紧急、且大量的处理任务。无人车摄像头拍摄的视频信号被基站接受后，会在 MEC 服务器中直接处理，并根据规则对驾驶情况做出调整，而远端服务器则执行远程驾驶，规则更新一类的工作。

除了无人车，目前大量快速计算的新业务还有 AR、VR、高清直播，视频监控，无人机等，这些业务无一不是对带宽与时延有着极度的敏感性；而 MEC 就是使用便宜的 x86 服务器来协助昂贵的通信组件加强能力。图 3-13 为一种典型的 MEC 服务器部署方式。

3.3.3 区块链

狭义来讲，区块链是一种按照时间顺序将数据区块以顺序相连的方式组合成的一种链式数据结构，并以密码学方式保证的不可篡改和不可伪造的分布式账本。

广义来讲，区块链技术是利用块链式数据结构来验证与存储数据，利用分布式节点共识算法来生成和更新数据，利用密码学的方式保证数据传输和访问的安全，利用由自动化脚本代码组成的智能合约来编程和操作数据的一种全新的分布式基础架构与计算方式。

作为核心技术自主创新的重要突破口，区块链的安全风险问题被视为当前制约行业健

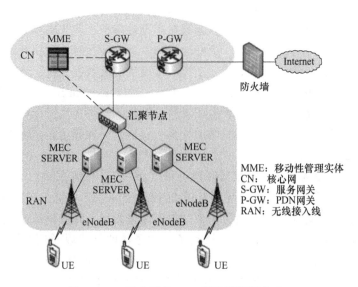

图 3-13　一种典型的 MEC 服务器部署方式

康发展的一大短板，频频发生的安全事件为业界敲响警钟。拥抱区块链，需要加快探索建立适应区块链技术机制的安全保障体系。

3.4　5G IoT 网络关键技术

3.4.1　软件定义网络

作为一种新型的网络体系架构软件定义网络（SDN，Software Defined Network），其核心思想是将网络设备的控制平面与数据平面相分离，并且可以对控制平面进行编程。该技术有助于底层网络设施资源的抽象以及管理视图的集中，并以虚拟资源的形式支持上层应用与服务，实现更好的灵活性与可控性，使得网络的配置和管理变得非常敏捷高效。所有的决策策略都由控制平面上的 SDN 控制器来决定和处理，如此数据平面上的交换机等网络设备只需关注数据的转发，而不考虑决策策略。网络管理员无须单独访问和配置每个网络硬件设备，可以直接通过集中的方式对网络进行配置和管理。

从本质上来说，SDN 的提出是为了应对当前网络中面临的扩展困难、灵活性不够等发展瓶颈问题，其主要目的是简化网络配置、管理，促进网络向动态灵活的方向演化，而并非主要是为了网络性能的提升，甚至在对网络进行高度抽象、虚拟化后，会带来部分性能的下降。从很大程度上来说，目前人们对网络的需求，传统的网络不是不能满足，只是时间、资金问题而已，但这样代价太大，而且发展缓慢，为了摆脱这一困境 SDN 应运而生。

如前所述，SDN 带来的是网络配置、管理的简化和更加灵活高效的发展方向，新的管控策略可以迅速得到实施，就像在电脑或者手机上安装应用程序一样，方便快捷。因此，如果有好的更加有效的管控策略，在 SDN 网络中可以很容易进行部署；而当用户对网络提出新的需求时，可以很快地部署相应的应用。因为这一切都是软件定义的，用户甚至可以利用网络资源，去构建自己所需的应用，而不必受厂商的束缚。

3.4.2　网络功能虚拟化

欧洲电信标准化协会提出了网络功能虚拟化（Network Function Virtualization，NFV）的概念，其核心思想是将专有的物理网络设备与其上运行的网络功能解耦。具体而言，以软件的形式来实现网络功能，如在标准服务器工业标准硬件上运行，以取代当前网络中私有、专用和封闭的专有设备。NFV 旨在将虚拟化技术应用到网络中，以提供一种新的设计、部署和管理网络业务的方法，解决专用设备例如通信设备日益臃肿、扩展性受限、功耗大、功能提升空间小、业务上线时间长、资源利用率低、运维难度大、成本高、厂商锁定等一系列问题，达到提升运维灵活性、缩短业务部署上线时间、促进新业务的创新、提高资源利用率、降低运营成本和资本费用等目的。

3.4.3　网络切片

在了解 5G 网络切片之前，首先要知道什么是网络切片。实际上，网络切片就是将一个物理网络切割成多个虚拟的端到端的网络，每一个切片都可获得逻辑独立的网络资源，且各切片之间可相互绝缘。因此，当某一个切片中产生错误或故障时，并不会影响其他切片。而 5G 切片，就是将 5G 网络切出多张虚拟网络，从而支持更多业务。简单地说就是合理地配置资源，利用有限的网络，根据不同的业务对网络的需求不一样，通过切片网络配置不同的网络切片，使得运营商能够根据第三方需求和网络状况以低成本为用户灵活提供个性化的网络服务。

5G 端到端网络切片是指将网络资源灵活分配，按需组网。基于 5G 网络虚拟出多个具有不同特点且互相隔离的逻辑子网，每个端到端网络切片均由无线网、承载网、核心网子切片组合而成，并通过端到端切片管理系统进行统一的管理。5G 网络切片整体架构如图 3-14 所示。

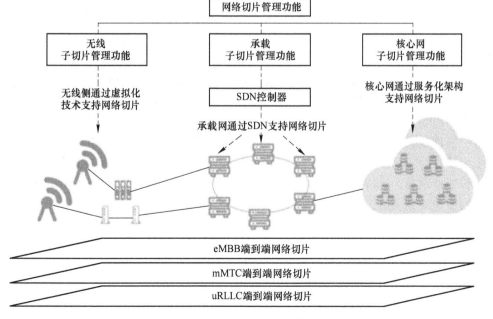

图 3-14　5G 网络切片整体架构

为什么在 2G~4G 时代都没有大规模地提到网络切片，到了 5G 时代，网络切片却被大家提出来呢？实际上，从 2G 到 4G 网络只是实现了单一的电话或上网需求，却无法满足随着海量数据而来的新业务需求，而 5G 的大带宽、广连接、低延时的特性可以说是为应用而生的，与网络切片技术结合后，可以面向多连接与多样化的场景，部署更灵活，还可以分类管理，如图 3-15 所示。

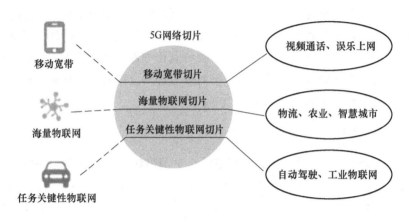

图 3-15　5G 网络切片示意图

我们知道 5G 的大带宽、广连接、低延时三个特性，不同的应用场景需要利用 5G 不同的特性。例如，自动驾驶需要在行驶过程中，为了应对危险，需要在 1ms 左右的超低时延内和网络进行极高可靠的通信。与之不同的是，当我们在演唱会现场则需要用到 5G 广连接和大带宽的特性，确保我们通过 5G 网络看演唱时现场所有的手机都能正常接入网络且能进行数据流量的交互，避免在 4G 时代在演唱会网络信号就变差的情况。

正是因为 5G 的这几个不同的特性，可以提供适配不同领域需求的网络连接特性，推动各行业的能力提升与转型。为了实现这一需求，工程师们就想到了为何不布置上几张独立的子网络来支持 5G 的几大场景？这些子网络的无线、承载和核心网等资源都完全和其他网络隔离开来，这些网络之间是独立不受影响的，并且在同一类子网络之下，还可以再次进行资源的划分，形成更低一层的子网络，根据不同行业不同企业的需求，进行定制化的划分。例如，浙江移动与浙江省海港集团等企业联合打造的 5G+智慧港口——宁波舟山港，就是通过 5G 网络切片定制并部署全国首个港口场景 MEC 边缘计算服务器，满足了轮胎式龙门吊 5G 远控应用中可编程逻辑（PLC）数据包低时延和视频上行大带宽两大关键需求，实现龙门吊 16 路高清视频实时回传和远程控制；而这些都可以在浙江移动 5G 商城上自助订购。浙江移动的这个 5G 商城将网络原子能力 API 封装为标准切片产品，为客户提供切片选择、规格定制、一键下单、在线开通等服务，并具有自助服务界面中实时获取网络服务级别（SLA）监控指标的能力。

3.4.4　毫米波技术

微波波段包括分米波、厘米波、毫米波和亚毫米波。其中，毫米波（Millimeter Wave）通常指频段在 30~300GHz，相应波长为 1~10mm 的电磁波，它的工作频率介于微波与远红外波之间，因此兼有两种波谱的特点。毫米波的理论和技术分别是微波向高频的延伸和光波向低频的发展。

在频谱资源越来越紧缺的情况下，开发利用使用在卫星和雷达军用系统上的毫米波频谱资源成了第五代移动通信技术的重点，因毫米波段拥有巨大的频谱资源开发空间，所以成为 Massive MIMO 通信系统的首要选择。毫米波由于其频率高、波长短，具有如下特点：

（1）频谱宽，配合各种多址复用技术的使用可以极大提升信道容量，适用于高速多媒体传输业务；

（2）可靠性高，较高的频率使其受干扰很少，能较好抵抗雨水天气的影响，提供稳定的传输信道；

（3）方向性好，毫米波受空气中各种悬浮颗粒物的吸收较大，使得传输波束较窄，增大了窃听难度；

（4）适合短距离点对点通信；

（5）波长极短，所需的天线尺寸很小，易于在较小的空间内集成大规模天线阵。

正是由于上述的特点，毫米波在自由空间中传播时具有很大的路径损耗，而且反射之后的能量急剧衰减，导致毫米波通信主要是视距传播和少量的一次反射的非视距传播，造成了其稀疏的信道特性。

除了上述优点之外，毫米波也有一个主要缺点，那就是不容易穿过建筑物或者障碍物，并且可以被叶子和雨水吸收，这也是为什么 5G 网络将会采用小基站的方式来加强传统的蜂窝塔。毫米波通信系统中，信号的空间选择性和分散性被毫米波高自由空间损耗和弱反射能力所限制，又由于配置了大规模天线阵，很难保证各天线之间的独立性，在毫米波系统中天线的数量要远远高于传播路径的数量，所以传统的 MIMO 系统中独立同分布的瑞利衰落信道模型不再适用于描述毫米波信道特性。已经有大量的文献研究小尺度衰落的场景，在实际通信过程中，多径传播效应造成的多径散射簇现象和时间扩散和角度扩散之间的关系也应当被综合考虑。

作为低频蜂窝网络的补充，高频网络将主要部署在室内、室外热点区域，用以提供高速率的数据业务。由于高频信号的传播特性，采用高、低频混合组网，结合数据面与控制面分离的架构，可以有效地解决特定场景下网络的高容量需求和用户的高速率需求。

高频段在移动通信中的应用是未来的发展趋势，业界对此高度关注。足够量的可用带宽、小型化的天线和设备、较高的天线增益是高频段毫米波移动通信的主要优点，但也存在传输距离短、穿透和绕射能力差、容易受气候环境影响等缺点。射频器件、系统设计等方面的问题也有待进一步研究和解决。高频段资源虽然目前较为丰富，但是仍需要进行科学规划、统筹兼顾，从而使宝贵的频谱资源得到最优配置。

3.4.5　大规模天线阵列技术

理解大规模天线首先需要了解波束成形技术。传统通信方式是基站与手机间单天线到单天线的电磁波传播，而在波束成形技术中，基站端拥有多根天线，可以自动调节各个天线发射信号的相位，使其在手机接收点形成电磁波的叠加，从而达到提高接收信号强度的目的。

从基站方面看，这种利用数字信号处理产生的叠加效果就如同完成了基站端虚拟天线方向图的构造，因此称为"波束成形"（Beamforming）。通过这一技术，发射能量可以汇集到用户所在位置，而不向其他方向扩散，并且基站可以通过监测用户的信号，对其进行实时跟踪，使最佳发射方向跟随用户的移动，保证在任何时候手机接收点的电磁波信号都处于叠加状态，如图 3-16 所示。打个比方，传统通信就像灯泡，照亮整个房间，而波束成形就像手电筒，光亮可以智能地汇集到目标位置上。普通全向天线，覆盖所有区域。波速成形后的天线，将能量集中到一个方向。在实际应用中，多天线的基站也可以同时瞄准多个用户，构造朝向多个目标客户的不同波束，并有效减少各个波束之间的干扰。这种多用户的波束成形在空间上有效地分离了不同用户间的电磁波，是大规模天线的基础所在。

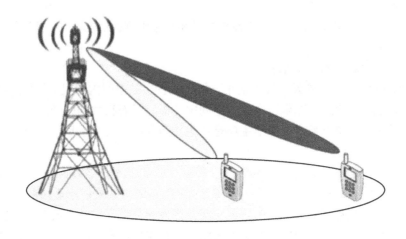

图 3-16　波束成形示意图

　　大规模天线阵列正是基于多用户波束成形的原理，在基站端布置几百根天线，对几十个目标接收机调制各自的波束，通过空间信号隔离，在同一频率资源上同时传输几十条信号。这种对空间资源的充分挖掘，可以有效利用宝贵而稀缺的频带资源，并且几十倍地提升网络容量。图 3-17 为美国莱斯大学的大规模天线阵列原型机，从该图中可以看到由 64 个小天线组成的天线阵列，这很好地展示了大规模天线系统的雏形。

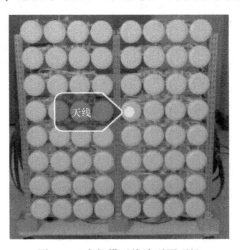

图 3-17　大规模天线阵列原型机

在单天线对单天线的传输系统中，由于环境的复杂性，电磁波在空气中经过多条路径传播后在接收点可能相位相反，互相削弱，此时信道很有可能陷于很强的衰落，影响用户接收到的信号质量。而当基站天线数量增多时，相对于用户的几百根天线就拥有了几百个信道，它们相互独立，同时陷入衰落的概率便大大减小，这对于通信系统而言变得简单而易于处理。

3.4.6　超密集组网技术

高频段是未来 5G 网络的主要频段。为了满足热点高容量场景的高流量密度、高峰值速率和用户体验速率的性能指标要求，基站间距将进一步缩小，各种频段资源的应用、多样化的无线接入方式及各种类型的基站将组成宏微异构的超密集组网架构。

扫一扫
查看视频 35

5G 超密集组网可以划分为宏基站+微基站及微基站+微基站两种模式，两种模式通过不同的方式实现干扰与资源的调度。

（1）宏基站+微基站部署模式。5G 超密集组网在此模式下，在业务层面，由宏基站负责低速率、高移动性类业务的传输，微基站主要承载高带宽业务。以上功能实现由宏基站负责覆盖以及微基站间资源协同管理，微基站负责容量的方式，实现接入网根据业务发展需求以及分布特性灵活部署微基站，从而实现宏基站+微基站模式下控制与承载的分离。通过控制与承载的分离，5G 超密集组网可以实现覆盖和容量的单独优化设计，解决密集组网环境下频繁切换问题，提升用户体验和资源利用率。

（2）微基站+微基站部署模式。5G 超密集组网微基站+微基站模式未引入宏基站这一网络单元，为了能够在微基站+微基站覆盖模式下，实现类似于宏基站+微基站模式下宏基站的资源协调功能，需要由微基站组成的密集网络构建一个虚拟宏小区。虚拟宏小区的构建，需要簇内多个微基站共享部分资源（包括信号、信道、载波等），此时同一簇内的微基站通过在此相同的资源上进行控制面承载的传输，以达到虚拟宏小区的目的。同时，各个微基站在其剩余资源上单独进行用户面数据的传输，从而实现 5G 超密集组网场景下控制面与数据面的分离。在低网络负载时，分簇化管理微基站，由同一簇内的微基站组成虚拟宏基站，发送相同的数据。在此情况下，终端可获得接收分集增益，提升了接收信号质量。当高网络负载时，则每个微基站分别为独立的小区，发送各自的数据信息，实现了小区分裂，从而提升了网络容量。

3.4.7　M2M 技术

M2M（Machine to Machine）是将数据从一台终端传送到另一台终端，也就是机器与机器之间的信息交流与传递，透过网络及机器设备通信的传递与链接达到信息共享的概念。

M2M 包含极为丰富的应用，所采用的通信技术存在多种形态，包括短距离通信技术 ZigBee、WiFi、Z-Wave、蓝牙、低功耗 WiFi 802.11ah 等，广域覆盖技术，比如 GSM、UMT、LTE 以及基于非授权频谱的私有技术等。由于数据量较小，对网络容量要求不高，窄带技术可以满足 M2M 的技术需求。通过应用窄带技术、重复技术和双接收技术，可以达到 20dB 的覆盖增强。此外，上行使用窄带技术，可以满足单小区 5W（Who、What、

Which、Whom、How）用户的并行发送。同时，通过简化信令开销，提升调度效率，使用先进的节电机制可以满足 10 年电池寿命的需求。通过 M2M 技术，能够大幅度提升 5G 无线覆盖率、增加用户连接数、实现超低功耗。

3.4.8　D2D 技术

D2D 技术即终端直通技术。随着科技的发展，智能终端设备的种类日趋繁多，如手机、平板、可穿戴设备、智能电表、车辆等。终端直通技术可以与现有的 LTE 技术进行融合，在蜂窝的控制下更好地发挥作用，且终端直通技术在各类新的场景中均有应用，能够提升性能，带来更好的用户体验。

D2D 技术中最重要的应用是 VDC（Vehicle Direct Communication，车直接通信），如图 3-18 所示。未来车联网不仅包括车与网络之间的远程通信，还包括车车、车路、车人（V2V、V2I、V2P，统称为 V2X）的频繁交互的短程通信。可利用广域蜂窝网提供广覆盖、车-网通信的远程通信服务，D2D 增强的 VDC 提供短时延、短距离、高可靠的 V2X 通信，从而提供全面的车联网通信解决方案。

VDC 方案通过 D2D 与蜂窝网络的紧耦合，实现中心调度与分布式通信的完美结合，以满足 V2X 通信的苛刻需求。

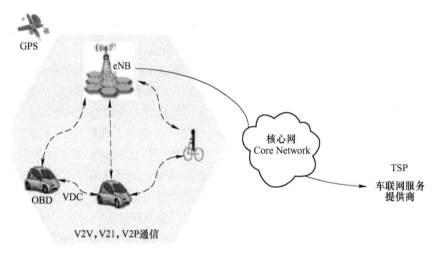

图 3-18　VDC 车直接通信示意图

通过 D2D 技术的应用，使得任一终端设备与基站间可有多条信道。当某一信道状况不好时，总可以选择其他更优的信道通信，从而进一步提升系统吞吐，提高用户通信可靠性，带来更好的用户体验。通过终端间的直接数据转发，减轻网络侧负载，提升系统整体吞吐量。

终端在网络的控制下，进行配对、建立协作关系等控制面操作，在通信过程中，任何终端对网络都是可管可控可清晰计费的。这需要在终端与网络的协议栈设计上，加入新的分流合并协议层，使得网络可以根据不同终端的信道质量，总是选择最佳信道，将数据传递给当时信道质量最佳的终端，该终端再根据数据归属，将数据转发给最终终端。

3.4.9 灵活双工技术

随着在线视频业务的增加以及社交网络的推广，未来移动流量呈现出多变特性：上下行业务需求随时间、地点而变化等，目前通信系统采用相对固定的频谱资源分配将无法满足不同小区变化的业务需求。

灵活双工能够根据上下行业务变化情况动态分配上下行资源，有效提高系统资源利用率，如图 3-19 所示。

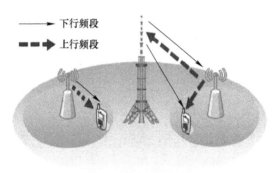

图 3-19 灵活双工技术示意图

3.4.10 同时同频全双工技术

无线通信业务量爆炸增长与频谱资源短缺之间的外在矛盾，驱动着无线通信理论与技术的内在变革。提升 FDD（频分双工）与 TDD（时分双工）的频谱效率，并消除其对频谱资源使用和管理方式的差异性，成为未来移动通信技术革新的目标之一。基于自干扰抑制理论和技术的同时同频全双工技术（CCFD，Co-frequency Co-time Full Duplex）成为实现这一目标的潜在解决方案，理论上讲，同时同频全双工可提升一倍的频谱效率。该技术是在同一个物理信道上实现两个方向信号的传输，即通过在通信双工节点的接收机处消除自身发射机信号的干扰，在发射机发射信号的同时，接收来自另一节点的同频信号，如图 3-20 所示。

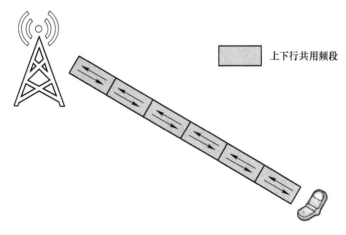

图 3-20 同时同频全双工系统时隙、频段分配示意图

3.4.11　先进调制编码技术

5G 包括多种部署场景, 性能指标要求差异很大。例如: 热点高容量场景, 对单用户链路的速率要求极高, 这就需要在大带宽和信道好的条件下支持很高的频谱效率和码长。在密集部署场景, 无线回传会广泛应用, 这就需要有更先进的信道编码设计和路由策略来降低节点之间的干扰, 充分利用空口的传输特性, 以满足系统高容量的需求。

新型调制编码是指采用与传统的二元 Turbo 编码和 QAM 调制不同的方式对链路进行纠错保护, 以及新的链路自适应和网络编码。另外, 还包括多元码、比特映射、联合编码调制、超乃奎斯特调制、网络编码、链路自适应增强等多个方面。

3.4.12　多载波聚合技术

载波聚合 (Carrier Aggregation, CA) 是将两个或更多的载波单元 (Component Carrier, CC) 聚合在一起以支持更大的传输带宽。载波聚合并不是 5G 全新的概念, 实际上在 3GPP 发布的 4G 标准 Release10 阶段就已经引入, 并在全球成熟商用, 如图 3-21 所示。在 5G 部署初期, 运营商重点关注的是单载波的性能。随着 5G 商用化进程的推进, 运营商可用于 5G 网络的频谱将会不断增多 (例如: 可以获取新频谱, 或者通过动态频谱共享技术和 4G 共用频谱等方式), 那么多个频段之间的聚合需求将会持续获得关注和应用。

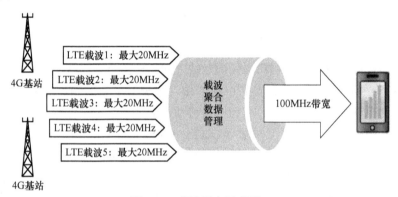

图 3-21　载波聚合示意图

因此, 3GPP 在制定 5G 标准时, 就继承和延续了 4G 载波聚合的概念, 在 R15 中已经同时包括了下行载波聚合 (DL CA) 和上行载波聚合技术 (UL CA)。其主要目标就是能把多个载波的带宽叠加起来给终端使用, 比如两个载波分别是 30MHz 和 100MHz, 那么用户就能获得约为 130MHz 带宽的数据速率。作为 5G eMBB (增强移动带宽) 的关键技术, 以上是载波聚合在 R15 中引入的初衷。同时, 在 R16 标准中, 又对载波聚合功能进行了增强。

3.5　5G IoT 终端技术

3.5.1　5G IoT 终端概述

物联网终端设备产品主要集中在数据采集层面, 包括电子标签、读写器模块、读写设备、读写器天线、智能卡等提供商。

3.5.1.1 物联网终端基本原理

物联网终端设备一般由外围感知接口、中央处理模块和外部通信接口三部分组成，通过外围感知接口与传感设备连接，如 RFID 读卡器、红外感应器、环境传感器等，将这些传感设备的数据进行读取并通过中央处理模块处理后，按照网络协议，通过外部通信接口，如 4G 通信模块、以太网接口、WiFi 等方式发送到以太网的指定中心处理平台。

3.5.1.2 物联网终端作用

物联网终端是物联网的关键设备，通过它的转换和采集，才能将各种外部感知数据汇集和处理，并将数据通过各种网络接口方式传输到互联网中。如果没有它的存在，传感数据将无法送到指定位置，"物"的联网将不复存在。

3.5.1.3 物联网终端分类

A 从行业应用分类

从行业应用看，物联网终端设备主要包括工业设备检测终端、设施农业检测终端、物流 RFID 识别终端、电力系统检测终端、安防视频监测终端等，下面介绍几个常用行业终端的主要特点。

a 工业设备检测终端

该类终端主要安装在工厂的大型设备上或工矿企业的大型运动机械上，用来采集位移传感器、位置传感器（GPS）、震动传感器、液位传感器、压力传感器、温度传感器等数据，通过终端的有线网络或无线网络接口发送到中心处理平台进行数据的汇总和处理，实现对工厂设备运行状态的及时跟踪和大型机械的状态确认，达到安全生产的目的，抗电磁干扰和防暴性是此类终端考虑的重点。图 3-22 为一机械手摆盘视觉定位系统设备外观展示图。

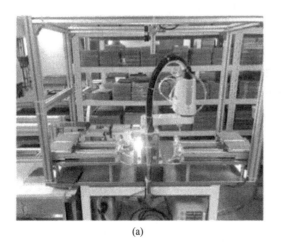

(a)   (b)

图 3-22　机械手摆盘视觉定位系统设备

b　设施农业检测终端

该终端一般被安放在设施农业的温室/大棚中，主要采集空气温湿度传感器、土壤温度传感器、土壤水分传感器、光照传感器、气体含量传感器的数据，将数据打包、压缩、加密后通过终端的有线网络或无线网络接口发送到中心处理平台进行数据的汇总和处理。这种系统可以及时发现农业生产中不利于农作物生长的环境因素，并在第一时间内通知使用者纠正这些因素，提高作物产量，减少病虫害发生的概率，终端的防腐、防潮设计将是此类终端的重点。图 3-23 所示为一典型设施农业系统模型图。

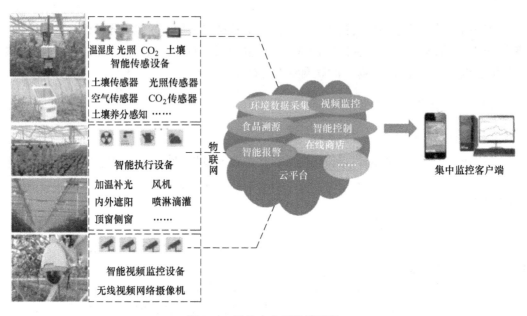

图 3-23　设施农业系统模型图

c　物流 RFID 识别终端

该类设备分固定式、车载式和手持式，固定式一般安装在仓库门口或其他货物通道，车载式安装在物流运输车中，手持式则由使用者手持使用。固定式一般只有识别功能，用于跟踪货物的入库和出库；车载式和手持式中一般具有 GPS 定位功能和基本的 RFID 标签扫描功能，用来识别货物的状态、位置、性能等参数，通过有线或无线网络将位置信息和货物基本信息传送到中心处理平台。通过该终端的货物状态识别，将物流管理变得非常顺畅和便捷，大大提高了物流的效率。图 3-24 所示为 RFID 仓储管理系统示意图。

B　从使用场合分类

从使用场合看，物联网终端设备主要包括以下三种：固定终端、移动终端和手持终端。

a　固定终端

应用在固定场合，常年固定不动，具有可靠的外部供电和可靠的有线数据链路，检测各种固定设备、仪器或环境的信息，如前面说的设施农业、工业设备用的终端均属于此类。

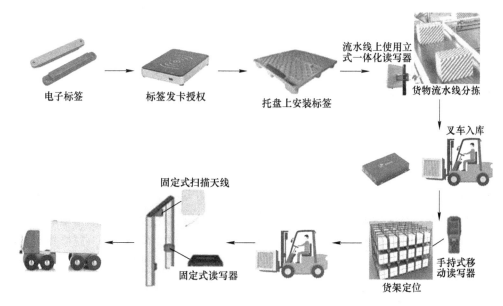

图 3-24   RFID 仓储管理系统示意图

b　移动终端

应用在终端与被检测设备一同移动的场合，该类终端因经常会发生运动，所以没有太可靠的外部电源，需要通过无线数据链路进行数据的传输，主要检测如图像、位置、运动设备的某些物理状态等。该类终端一般要具备良好的抗震、抗电磁干扰能力，此外对供电电源的处理能力也较强，有的具备后备电源。一些车载仪器、车载视频监控、货车/客车 GPS 定位等均使用此类终端。

c　手持终端

该类终端是在移动终端基础上，进行了改造和升级，它一般小巧、轻便，使用者可以随身携带，有后备电池，一般可以断电连续使用 8 小时以上。有可以连接外部传感设备的接口，采集的数据一般可以通过无线进行及时传输，或在积累到一定程度后连接有线传输。该类终端大部分应用在物流 RFID 识别、工厂参数表巡检、农作物病虫害普查等领域。

C　从使用扩展性分类

从使用扩展性看，物联网终端设备主要包括单一功能终端和通用智能终端两种。

a　单一功能终端

类终端一般外部接口较少，设计简单，仅满足单一应用或单一应用的部分扩展，除了这种应用外，在不经过硬件修改的情况下无法应用在其他场合中。目前市场上此类终端较多，如汽车监控用的图像传输服务终端、电力监测用的终端、物流用的 RFID 终端，这些终端的功能单一，仅适用在特定场合，不能随应用变化进行功能改造和扩充等。因功能单一，所以该类终端的成本较低，也比较好标准化。

b　通用智能终端

该类终端因考虑到行业应用的通用性，所以外部接口较多，设计复杂，能满足两种或更多场合的应用。它可以通过内部软件的设置、修改应用参数，或通过硬件模块的拆卸来满足不同的应用需求。该类模块一般涵盖了大部分应用对接口的需求，并具有网络连接的有线、无线多种接口方式，还扩展了如蓝牙、WiFi、ZigBee 等接口，甚至预留一定的输出接口用于物联网应用中对"物"的控制等。该类终端开发难度大，成本高，未标准化，目前市面很少。

D　从传输通路分

从传输通路看，物联网终端设备主要包括数据透传终端和非数据透传终端。

a　数据透传终端

该类终端将输入口与应用软件之间建立起数据传输通路，使数据可以通过模块的输入口输入，通过软件原封不动的输出，表现给外界的方式相当于一个透明的通道，因此叫作数据透传终端。目前，该类终端在物联网集成项目中得到大量采用，优点是很容易构建出符合应用的物联网系统，缺点是功能单一。在一些多路数据或多类型数据传输时，需要使用多个采集模块进行数据的合并处后，才可通过该终端传输；否则，每一路数据都需要一个数据透传终端，这样会加大使用成本和系统的复杂程度。目前市面上的大部分通用终端都是数据透传终端。

b　非数据透传终端

该类终端一般将外部多接口的采集数据通过终端内的处理器合并后传输，因此具有多路同时传输优点，同时减少了终端数量；缺点是只能根据终端的外围接口选择应用，如果满足所有应用，该终端的外围接口种类就需要很多，在不太复杂的应用中会造成很多接口资源的浪费，因此接口的可插拔设计是此类终端的共同特点，前文提到的通用智能终端属于此类终端。数据传输应用协议在终端内已集成，作为多功能应用，通常需要提供二次开发接口。目前市面上该类终端较少。

随着 5G 的到来，芯片已经成为全球化时代的"新能源"，并成为大国必争之地，我国终端产业链有望在芯片、射频、存储等关键领域实现进一步突破，5G 芯片国产化替代迫在眉睫，"中国芯"企业正在用实际行动做出改变。同样，行业终端也正处于产业生态变革的一个战略机遇期。比如在工业领域，5G 高清工业摄像头能够提供 20s 以内 4K 到 8K 的视频传播，通过提供高速的传输让 5G 智慧工厂降本增效；工业网关 5G 视频监控设备在工业数据采集高速回传方面有很大的价值。备受关注的网联汽车也是汽车这一垂直行业中非常典型的应用案例，将对车联网模组、定位终端提出大量需求。再比如，高新兴机器人在疫情期间快速响应市场需求，仅在 6 天内就实现了为 5G 防疫机器人增加人体测温的功能，有力支持了抗疫工作；TVU Networks 推出了 5G 直播背包，为全程直播中国珠峰高程测量登山队成功登顶提供重要助力；奥维视讯推出 5G+ 超高清融合通信系统，将超高清视频传输技术赋能智慧教育、智慧医疗和工业巡检等领域。

与之前相比，5G 行业终端有一些新兴的变化。首先，三大应用场景让 5G 能够覆盖更多的行业，行业应用的多样性需要终端以多种形态去承载，这意味着 5G 行业终端不可能"千人一面"，行业终端碎片化的情况将大量存在。其次，和 5G 消费类终端用户相比，行业终端用户专业化程度高，因此终端的定制化也相应水涨船高。最后，垂直行业终端相对消费类终端而言，对性能的稳定性、可靠性、安全性也提出了更高的要求。比如，一毫秒的延迟在消费类终端上可能不被察觉，但在工业智能网关上就可能引发生产事故导致行业损失。图 3-25 给出了常见的 5G 终端产品。

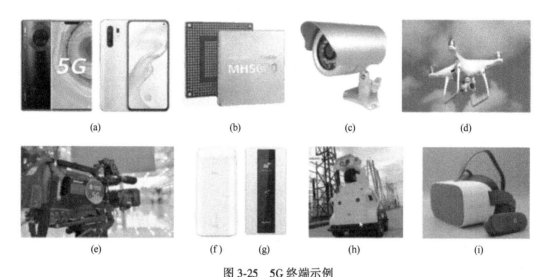

图 3-25 5G 终端示例

(a) 5G 手机；(b) 5G 模组；(c) 5G 智能摄像头；(d) 5G 无人机；
(e) 5G 高清摄像机；(f) 5G CPE；(g) MiFi；(h) 电网 5G 巡检机器人；(i) 5G AR/VR

3.5.2 5G IoT 终端详解

5G 终端组成——终端、芯片与模组

3.5.2.1 5G 芯片

所谓物联网芯片，就是采集物联网应用需求，将具体需求用实际电路实现，然后通过 VHDL 等硬件描述语言在 FPGA 可编程器件上进行仿真和模拟，最后通过前端设计和后端综合等一系列步骤设计出能够用于生产芯片的模具 MASK。芯片封装厂通过 MASK 在直径为 12 寸左右的大硅片上雕刻出成百上千颗最终的物联网芯片，因此，一颗芯片就是一个集成了多种电子元器件的小硅片，它的应用范围覆盖了军工、民用等几乎所有的电子设备。在物联网终端中，物联网芯片是中枢，负责整个物联网终端的正常运行，在外部时钟的输入下，按照一定的节拍运行内部的各种程序，用内部的数字信号处理器和控制器对外界输入信息进行加工处理，包括终端各种功能执行控制、各种数据的采集控制、采集数据的处理和运算、各种信息的存储、与其他物联网终端的通信等。

在硬件上，5G 芯片需要同时保证 TD-LTE、FDD-LTE、TD-SCDMA、WCDMA、GSM 多种通信模式的兼容支持，同时还需要满足运营商 SA 组网（独立组网）和 NSA 组网（非独立组网）的需求。

3.5.2.2 5G 模组

5G 模组和其他通信模组类似，都是将基带芯片、射频芯片、存储芯片、电容电阻等各类元器件集成到一块电路板上，提供标准接口，各类物联网终端通过嵌入物联网通信模块快速实现通信功能。目前能够提供成熟商用 5G 芯片的厂商主要为高通和华为。图 3-26 为常见的 5G 终端芯片与模组。

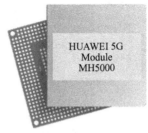

华为海思5G多模终端芯片　　　　华为5G工业模组　　　　骁龙X60 5G调制解调器
麒麟980和巴龙5000

图 3-26　5G 终端芯片与模组

5G 物联网模组主要的作用在于连接，承载端到端的通信、数据交互功能，是 5G 物联网终端产品的核心部件之一。图 3-27 为 5G 模组产业链。

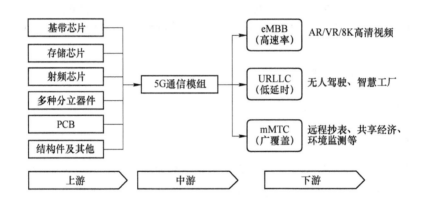

图 3-27　5G 模组产业链

5G 物联网模组处在芯片产业下游，模组企业通过将基带芯片、射频芯片、存储芯片、电容、电阻等各类元器件集成到一块电路板上，并提供标准接口，直接为下游的终端厂商赋能通信相关的能力，从而降低他们开发和落地的门槛。上述核心主要是基带芯片和射频芯片。其中，基带芯片最核心，决定了终端的网络能力，是用来合成即将发射的基带信号，或对接收到的基带信号进行解码，主要厂商为高通、联发科、英特尔、展讯、华为等。射频芯片作用是接收信号和发送信号，主要厂商为村田、太诱、EPCOS、AVAGO、RFMD、SKYWORKS 等。

5G 物联网模组处在终端产业上游，模组企业所提供模组的价格、性能、质量等因素也会直接影响下游终端厂商研发设计产品的整个过程，甚至也会间接影响到客户的体验以及决定终端产品是否能真正满足客户的需求。因此，对于 5G 物联网终端产业的发展而言，5G 模组的重要性自然不言而喻，是终端和行业应用成功商用的关键。

3.5.2.3　5G 芯片、模组及终端之间的关系

虽然物联网应用种类繁多，但是可以使用同一颗物联网芯片，搭配不同的传感装置和

执行装置，同时针对不同的物联网应用在终端开发不同的应用软件，编写不同的操作程序。

为了加快物联网终端的开发进度，同时提高同一款芯片在不同物联网终端上的通用性，物联网芯片被做在一块电路板上，通过业内统一的接口与物联网终端连接。这样，同一颗物联网芯片可以在不同的物联网终端上使用，而同一款物联网终端也可以通过这个统一的接口，使用不同的物联网芯片，这一电路板我们称之为物联网模组。当然，物联网模组不能只放一颗物联网芯片在上面。我们把物联网芯片正常工作所必需的外置存储器、射频电路，以及提供给芯片跳动频率的时钟电路都放在上面，这样，对于一个物联网终端，在设计之初就只需留下与物联网模组的接口，其余就只剩下传感或输入装置、执行装置和必要的显示装置了。由图 3-28 可直观看出芯片、模组和终端之间的关系。5G 赋能千行百业，如图 3-29 所示，其基础是各行各业的终端都将通过 5G 进行连接，而 5G 物联网模组作为终端与行业之间的关键纽带，将起到十分重要的作用。

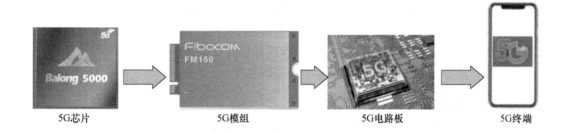

图 3-28　芯片、模组和终端之间的关系

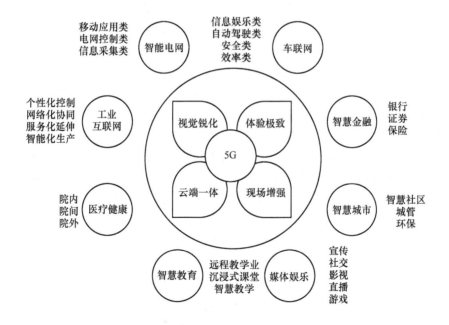

图 3-29　5G 赋能千行百业

3.6　5G IoT 的典型应用

3.6.1　5G 远程医疗

扫一扫查看视频 36

2020 年是 5G 大规模建设的一年，5G 的到来将会推动各行各业的变革。对于医疗行业来说，我国各地区医疗资源分布并不均衡，而 5G 网络的逐渐覆盖，将打破区域之间的限制，让偏远地区的患者及时得到有效的治疗，提高诊断与医疗水平、降低医疗开支、减少看病花费的时间。美国未来学家阿尔文·托夫功多年前曾经预言："未来医疗活动中，医生将根据计算机从远方传来的信息对病人进行诊断和治疗"。如今，这一预言已经付诸实现。

新冠肺炎疫情暴发后，围绕"科技抗疫"的各种应用时常见诸各大媒体，其中远程医疗的相关新闻尤为让人印象深刻。武汉协和医院西区综合楼开辟 5G 远程会诊室，将武汉前线"战场"与北京后方"智囊"进行无缝衔接，群策群力共同解决问题。2020 年 2 月 12 日，解放军总医院与武汉火神山医院紧急连通首次远程会诊专线，为火神山医院的患者救治提供远程会诊指导和技术支持，京汉两地医疗专家组合力"斩妖除魔"。

当医疗行业邂逅 5G，将会诞生出哪些应用场景呢？

3.6.1.1　场景一：远程会诊

远程会诊作为传统门诊的补充，可以跨越时间和地域的限制，一定程度上实现医疗资源的异地调配。偏远地区医疗资源匮乏，疑难病例无法有效诊疗，而转院又会延误病情，此时通过远程专家会诊，能够大大提升诊疗的时效性。

远程会诊是新冠疫情中使用最多的远程医疗手段，用传统的 4G 通信技术，基本可以满足医患双方间通过 1080P 高清视频进行会诊。但 4G 网络的峰值速率为 100Mbit/s，而实际中还要远低于此标准，所以它很难保证医疗活动中网络状态的稳定性。相比之下，5G 网络大带宽、低时延的特性优势就显而易见了，通过 5G，医患之间可以在高速稳定的网络条件下实现超高清视频数据的回传，即便是相隔千里，也能让医患间拥有"天涯咫尺"的感觉。

同时，5G 可以极大赋能 4K/8K 超高清视频。医疗领域是一个极其讲究精准的领域，特别在手术过程中，差之毫厘可能就会导致生与死两种结果。医生诊断过程中同样要求精准，原有的 1080P 高清图像和视频的清晰度还未能达到"所见即所得"的地步，但 4K/8K 模式下的视频和图像则可以完美"还原式"的呈现。在此次新冠肺炎的前线救治中，对患者的诊疗争分夺秒，5G 网络迅速部署，在远程会诊中发挥了重要的作用，成为连接生命的桥梁。

3.6.1.2　场景二：远程手术

对于医疗条件欠发达地区，远程手术能让病人无须转院就能接受专家的高水平手术治疗，无疑为许多病人带来了希望。远端专家操控机械臂，配合超高清的医疗影像系统，身临其境地对患者进行手术救治，这需要高速率低时延的网络支持。

（1）5G 具有超大带宽特性，传输速度不输有线网络；

（2）得益于更短的传输间隔、上行免调度等设计，5G 能将空口时延缩短到 1ms；

（3）5G 网络还能为用户提供具有端到端业务质量保障的网络切片服务，能够保障操作的稳定性、实时性和安全性。

3.6.1.3 场景三：远程急救

对于急救病人的场景，急症病人从上车到入院之间的时间非常宝贵，而受限于救护车上的医疗设备、急救人员水平等条件，能为病人提供的救治比较有限。如果能将救护车内的监控情况实时、高清地传回医院，并且将患者生命体征数据传送到数据中心进行分析，实现患者信息实时精确共享，能够帮助医院医生实施远程会诊和远程指导，提前进行急救部署，为患者争取宝贵的时间，如图 3-30 所示。在这种场景下，无法使用有线网络，而WiFi 的覆盖范围有限，4G 网络带宽不足，显然 5G 才是最佳选择。

（1）5G 可以给急救车提供广域连续的高速网络覆盖，急救车上将配备高清摄像头和屏幕，方便院内医生和车上急救人员进行视频交流；

（2）车上还将配备医学检查设备，这些设备都将接入 5G 网络，将病人的生命信息实时传回医院，实现患者"上车即入院"的愿景。

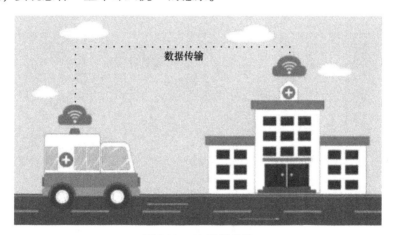

图 3-30　5G 远程急救

3.6.1.4 场景四：远程培训

医学教育培训对实景化的要求较高，普通的远程培训很难达到预期效果。5G 时代，AR/VR 对无线网络超大带宽和超低时延的要求都将得到满足，届时内容应用将存储在云端，配合 5G，能够打破设备和网络对用户活动范围的限制。因此，借助 AR/VR 技术，能够实现身临其境的虚拟教学，对比传统方式，沉浸感更强。远程培训示意图如图 3-31所示。

3.6.1.5 场景五：远程监护

对于病人的监护也是传统医疗行业的一大痛点，目前许多医院对病人的监护普遍人手

图 3-31　5G 远程培训

不足，而监护对专业性要求较高。远程监护就是使用可穿戴监护设备监控病人状况，使用大量可以接入 5G 网络的可穿戴监护设备，充分利用 5G 的海量连接特性，结合大数据，对病人的健康数据进行实时监控分析，有效地解决了病人监护人手不足的问题。远程监护示意图如图 3-32 所示。

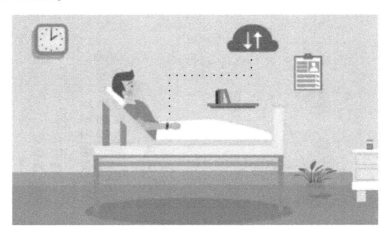

图 3-32　5G 远程监护

此外，5G 网络还可实现智慧导诊、移动医护、智慧院区管理、AI 辅助诊疗等场景，有效提升医疗水平。可以预见，随着 5G 的到来，不仅仅是医疗行业，各行各业都会迎来变化，我们的生活方式将会日新月异。

3.6.2　5G 直播背包

在以往传统广电直播领域，应用最广泛的是比较大型的卫星转播车等直播设备，其最大优势是只需用有限的 1 颗或 2 颗卫星，就可向无限数量的家庭用户直播上百套电视节目，是解决全国电视覆盖盲区的关键手段，并且不会因高层建筑、地理环境和其他无线电波影响而产生重影或干扰。

但是，卫星通信的传输质量与大气层中雨和雪导致的衰减有着重要联系。因此，卫星电视有个术语叫作 Rain fade（雨衰），这是 Ku Ka 波段无线电波的属性之一，当上行信号或者下行信号遭遇暴雨天气时，有可能导致信号中断。

雨衰特性叠加卫星直播设备体积较大、运输不便等原因，使得市场上亟须一种更加便携、易用的直播设备。随着蜂窝移动通信网络的快速发展，以 TVU Networks 为代表的公司研发的直播背包产品，从过去的"替补队员"摇身一变为一些极端场景中的"主力选手"。

2020 年 5 月 27 日 11 时，中国珠峰高程测量登山队成功登顶时，TVU 5G 直播背包在镜头背后为本次活动的全程直播提供了助力。轻便、小巧、低功耗的 5G 直播背包，可以支持多链路、多不同运营商捆绑，从而实现在基站切换或某些运营商网络不好时做到平衡和互补，同时经受住了珠峰地区高海拔、空气稀薄、信号恶劣等一系列挑战。此前，该背包也同样在全球多地的抗疫报道中，发挥着重要作用。

早在 1960 年，中国登山队就曾实现人类首次从珠峰北坡登顶的壮举，此次组织登顶高程测量，有着非凡的历史意义。与 60 年前有所不同的是，通过 5G，更多人得以同步见证这一历史性时刻。而在这一过程中，TVU 5G 直播背包为全程直播提供了重要助力。直播背包由可调节式背包和直播设备两部分构成，其体积类似一台小型电脑，内置电池、设备主机、音视频处理终端、远程通信服务器和一些软件系统。通常只需外接一台摄像机，直播背包就可完成采集、处理、传输等整套直播流程。在 3G 和 4G 时代，直播背包通常还只能作为直播场景中应急性的、可移动性的补充。来到 5G 时代，直播背包已经能独立完成直播报道，甚至可以替代专线使用。

TVU One 5G 直播背包内置基于高通骁龙 X55 5G 调制解调器的移远 5G 模组 RM500Q。配合 TVU 的 ISSP 技术，该 5G 直播背包可以支持多链路、多不同运营商捆绑，从而实现在基站切换或网络不好时做到平衡和互补。TVU 5G 直播背包所搭载的高通骁龙 X55 5G 调制解调器，采用先进的 7nm 工艺制程，支持 SA 和 NSA 网络部署，覆盖全球大部分主流运营商的商用网络频段。

借助高通 5G 技术，TVU Rack Router 5G 多网聚合路由器还为 8K 及 VR 提供了更多可能。与一般报道方式不同，全景 VR 需要对所有画面进行 360°缝合，然而用户在观看时却只会聚焦于其中的一小部分，这就造成尽管 VR 提供的是高清分辨率画面，但用户的实际体验可能连标清都达不到。如今，随着 VR 与 4K/8K 相结合，终于可以为 VR 用户带来更好体验。8K 信号传输解决方案拓扑图如图 3-33 所示。

随着 4K 直播的推广，VR 智能报道、基于 5G 云端服务的远程制作等手段提上日程，5G 对广电媒体行业的赋能将日趋凸显。5G 的高速率、低时延等特性，将会为广电直播带来革命性的升级，也将为广大用户带来更好的体验。

3.6.3 5G 撑起矿工安全"保护伞"

作为人类世界使用的主要能源之一，煤炭素来被誉为"黑色的金子""工业的食粮"。我国是煤炭消费大国，也是世界上最早发现和利用煤炭的国家之一，对于煤炭开采已有几千年的历史。

传统的煤炭生产方式存在矿难事件频发、人工成本居高不下、矿工作业艰苦危险、开

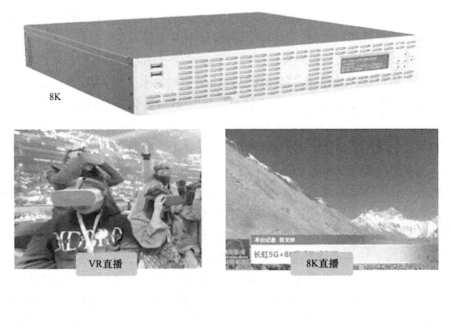

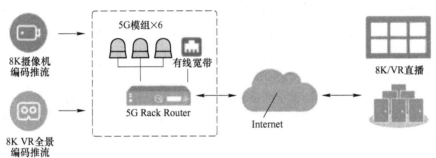

图 3-33　8K 信号传输解决方案拓扑图

采效率难以提升等问题，随着信息技术的发展，煤矿开采已经从最初简单的人工挖矿发展为机械化采矿，并进一步向数字化、智能化发展。煤矿井下场景如图 3-34 所示。

图 3-34　煤矿井下场景

2020 年 3 月，国家发改委等 8 部委联合发布了《关于加快煤矿智能化发展的指导意见》，提出煤矿智能化是煤炭工业高质量发展的核心技术支撑。顺应大势，各大矿业集团近年来也正积极推动智能矿山建设，实现煤矿井下"少人化、无人化"的作业流程。而以 5G 为代表的新一代通信技术，则从根本上解决了传统网络技术难以满足井下环境恶劣、移动生产、设备及传感器数量庞大等生产特点的问题。

3.6.3.1 智能采矿向"无人化、少人化"转型

某种意义上，煤矿井下就像一个微型的地下城市，里面的巷道错综复杂，包括掘进机、采煤机、皮带机、液压支架在内的大量机械设备不知疲倦地执行着采掘、运输、洗选、提升以及生产辅助等日常作业，其中的很多设备都需要人工来进行操控。

人工井下作业存在的问题显而易见。一方面，对操作员而言，煤矿采掘工作面环境复杂，危险因素多，地质条件相对比较恶劣，水、瓦斯、粉尘等自然灾害的潜在威胁普遍存在，而且日常劳动强度极大，操作不当时还易发生危险事故。根据中国煤炭工业协会的数据，2020 年我国煤矿发生死亡事故 122 起、死亡 225 人，虽然比往年人员伤亡数量持续降低，但毕竟生命无价，安全问题始终都是煤矿生产的头等大事。另一方面，对矿业企业来说，随着人口红利的消失以及人们对井下作业危险性的担忧，越来越多的人不愿意从事井下工作，煤矿招工难、用工难的问题日益凸显。

在此背景下，采掘工作面的"少人化、无人化"一直是矿山智能化转型的一个重要方向。国家发改委、能源局联合发布的《国家能源技术革命创新行动计划（2016—2030年)》中明确指出，要在 2020 年基本实现智能开采，重点煤矿区采煤工作面人数减少50% 以上，2030 年实现煤炭安全开采，重点煤矿区基本实现工作面无人化。

通过在作业现场部署多个高清摄像头，将现场环境信息完整地传送到管理中心，再结合采矿设备本身的各种传感器信息上报，工作人员就可以在管理中心远程操控各类设备，从而达到作业现场"少人化、无人化"的目标。这个过程涉及大量设备的接入、海量数据的传输以及低时延的控制操作，都对网络传输的质量和能力提出了前所未有的要求。

传统有线传输的方式虽然信号稳定，但井下地形复杂，设备繁多，给布线造成了很大的困难。更重要的是，由于液压支架、采煤机、掘进机经常需要移动，信号传输线缆经过多次折叠后较易发生断裂，很可能造成数据传输中断，从而影响采矿作业。WiFi 无线网络纵使能够解决布线难题，却存在信号抗干扰能力弱、覆盖面积有限、穿透力弱，以及跨AP 区域数据传输时有明显延迟等劣势。同样，4G 也不能有效支持低时延要求的各种控制信号的传输。

如今，凭借易部署、广连接、大带宽、超低时延等优势，5G 能够满足煤矿井下通信网络对安全与性能的要求，为煤矿行业的智能化提供了加速度。

3.6.3.2 5G 大带宽为远程管理奠定基础

煤矿井下的日常作业过程会产生大量的数据，包括：空气温度、空气湿度、巷道压力等环境数据，采煤工作面、掘进工作面、运输转载点等视频数据，井下重要岗位工作人员的通信对讲数据，以及液压支架和泵站远程集中控制等控制类数据。5G 的大带宽特性，为这些关键数据的远程管理奠定了基础。

例如，内蒙古某企业想要在总部实现对其所属的全部煤矿点的异地远程管理，并对各种监测数据系统及平台进行统一综合管理，实现煤矿大数据可视化及快速推送上屏显示。基于客户需求，厦门四信通信科技有限公司（以下简称"四信通信"）为其量身定制了"5G 智慧矿井系统监测方案"；基于该方案打造的煤矿调度中心，可满足该企业日常指挥中心各项数据展示、管理和控制的需求，便于日常管理调度、各级领导参观视察及综合汇报等工作开展，如图 3-35 所示。

图 3-35　5G+智慧矿山实时管理应用

5G 智慧矿井系统监测方案的核心是四信通信 5G 工业 CPE F-NR200，如图 3-36 所示。该款 5G 工业 CPE 内置基于高通骁龙 X55 平台的广和通 5G 模组 FM150，支持 NSA 和 SA 网络，兼容各大运营商，支持 5G/4G、有线（光纤和 WAN）智能切换。得益于高通 5G 芯片过硬的性能，矿井下的 5G 网络能够实现安全、独立、稳定的运行，保证无线通信及数据传输的可靠性、稳定性。

图 3-36　四信通信 5G 工业 CPEF-NR200

3.6.4　5G 农业植保无人机

除了拍照，无人机还能做什么？

或许你会想到疫情期间走红网络的无人机喊话，又或者是企业频繁试点的无人机送餐、送快递、尽管这些玩法非常新颖，但都暂时无法支撑起无人机行业井喷式的增长。那么，无人机未来最为巨大的商业市场究竟在哪里？答案毋庸置疑——工业无人机。

2015 年，中国无人系统产业联盟提出将无人机分为消费级、工业级和军用级三类。与消费级无人机市场不同，工业级无人机由于主要侧重飞机的技术性能和行业应用，因此被广泛应用于涉及国计民生的众多领域。目前，工业级无人机按照应用主要分为植保、运输、测绘、巡视（警用安防/电力巡线/石油管线/电信巡航/森林防火等）、航拍娱乐五大领域，其中，植保无人机可谓独树一帜。

3.6.4.1　农林植保作业的新面貌

农林植保无人机主要是指用于农林植物保护作业的无人驾驶飞机，该型无人机由飞行平台（固定翼、单旋翼、多旋翼）、GPS 飞控、喷洒机构三部分组成，可通过地面遥控或GPS 飞控实现喷洒药剂、种子、粉剂等作业。

伴随着农林植保无人机的快速发展，其已与飞防员、农药三者共同构成了我国农业飞防体系。目前，我国农林植保无人机主要防治作物包括水稻、小麦、玉米、棉花等，总体可减少农药使用量 20% 以上，节省用水 90% 以上，提高农药利用率 30% 以上。

与其他种类的无人机相比，植保无人机具备执行机构种类数量多、作业环境复杂多变等特点，如图 3-37 所示。同时，相比于高空作业，植保无人机需要具备更高标准的位置精度，对于导航算法的要求也就更高。针对于此，天途推出的 M4E 植保无人机最大荷载6kG，自重仅 7kG（不含电池），采用整机模块化设计，拥有智能航线规划、自主飞行、断点续航续喷等功能，机身小巧，具有极简维修、极低维修成本等突出优势。

图 3-37　天途 M4E 植保无人机

A　作业效率高达人工的 30 倍

传统手工喷洒药物每人每天仅能喷洒 10 亩左右，而植保无人机正常作业面积可以达到 20 亩，全天作业量可达人工的 30 倍。同时，在成本方面，采用无人机喷洒比人工作业每亩节省费用约 10 元，可有效实现农业降本增效的目的。

　　B　大幅提高农药利用率，环保节水

　　人工喷洒容易导致农药喷洒不匀，从而造成严重浪费。植保无人机则采用离心雾化和超低容量变量喷洒技术，可保证所有植株都能均匀覆盖，杜绝漏喷重喷现象，每亩可节省95%的水和20%的农药。

　　C　飞防效果显著，每亩增产增收

　　多旋翼植保无人机在飞防过程中，旋翼可以产生强劲的向下气流，有助于增加药物雾流对作物的穿透性，使药物均匀全面地覆盖每株作物，防治效果更佳。

　　D　无人机监控，及时生成病虫害疫情图

　　通过无人机搭载多光谱相机，用户还可获得目标区域内作物的光谱图，并可进一步获得作物病虫害发生、发展的定性和定量及空间分布信息，为及时决策、加强重点防治提供数据支持。

　　不仅如此，天途 M4E 轻型植保无人机还支持多种地块测绘方式，即便遇到"畸形"地块也能快速规划出更精准、更智能的航线。随后，用户可根据具体的作业需求，提前设置好起降地点、飞行轨迹等基础飞行参数，依靠全程自主飞行控制功能，让无人机实现一键起飞、自动飞行和降落。

3.6.4.2　5G 赋能植保无人机大显身手

　　作为一款新式植保无人机，支持 5G 是 M4E 非常亮眼的特点之一。那么，对于 M4E 植保无人机而言，5G 究竟带来了哪些可能？

　　在 4G 时代，有限的带宽极大地限制了植保无人机上摄像头的作用，这就导致后台观察到的作业视频不但被严重压缩、视频不清晰，还不能保证数据的稳定、实时上传，经常被迫中断卡顿。同时，较高的时延往往也无法实现植保无人机对于位置精度的严格要求，从而很难完成远程作业。另外，由于 4G 基站数量较少，植保无人机又往往工作于人员稀少的田间，这就导致在一些地方的网络信号极其不稳定，容易造成数据丢失等问题。

　　而 5G 技术则能为 M4E 植保无人机提供稳定快速的数据输出链路。进入 5G 时代，经过多方考量，天途最终选择了在技术、生态、市场等多个方面综合表现更优的高通 5G 技术。借助超大带宽、更低时延的 5G 网络，M4E 可将飞行轨迹、喷洒数据、态势感知等各种信息实时传输至后台管理系统，用户随时随地都能对无人机进行监察管理，可实时利用庞大的服务器机组对数据进行分析，若有情况也可在第一时间进行处理，大大提高了植保工作的安全性和作业效率。

　　目前，除飞防效果喜人外，借助 5G 网络，M4E 植保无人机还可通过云平台进行实时的数据传输，记录及支持每一块土地的飞防，助力综合病虫害防治工作。更重要的是，M4E 5G 植保无人机的使用，进一步将人力从各种劳动强度高、工作效率低，甚至是喷洒农药等对人体可能有危害的劳动中解放出来，实现了农林植保的数字化升级，进一步提高了农业生产力，如图 3-38 所示。

3.6.5　5G 点亮智慧灯杆

　　从 1417 年世界第一盏路灯，到 1879 年中国的第一盏电路灯，再到 1959 年的长安街

(a)　　　　　　　　　　　　　　　(b)

图 3-38　天途 M4E 植保无人机喷洒农药（a）与传统人工喷洒农药（b）

华灯，路灯的形态及功能日新月异。在便利人们生活的同时，随着 5G、物联网、人工智能等新一代信息技术的发展，路灯也被赋予了更多可能，从简单的照明工具逐步发展为智慧城市的新入口。之所以称其为"新入口"，是因为一根灯杆便可以集成政府部门、园区管委会、市政、运营商、设备商、业务服务商等产业链所需的资源及数据，如图 3-39 所示。同时，依托灯杆广泛分布的优势，在很大程度上减免了智慧城市建设过程中新建数据采集点的成本，提升偏远地区、复杂路况的网络信号覆盖率，解决了智慧城市系统分散、数据壁垒、运营断层等问题。

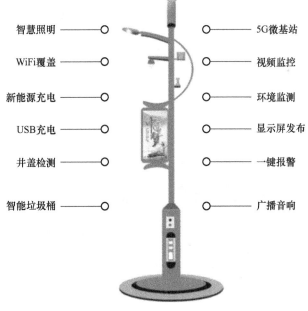

图 3-39　智慧灯杆

　　然而，在智慧灯杆发展初期，也仅仅是做到了"灯联网"，即通过平台管理零散分布在街道的路灯，实现定时开关、亮度调节、故障报警等基本功能。随着城市管理需求越发明确，智能化场景规划越发清晰，"灯联网"才逐步升级为智慧灯杆，承担更多的公共服务功能。

如今，智慧灯杆已发展为由杆体、综合箱和综合管道等组成的新型城市基础设施，除了可以实现基础照明功能外，更做到了一杆多用，为绿色减排、网络互联互通、环境信息发布、人流信息发布、市政信息发布、新能源汽车充电和商业推广等诸多细分领域提供落地窗口，不仅是现代化城市管理的新突破口，更是打造"数字政府"的有效途径。

在 4G 时代，诸如一键呼救、环境监测、公共广播、智能照明等功能均已在智慧灯杆上实现落地，但部分功能仍受限于带宽、时延等因素，存在诸如视频清晰度较差、数据时效性不足、传输不稳定等问题。在 5G 时代，依托于其超大带宽、低时延、海量连接特性，高清视频、车路协同等场景正在逐步落地。目前，方大智控也已经开始基于高通高性能 5G 芯片——高通 X55 5G 调制解调器，开展 5G 智慧灯杆的研发。

即将建成并投入使用的浙江省首条支持辅助驾驶车辆的智慧灯杆示范路，便采用了方大智控基于智慧灯杆的城市物联网信息管理平台进行集中控制管理，如图 3-40 所示。此前，该项目所在路段整体街区空间较为杂乱，各类杆件形制五花八门，且功能单一、智能性不强；如今，该路段重新架设了集成 V2X 技术的方大智控智能灯杆，能将路面信息、数据以低至 10ns 的超低时延快速发布给周边车辆，及时高效地进行信息交互，使车路协同成为可能。目前，该项目除了是浙江省内首条支持辅助驾驶车辆的道路，更是首次实现了"灯随车动"，每当夜晚车流量变小时，智慧灯杆管理平台会自动调暗用光，降低能耗，但当智慧灯杆搭载的毫米波雷达检测到有车辆驶入该路段时，会将信号传给灯杆搭载的方大智控智盒，由智盒下达指令，精准控制灯光随着车辆行驶动态逐一调亮，待车辆离开后，灯光又自动恢复到较低亮度，从而减少了不必要的能耗。

图 3-40　方大智控智慧灯杆落地浙江省智慧灯杆示范路

物联网是智慧城市落地的基础技术手段，终端数据之于城市管理、运营的重要性也同样不言而喻，而路灯灯杆作为分布广泛、可集成性强且方便部署的城市基础设施，无疑是智慧城市系统实现数据收集、信号覆盖的最佳途径。同时，随着 5G 网络建设进程加快，智慧灯杆凭借其在覆盖率方面的强大优势，也将迎来更加广阔的发展空间，从而助力城镇智能化升级、数字化运营等，并进一步推进国内智慧城市建设向更高层次跃进。

项目总结

本项目围绕 5G IoT 的概念、5G IoT 的网络架构、5G IoT 的关键平台技术、5G IoT 的网络关键技术、5G IoT 的终端技术及 5G IoT 的典型应用进行展开，有助于了解 5G IoT 的基础知识，关键技术及具体的行业热门应用。

 知识过关

1. 选择题

（1）NR 指的是（   ）。

A. 5G 新空口 　　　　　 B. 5G 演进空口 　　　　　 C. 5G 空口 　　　　　 D. 5G 演进空口

（2）5G 可以应用的领域是（   ）。

A. 物联网 　　　　　 B. 无人驾驶 　　　　　 C. 远程医疗 　　　　　 D.8K 高清视频

（3）2019 年 5 月 16 日，美国总统特朗普签署行政命令，美国商务部将（   ）技术有限公司及其在 20 多个国家的 68 家附属公司列入所谓的"实体名单"。

A. 华为 　　　　　 B. 中兴 　　　　　 C. 海康威视 　　　　　 D. 大疆

（4）以下不属于"新基建"的是（   ）。

A. 5G 基建 　　　　　 B. 高速公路 　　　　　 C. 人工智能 　　　　　 D. 工业互联网

（5）4K、8K 超高清视频业务属于对 5G 三大类应用场景网络需求中的（   ）。

A. 增强移动宽带 　　　　 B. 海量大连接 　　　　 C. 低时延高可靠 　　　 D. 低时延大带宽

（6）无人驾驶场景属于对 5G 三大类应用场景网络需求中的（   ）。

A. 增强移动宽带 　　　　 B. 海量大连接 　　　　 C. 低时延高可靠 　　　 D. 低时延大带宽

（7）5G 网络的组网模式分为两类，它们是（   ）。

A. SNA 　　　　　 B. NSA 　　　　　 C. AS 　　　　　 D. SA

2. 思考题

（1）请结合所学知识，阐述 5G 的三大类应用场景及各场景应用所满足的需求。

（2）请结合所学知识，阐述 5G 和 IoT 的关系。

（3）请结合所学知识，阐述 5G IoT 的平台关键技术。

（4）请结合所学知识，阐述 5G IoT 的网络关键技术。

（5）任选一个已实施或正在实施的 5G IoT 项目案例进行简要描述，要点包括所属行业、场景、重点难点问题及达到的效果。

（6）分析智慧农业系统用到了哪些技术，涉及哪些学科知识？

 项目任务

1. 任务目的

（1）掌握 5G IoT 网络架构。

（2）熟悉 5G IoT 关键技术。

（3）熟悉 5G IoT 应用场景。

2. 任务要求

通过项目 3 的学习，掌握 5G 物联网的架构、关键技术及应用场景，充分发挥自己的想象力，运用所学知识设计一个智慧医疗远程会诊系统。本次任务通过课后学习小组内部讨论的方式进行，讨论内容包含以下关键点：

（1）通过学习，分析智慧医疗远程会诊系统功能；

（2）结合远程会诊系统的调研报告和关键技术选型，描绘其拓扑结构图；

（3）分析结构功能，并选择该系统所需关键技术及设备；

（4）采用 PPT 形式进行课堂汇报，每组时间 8～10min。

3. 任务评价

项目任务评价表见表 3-1。

表 3-1　项目任务评价表

序号	项目要求	教师评分
1	智慧医疗远程会诊系统功能完整（15 分）	
2	系统调研完善、技术选型准确（25 分）	
3	拓扑结构完整（30 分）	
4	PPT 制作精美、讲解流畅（20 分）	
5	具有创新拓展功能（10 分）	

项目 4　AIoT——智能物联网基础

项目思维导图

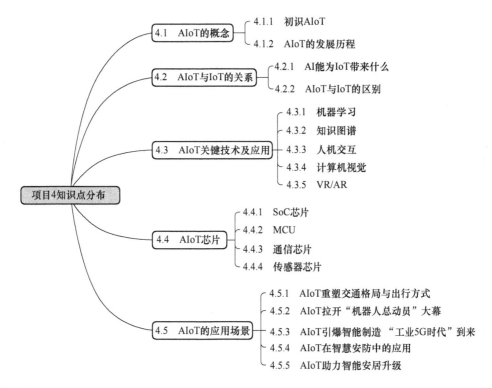

项目4知识点分布

- 4.1　AIoT的概念
  - 4.1.1　初识AIoT
  - 4.1.2　AIoT的发展历程
- 4.2　AIoT与IoT的关系
  - 4.2.1　AI能为IoT带来什么
  - 4.2.2　AIoT与IoT的区别
- 4.3　AIoT关键技术及应用
  - 4.3.1　机器学习
  - 4.3.2　知识图谱
  - 4.3.3　人机交互
  - 4.3.4　计算机视觉
  - 4.3.5　VR/AR
- 4.4　AIoT芯片
  - 4.4.1　SoC芯片
  - 4.4.2　MCU
  - 4.4.3　通信芯片
  - 4.4.4　传感器芯片
- 4.5　AIoT的应用场景
  - 4.5.1　AIoT重塑交通格局与出行方式
  - 4.5.2　AIoT拉开"机器人总动员"大幕
  - 4.5.3　AIoT引爆智能制造"工业5G时代"到来
  - 4.5.4　AIoT在智慧安防中的应用
  - 4.5.5　AIoT助力智能安居升级

教学目标

*知识目标

（1）了解 AIoT 的发展历程。

（2）掌握 AIoT 的概念。

（3）掌握 AIoT 与 IoT 的关系。

（4）掌握 AIoT 的关键技术。

（5）掌握 AIoT 涉及的芯片技术。

（6）熟悉 AIoT 的应用场景。

*技能目标

（1）能够分析 AIoT 与 IoT 的关系。

（2）能够完成 AIoT 相关场景调研及技术选型。

（3）能够完成 AIoT 相关场景拓扑图绘制。

（4）能够完成基本的 AIoT 组网方案设计。

＊思政目标

（1）具备精益求精工匠精神。

（2）具备民族自豪感。

（3）具备爱国精神与创新精神。

（4）具备实事求是精神。

（5）具备执业道德与操守。

4.1　AIoT 的概念

2021 年，AIoT 产业面临的环境有所变化，COVID-19 病毒的存在已常态化，防疫抗疫进入了拉锯阶段，波及全球的"芯片荒"也正在重塑中国产业链。"双碳"和元宇宙风口为 AIoT 产业发展带来新机遇。在 AIoT 产业内部，无源物联网、新型传感器等技术创新助推物联网渗透加深，继续推动物联网"普世化"。"十四五"规划和《物联网新型基础设施建设三年行动计划》的出台为 AIoT 产业发展注入新一轮政策动能。

4.1.1　初识 AIoT

4.1.1.1　什么是 AIoT？

扫一扫查看视频 37

AIoT＝人工智能技术（AI）＋物联网（IoT），称为智能物联网，简称智联网。它是融合了人工智能技术的物联网，推动万物智联。物联网采集底层数据，人工智能技术处理、分析数据并实现相应功能，两项技术相互促进。

AIoT 在主要解决数据传输技术的 IoT 标准基础上，更加关注新的 IoT 应用形态，使得 AI 与 IoT 相辅相成。具体来看，物联网 IoT 为人工智能 AI 提供深度学习所需的海量数据养料，而其场景化互联更为 AI 的快速落地提供了基础；AI 将连接后产生的海量数据经分析、决策转换为价值，又反过来指导 IoT 应用的效率提升。

对于 IoT 而言，5G 不仅是移动通信技术的升级换代，更是新时代的基础设施。从宏观来看，5G 与 AI 都是赋能 IoT 的重要工具。对于 AIoT 而言，AI 技术的发展为 AIoT 产业带来了更多可能，连接则能让这些可能更好地实现场景落地。因此，在 AIoT 的发展过程中，AI 与连接之间相互协同，并在一定程度上相互融合。

AIoT 作为一种新的 IoT 应用形态，以数以十亿计的低成本、小型、低功耗的设备为基础，实现对资产、流程、系统等的智能化跟踪、识别、监控和管理，可以极大地提升社会的信息化程度和运行效率。

4.1.1.2　物联网、云计算、大数据、人工智能的关系

物联网、云计算、大数据、人工智能，作为当今信息化的四大版块，它们之间有着本质的联系，具有融合的特质和趋势。从一个广义的人类智慧拟化的实体视角看，它们是一个整体：物联网相当于这个实体的眼睛、耳朵、鼻子、舌头和触觉等感官；而大数据是这些触觉到的信息的汇集与存储；人工智能是掌控这个实体的大脑，是我们的认知决策；云计算是记忆存储；四者关系如图 4-1 所示。

图 4-1　物联网、云计算、大数据与人工智能的关系

（1）物联网——基础中的基础。物联网来源于互联网，是万物互联的结果，是人和物、物和物之间产生通信和交互。相当于一个物品有了一部手机（芯片），可以给出频率、方位、轨迹、习惯。这些通信和交互，跟人类一样，最终都以数据的形式呈现，而数据就可以被存储、建模、分析。人的数据被采集，物的数据被采集，人与人、人与物、物与物各自的数据和相互之间的数据，随时间的推移，都被记录采集了下来，这些海量数据，怎么办？当然交给大数据分析和计算了。所以说，物联网是给大数据打基础的。

（2）云计算——一切的依托。云计算是一个计算、存储、通信工具，物联网、大数据和人工智能必须依托云计算的分布式处理、分布式数据库和云存储、虚拟化技术才能形成行业级应用。

（3）大数据——基于物联网的应用，人工智能的基础。大数据的数据从何而来，就是物联网提供的。以前是人人互联、人机互联，现在是万物互联，其数据更加庞大，因此而带来的大数据结果，将更加丰富和精确。这里也能看出，大数据就是物联网的最佳应用。也因大数据，物联网的价值被更大的发挥。那么，大数据是做什么用的呢？它是为人工智能准备的。起初，大数据为人类决策（人类的大脑，也就是 BI）提供支持，最终大数据将支撑机器人的大脑。

（4）人工智能——大数据的最理想应用，反哺物联网。人工智能来了，人工智能的智力从何而来？其实，就是来自大数据。小数据可被人类大脑计算使用，但是，当海量、超海量数据被分析挖掘应用于人工智能的时候，将呈现出几何级增长的速度和精准，且几乎无失误。一个语音机器人可以在被使用过程中收集的数据调教，越来越聪明、越来越幽默，无外乎数据的量级增长的效能。超量数据让机器人能获知包含甚至超出人范畴的行为习惯、运行规律，甚至能分析出人类及万物的下一步进化和发展。大量的数据能让机器人的判断能力更加精准，失误几乎消失，阿尔法狗就是大量数据+计算分析的最佳例证。在记忆和运算方面，当前机器已经远远把人类甩在身后，接下来，只要给机器人足够的数据，会发生什么？不敢想象！

物联网、大数据、人工智能、云计算它们之间是一个整体，四者的关系可描述为：通过物联网产生、收集海量的数据存储于云平台，再通过大数据分析，甚至更高形式的人工智能提取云计算平台存储的数据为人类的生产活动、生活所需提供更好的服务。最终人工智能会辅助物联网更加发达，形成一个循环，这将是第四次工业革命进化的方向。

4.1.2　AIoT 的发展历程

当 AI 市场爆发，智能家居、万物互联迎来了新的拐点，物联网"以网络连接万物"被注入了新的基因——智能。随着智能终端设备爆发，用户对人与机器之间的联系提出新的要求，AIoT 市场被激发出来。

物联网的发展也是从机器联网到物物联网，直到人、流程、数据万物联网，目前 AIoT 的发展也可以分为单机智能、互联智能到主动智能的三个阶段。

4.1.2.1　单机智能

在单机智能阶段，设备与设备之间不发生相互联系，智能设备需要等待用户发起交互需求。这种情境下，单机系统需要精确感知、识别、理解用户的各类指令，如语音、手势等，并正确决策、执行和反馈。

AIoT 行业目前正处于这一阶段。以家电行业为例，过去的家电就是一个功能机时代，需要你通过按键把温度降下来或者实现食物的冷藏；现在的家电实现了单机智能，通过语音命令就可以实现调温度、打开风扇等。

无法互联互通的智能单品，只能是一个个数据和服务的孤岛，远远满足不了人们的使用需求。要取得智能化场景体验的不断升级、优化，首先需要打破单品智能的孤岛效应。

4.1.2.2　互联智能

互联智能场景本质上指的是一个互联互通的产品矩阵，采用"一个大脑（云或者中控），多个终端（感知器）"的模式。

以实际生活为例，当用户在卧室里对空调说关闭客厅的窗帘，而空调和客厅的智能音箱中控是连接的，它们之间可以互相商量和决策，进而做出由音箱关闭客厅窗帘的动作。

又或者当用户晚上在卧室对着空调说出"睡眠模式"时，不仅仅空调自动调节到适宜睡眠的温度，同时，客厅的电视、音箱，以及窗帘、灯设备都自动进入关闭状态。在互联智能阶段智能设备之间相互连接，任何智能设备都可以帮助用户实现相应指令。

4.1.2.3　主动智能

主动智能阶段智能系统可以根据用户行为偏好、用户画像、环境等各类信息，随时待命，具有自学习、自适应、自提高能力，能够主动提供适用于用户的服务，而无须等待用户提出需求，正如一个私人秘书。

相比互联智能，主动智能真正实现了 AIoT 的智能化和自动化，能够极大改变我们的生活。试想一下，伴随着清晨光线的变化，窗帘自动缓缓开启，音箱传来舒缓的起床音乐，新风系统和空调开始工作。你开始洗漱，洗漱台前的私人助手自动为你播报今日天气、穿衣建议等。洗漱完毕，早餐和咖啡已经做好。当你走出家门，家里的电器自动断电，等待你回家时再度开启。

这些电影中的场景将不再遥远，AIoT 主动智能就可以帮我们实现。AIoT 将最大化发挥 AI 与 IoT 各自的优势，真正改变我们的生活。

4.2 AIoT 与 IoT 的关系

4.2.1 AI 能为 IoT 带来什么

目前物联网的发展只是实现了物物联网，而市场对物联网的最终要求则是落实到服务上。AI 技术的加入，打破了物物相连较为狭小的意义空间，进一步将"万物智联"的概念释放出来，赋予物联网"大脑"，解决具体场景的实际应用。

物联网的本质是数据，IoT 为 AI 提供源源不断的数据支撑，AI 技术使得海量数据得以精准分析，从而使智能单品更能理解用户意图。换句话说，IoT 是用户说出需求交由机器来做，而 AIoT 的出现，则是机器发现用户的需求主动去做。

4.2.2 AIoT 与 IoT 的区别

IoT 属于技术范畴，AIoT 属于应用范畴，具体如下：

（1）IoT 技术主要解决数据采集与数据传输问题，AIoT 则关注新的 IoT 应用形态，更强调的是服务，特别是面向物联网的后端处理及应用。

（2）AI 与 IoT 相辅相成，IoT 为人工智能提供深度学习所需的海量数据养料，而其场景化互联更为 AI 的快速落地提供了基础；AI 将链接后产生的海量数据经分析决策转换为价值。

IoT 是未来的大势所趋，但带来的如此庞大规模的数据分析几乎是无法实现的，数据如果无法转化为有意义的信息也将毫无价值。然而，人工智能在此过程中扮演了重要角色，解了燃眉之急。物联网可通过连接网络节点收集大量数据，而人工智能可通过数据获取洞察力，并利用分析方法做出决策。也就是说，物联网与人工智能的结合能够增强并改善当前的技术生态环境。

4.3 AIoT 关键技术及应用

4.3.1 机器学习

4.3.1.1 机器学习的定义

图 4-2 是 Windows Phone 上的语音助手 Cortana，名字来源于《光环》中士官长的助手。相比其他竞争对手，微软很迟才推出这个服务。Cortana 背后的核心技术是什么，为什么它能够听懂人的语音？事实上，这个技术正是机器学习，机器学习是所有语音助手产品能够跟人交互的关键技术。

图 4-2　Windows Phone 上的语音助手 Cortana

扫一扫查看视频 38

　　可以看出机器学习似乎是一个很重要的，有很多未知特性的技术，学习似乎是一件有趣的任务。实际上，学习"机器学习"不仅可以帮助我们了解互联网界最新的趋势，同时也可以知道伴随我们的便利服务的实现技术。机器学习是什么，为什么它能有这么大的魔力呢？

　　"机器学习"这个词是让人疑惑的，首先它是英文名称 Machine Learning（简称 ML）的直译，在计算界"Machine"一般指计算机。这个名字使用了拟人的手法，说明了这门技术是让机器"学习"的技术。但是计算机是死的，怎么可能像人类一样"学习"呢？

　　传统上如果我们想让计算机工作，我们给它一串指令，然后它遵照这个指令一步步执行下去，有因有果，非常明确。但这样的方式在机器学习中行不通。机器学习根本不接受你输入的指令，相反，它接受你输入的数据。也就是说，机器学习是一种让计算机利用数据而不是指令来进行各种工作的方法，这听起来非常不可思议，但结果上却是非常可行的。"统计"思想将在你学习"机器学习"相关理念时无时无刻不相伴随，相关而不是因果的概念将是支撑机器学习能够工作的核心概念，你会颠覆对以前所有程序中建立的因果无处不在的根本理念。

　　从广义上来说，机器学习是一种能够赋予机器学习的能力，以此让它完成直接编程无法完成的功能的方法。但从实践的意义上说，机器学习是一种通过利用数据、训练出模型，然后使用模型预测的一种方法。首先，我们需要在计算机中存储历史的数据。接着，我们将这些数据通过机器学习算法进行处理，这个过程在机器学习中叫作"训练"，处理的结果可以被我们用来对新的数据进行预测，这个结果一般称之为"模型"。对新数据的预测过程在机器学习中叫作"预测"。"训练"与"预测"是机器学习的两个过程，"模型"则是过程的中间输出结果，"训练"产生"模型"，"模型"指导"预测"。图 4-3 为机器学习的过程与人类对历史经验归纳的过程比对。

　　人类在成长、生活过程中积累了很多的历史与经验，通过定期地对这些经验进行"归纳"，获得了生活的"规律"。当我们遇到未知的问题或者需要对未来进行"推测"的时候，使用这些"规律"，对未知问题与未来进行"推测"，从而指导自己的生活和工作。

　　机器学习中的"训练"与"预测"过程可以对应到人类的"归纳"和"推测"过程。通过这样的对应，我们可以发现，机器学习的思想并不复杂，仅仅是对人类在生活中学习成长的一个模拟。由于机器学习不是基于编程形成的结果，因此它的处理过程不是因

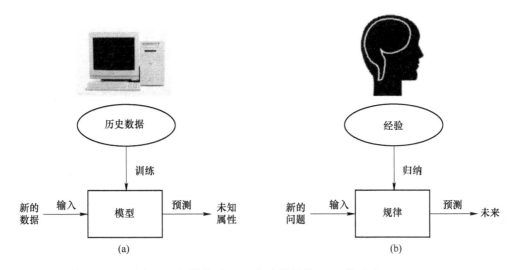

图 4-3　机器学习（a）与人类思考（b）的对比

果的逻辑，而是通过归纳思想得出的相关性结论。

这也可以联想到人类为什么要学习历史，历史实际上是人类过往经验的总结。有句话说得很好，"历史往往不一样，但历史总是惊人的相似"。通过学习历史，我们从历史中归纳出人生与国家的规律，从而指导我们的下一步工作，这是具有极大价值的。

4.3.1.2　机器学习的范围

机器学习跟模式识别、统计学习、数据挖掘、计算机视觉、语音识别、自然语言处理等领域有着很深的联系。从范围上说，机器学习跟模式识别、统计学习、数据挖掘是类似的，同时，机器学习与其他领域处理技术的结合，形成了计算机视觉、语音识别、自然语言处理等交叉学科。因此，一般说数据挖掘时，可以等同于说机器学习。同时，我们平常所说的机器学习应用，应该是通用的，不仅仅局限在结构化数据，还有图像、音频等应用。图 4-4 是机器学习所牵扯的一些相关范围的学科与研究领域。

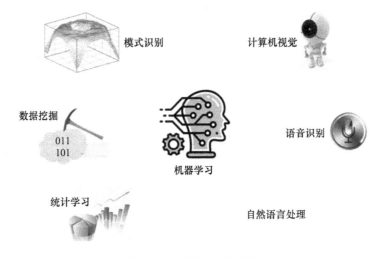

图 4-4　机器学习相关学科

A　模式识别

模式识别=机器学习。两者的主要区别在于前者是从工业界发展起来的概念，后者则主要源自计算机学科。在著名的《Pattern Recognition And Machine Learning》书中，Christopher M. Bishop 在开头是这样说的"模式识别源自工业界，而机器学习来自计算机学科。不过，它们中的活动可以被视为同一个领域的两个方面，同时在过去的 10 年间，它们都有了长足的发展"。

B　数据挖掘

数据挖掘=机器学习+数据库。这几年数据挖掘的概念耳熟能详，例如，从数据中可以挖出金子，以及将废弃的数据转化为价值等。事实上，从数据中可能会挖出金子，也可能挖出"石头"。这个说法的意思是，数据挖掘仅仅是一种思考方式，告诉我们应该尝试从数据中挖掘出知识，但不是每个数据都能挖掘出金子的。一个系统绝对不会因为上了一个数据挖掘模块就变得无所不能，恰恰相反，一个拥有数据挖掘思维的人员才是关键，而且他还必须对数据有深刻的认识，这样才可能从数据中导出模式指引业务的改善，大部分数据挖掘中的算法是机器学习的算法在数据库中的优化。

C　统计学习

统计学习近似等于机器学习。统计学习是一个与机器学习高度重叠的学科，因为机器学习中的大多数方法来自统计学，甚至可以认为，统计学的发展促进机器学习的深入演进。例如，著名的支持向量机算法，就是源自统计学科。但是在某种程度上两者是有区别的，这个分别在于：统计学习者重点关注的是统计模型的发展与优化，偏数学；而机器学习者更关注的是能够解决问题，偏实践。因此，机器学习研究者会重点研究学习算法在计算机上执行的效率与准确性的提升。

D　计算机视觉

计算机视觉=图像处理+机器学习。图像处理技术用于将图像处理为适合进入机器学习模型中的输入，机器学习则负责从图像中识别出相关的模式。计算机视觉相关的应用非常多，例如，百度识图、手写字符识别、车牌识别等应用。这个领域是应用前景非常火热的，同时也是研究的热门方向。随着机器学习的新领域——深度学习的发展，大大促进了计算机图像识别的效果，因此未来计算机视觉界的发展前景不可估量。

E　语音识别

语音识别=语音处理+机器学习。语音识别就是音频处理技术与机器学习的结合，语音识别技术一般不会单独使用，它会结合自然语言处理的相关技术。目前的相关应用有华为的语音助手小艺等。

F　自然语言处理

自然语言处理=文本处理+机器学习。自然语言处理技术主要是让机器理解人类语言的一门领域，在自然语言处理技术中，大量使用了编译原理相关的技术，例如，词法分析、语法分析等；除此之外，在"理解"这个层面，则使用了语义理解、机器学习等技术。作为唯一由人类自身创造的符号，自然语言处理一直是机器学习界不断研究的方向。按照百度机器学习专家余凯的说法"听与看，说白了就是阿猫和阿狗都会的，而只有语言才是人类独有的"。如何利用机器学习技术进行自然语言的深度理解，一直是工业界和学术界关注的焦点。

可以看出机器学习在众多领域有了外延和应用，机器学习技术的发展促使了很多智能领域的进步，正在改善着我们的生活。

4.3.2 知识图谱

前面已经介绍了机器学习，但是那似乎离我们心中的"人工智能"还很遥远。我们训练的模型，更像是一个具有统计知识的机器，从关联和概率的角度出发，试图在描述世界背后的"真理"。然而，我们更希望的是，像人一样具有分析和推理能力的机器智能。那么，哪一种形式更接近我们心中的"人工智能"呢——知识图谱，什么是知识图谱呢？

知识图谱，本质上是一种揭示实体之间关系的语义网络。如果你看过网络综艺《奇葩说》第五季第 17 期：你是否支持全人类一秒知识共享，你也许会被辩手陈铭的辩论留下深刻印象。他在节目中区分了信息和知识两个概念：

（1）信息是指外部的客观事实。举例：这里有一瓶水，它现在是 7℃。

（2）知识是对外部客观规律的归纳和总结。举例：水在 0℃ 的时候会结冰。

"客观规律的归纳和总结"似乎有些难以实现。Quora 上有另一种经典的解读，区分"信息"和"知识"。

如图 4-5 所示，我们很容易理解：在信息的基础上，建立实体之间的联系，就能形成"知识"。换句话说，知识图谱是由一条条知识组成，每条知识表示为一个 SPO 三元组（Subject-Predicate-Object）。知识图谱实际上就是如此工作的，曾经知识图谱非常流行自顶向下的构建方式。自顶向下指的是先为知识图谱定义好本体与数据模式，再将实体加入知识库。该构建方式需要利用一些现有的结构化知识库作为其基础知识库，例如 Freebase项目就是采用这种方式，它的绝大部分数据是从维基百科中得到的。

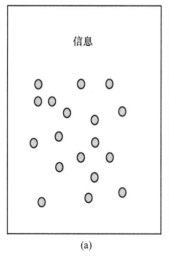
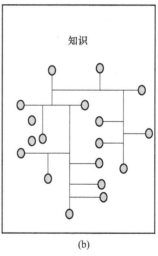

图 4-5 "信息"（a）和"知识"（b）的关系

然而目前，大多数知识图谱都采用自底向上的构建方式。自底向上指的是从一些开放链接数据（也就是"信息"）中提取出实体，选择其中置信度较高的加入知识库，再构建实体与实体之间的联系。

4.3.3　人机交互

4.3.3.1　什么是人机交互

人机交互（Human Machine Interaction，HMI）是一门研究系统与用户之间的交互关系的学问。系统可以是各种各样的机器，也可以是计算机化的系统和软件，人机交互界面通常是指用户可见的部分。用户通过人机交互界面与系统交流，并进行操作，小如收音机的播放按键，大至飞机上的仪表板，或者是发电厂的控制室，如图 4-6 所示。

图 4-6　人机交互示意图

4.3.3.2　人机交互的目标

人机交互是研究人与计算机之间通过相互理解的交流与通信，在最大程度上为人们完成信息管理、服务和处理等功能的一门技术科学，该领域的许多研究都试图通过提高计算机接口的可用性来改善人机交互。如何准确地理解可用性，它如何与其他社会和文化价值相关联，何时可以、何时可用可能不是计算机界面的理想属性，这些争论越来越多。

在人机交互的整个主题之下是这样一种信念：使用计算机系统的人应该排在第一位，他们执行各种任务的需求、能力和偏好应该指导开发人员设计系统的方式。人们不应该为了适应系统而改变他们使用系统的方式；相反，系统的设计应该符合人的需求，即用户中心设计思想。

4.3.3.3　当前研究重点主题

A　用户定制

最终用户开发研究表明，普通用户如何能够常规地根据自己的需要定制应用程序，并根据对自己领域的理解来发明新的应用程序。随着开发者的深入了解，用户可能越来越成为新应用程序的重要来源，而牺牲了具有系统专业知识但领域知识很少的通用程序员。

B　嵌入式计算

计算正超越计算机进入可以找到用途的每个对象，从计算机烹饪设备到照明、卫生设备、百叶窗、汽车制动系统再到贺卡，嵌入式系统几乎不需要任何计算和自动化过程就可以使环境充满活力。未来的预期差异是增加了网络通信，这将允许许多嵌入式计算相互之间以及与用户进行协调，这些嵌入式设备的人机界面在许多情况下将与工作站的人机界面完全不同。

C　增强现实

增强现实是指将相关信息分层放入我们对世界的了解的概念，现有项目向执行诸如制造之类的困难任务的用户显示实时统计信息，未来的工作可能包括通过提供与我们交谈的人的其他信息来增强我们的社交互动。

D　社会计算

近年来，社会科学研究的爆炸式增长以交互作用为分析单位，这项研究大部分来自心理学、社会心理学和社会学。例如，一项研究发现，人们期望一台带有男人名字的计算机比一台带有女人名字的计算机的价格更高。其他研究发现，尽管人们对这些计算机的行为方式相同，但他们对计算机与人的交互的感觉要比对人类更为积极。

E　知识驱动的人机交互

在人与计算机的交互中，人与计算机对共同行为的理解之间通常存在语义鸿沟。本体作为领域专有知识的形式表示，可以通过解决两方之间的语义歧义来解决该问题。

F　情绪与人机互动

在人与计算机的交互中，研究了计算机如何检测、处理和响应人类的情感，从而开发出了具有情感智能的信息系统。研究人员提出了几种"影响检测渠道"，以自动化和数字方式讲述人类情绪的潜力在于提高人机交互的效率。在诸如使用 ECG 进行财务决策以及使用眼动追踪和面部阅读器作为情感检测渠道的组织知识共享之类的领域中，已经研究了情绪对人机交互的影响。在这些领域中，已经表明，情感检测渠道具有检测人类情绪的潜力，信息系统可以合并从情感检测渠道获得的数据以改善决策模型。

G　脑机接口

脑机接口（Brain Computer Interface，BCI）是增强型或有线脑与外部设备之间的直接通信路径。BCI 与神经调节的不同之处在于 BCI 允许双向信息流。BCI 通常旨在研究、定位、协助、增强或修复人类的认知或感觉运动功能。

4.3.4　计算机视觉

计算机视觉技术可以将静止图像或视频数据转换为一种决策或新的表示，所有这样的转换都是为了完成某种特定的目的而进行的。输入数据可能包含一些场景信息，例如，"相机是搭载在一辆车上的"或者"雷达发现了一米之外有一个目标"。一个新的表示，意思是将彩色图像转换为黑白图像，或者从一个图像序列中消除相机运动所产生的影响。

4.3.4.1　人的视觉

因为我们是被赋予了视觉的生物，所以很容易误认为"计算机视觉也是一种很简单的任务"。计算机视觉究竟有多困难呢？

可以思考一下，你是如何从一张图像中观察到一辆车的？你最开始的直觉可能具有很强的误导性，人类的大脑将视觉信号划分为许多通道，好让不同的信息流输入大脑。大脑已经被证明有一套注意力系统，在基于任务的方式上，通过图像的重要部分检验其他区域的估计。在视觉信息流中存在巨量的信息反馈，并且到现在我们对此过程也知之甚少。

肌肉控制的感知器和其他所有感官都存在着广泛的相互联系，这让大脑能够利用人在世界上多年生活经验所产生的交叉联想，大脑中的反馈循环将反馈传递到每一个处理过程，包括人体的感知器官（眼睛），通过虹膜从物理上控制光线的量来调节视网膜对物体表面的感知。

4.3.4.2　计算机的视觉

在机器视觉系统中，计算机会从相机或者硬盘接收栅格状排列的数字，也就是说，机器视觉系统不存在一个预先建立的模式识别机制。没有自动控制焦距和光圈，也不能将多年的经验联系在一起，大部分的视觉系统都还处于一个非常朴素原始的阶段。

图 4-7 展示了一辆汽车，在这张图片中，我们看到后视镜位于驾驶室旁边。但是对于计算机而言，看到的只是按照栅格状排列的数字。所有在栅格中给出的数字还有大量的噪声，所以每个数字只能给我们提供少量的信息，但是这个数字栅格就是计算机所能够"看见"的全部了。我们的任务变成将这个带有噪声的数字栅格转换为感知结果"后视镜"。

但是相机看到的则是这样的:

194	210	201	212	199	213	215	195	178	158	182	209
180	189	190	221	209	205	191	167	147	115	129	163
114	126	140	188	176	165	152	140	170	106	78	88
87	103	115	154	143	142	149	153	173	101	57	57
102	112	106	131	122	138	152	147	128	84	58	66
94	95	79	104	105	124	129	113	107	87	69	67
68	71	69	98	89	92	98	95	89	88	76	67
41	56	68	99	63	45	60	82	58	76	74	65
20	41	69	75	56	41	51	73	55	70	63	44
50	50	57	69	75	75	73	74	53	68	59	37
72	59	53	66	84	92	84	74	57	72	63	42
67	61	58	65	75	78	76	73	59	75	69	50

图 4-7　对于计算机来说汽车的后视镜就是一组栅格状排列的数字

A　场景信息可以辅助计算机视觉

考虑这样一个例子，一个移动机器人需要在一栋建筑中找到并且拿起一个订书机。机器人就可能用到这样的事实：桌子通常放在办公室里，而订书机通常收纳在桌子里。这也同样给出了一个关于尺寸的推断：订书机的大小一定可以被桌子所收纳。更进一步，这还可以帮助减少在订书机不可能出现的地方错误识别订书机的概率（比如天花板或者窗口）。机器人可以安全忽略掉 6m（200 英尺）高的订书机形状的飞艇，因为飞艇没有满足被放置在木制桌面上的先验信息。

相对的，在诸如图像检索等任务中，数据集中所有的订书机图像都是来自真实的订书机，这样不合常理的尺寸以及一些奇形怪状的造型都会在我们进行图片采集的时候隐式消除——因为摄影师只会去拍摄普通的正常尺寸的订书机。人们同样倾向于在拍摄的时候将拍摄目标放在图片的中间，并且倾向于在最能够展现目标特征的角度拍摄。因此，通常也有很多无意的附加信息在人们拍摄照片的时候无意加进去。

场景信息同样可以（尤其是通过机器学习技术）进行建模。隐式的变量（比如尺寸、重力的方向等不容易被直接观测到的）可以从带标记的数据集中发现关系并推测出来，或者可以尝试使用附加的传感器测量隐式变量的值，比如利用激光雷达来测量深度，从而准确得到目标的尺寸。

B 使用统计的方法来对抗噪声

计算机视觉所面临的下一个问题是噪声，我们一般使用统计的方法来对抗噪声。比如，我们很难通过单独的像素点和它的相邻像素点判断其是否是一个边缘点，但如果观察它在一个区域的统计规律，边缘检测就会变得更加简单了。

一个真正的边缘应该表现为一个区域内一连串独立的点，所有点的朝向都与其最接近的点保持一致。我们也可以通过时间上的累计统计对噪声进行抑制，当然也有通过现有数据建立噪声模型来消除噪声的方法。例如，因为透镜畸变很容易建模，我们只需要学习一个简单的多项式模型来描述畸变就可以几乎完美矫正失真图像。

基于摄像机的数据，计算机视觉准备做出的动作或决定是在特定的目的或者任务的场景环境中执行的。我们也许想要移除噪声或者修复被损坏的照片，这样安全系统就可以对试图爬上栏杆等危险行为发出警报，或者对于穿过某个游乐场区域的人数进行统计。

在大楼中漫游的机器人的视觉软件将会采取和安全系统完全不同的策略，因为两种策略处于不同的语境中。一般来说，视觉系统所处的环境约束越严格，我们就越能够依赖这些约束来简化问题，最终的解决方案也越可靠。

4.3.5 VR/AR

2017 年是大数据应用时代，而人工智能（AI）高新科技技术正在蓬勃发展，通过语音识别、图像识别和专家系统等功能应用，与越来越多的电子产品结合。各种高科技让市场潜力爆发式增长，同时让人工智能仿生眼、新闻写作机器人、自动翻译等进入并改变了人们的生活和工作，大数据的科技时代已经来临。

4.3.5.1 VR 技术

虚拟现实技术（Virtual Reality，VR）是一种可以创建和体验虚拟世界的计算机仿真系统，通过计算机生成的、可交互的三维环境为用户带来沉浸感。按照用户交互形式和沉浸感的程度不同，虚拟现实系统可以分为桌面式 VR 系统和沉浸式 VR 系统。

扫一扫
查看视频 39

桌面式 VR 是最早期的 VR 类型，主要利用计算机进行仿真并通过计算机屏幕显示虚拟环境、通过鼠标与虚拟环境进行交互，沉浸感弱。沉浸式 VR 是目前消费者最常见的 VR 类型，主要利用各类输入与输出设备为用户带来极致的沉浸体验。沉浸式 VR 包括基于头盔显示器的沉浸式 VR 与投影式 VR，其中基于头盔显示器的沉浸式 VR 系统是目前发展的主流。按照设备类型分类，基于头盔显示器的沉浸式 VR 又可以分为基于 PC 的 VR、基于手机的轻量级 VR 及 VR 一体机三大类型。PC VR 沉浸感强，用户体验效果好，但是对 PC 高性能的要求导致用户成本高，有线连接导致用户自由度低。基于手机的轻量级 VR 与一体机 VR 性能低，支持的业务有限，但是成本低，无线连接自由度高。下面以 PC VR 为例，介绍沉浸式 VR 系统的组成及其交互方式。PC VR 主要由输入/输出设备与计算机软硬件系统组成，其中输入/输出设备主要负责用户姿态的识别，并生成反馈信息，计算机主要负责内容存储、计算与画面的实时渲染等，两者通过有线进行信息交互。PC VR 系统组成及其交互方式如图 4-8 所示。

图 4-8　PC VR 系统组成及其交互方式

A　VR 业务分类

2016 年被称为 VR 元年，虽然近几年 VR 发展阻力重重，但已经实现在直播、游戏、教育等多个领域的应用。按照用户交互体验分类，VR 业务可分为弱交互 VR 业务与强交互 VR 业务。弱交互 VR 业务是指 VR 用户与虚拟环境中的物体无交互行为，用户通过头部运动与已经设定好的虚拟环境进行互动，感受虚拟环境的变化。用户体验的内容已提前完成，头显只需呈现即可，无须计算与实时渲染，对设备的性能要求较低，典型应用就是 VR 视频/直播。强交互 VR 业务是指 VR 用户通过交互设备与虚拟环境中的物体进行实时互动，使用户感受到虚拟环境的变化，最典型的应用就是沉浸式游戏。计算机需要根据用户的姿态信息进行逻辑计算与实时渲染，对设备性能要求高。各类 VR 业务对设备性能的要求如图 4-9 所示。

B　影响 VR 业务的主要因素

清晰度、流畅性及交互感是影响 VR 体验的三大因素。清晰度主要受视频内容与显示屏分辨率的影响，低分辨率的视频内容或显示屏将导致视频的清晰度低，容易使用户产生疲劳感，难以沉浸其中。流畅性主要受帧率与刷新率的影响，高帧率与高刷新率可以使画面更加流畅，用户体验更好。交互感主要受时延的影响。对于强交互业务来说，业界认为，MTP（Motion-to-photons，动显）要控制在 20ms 以内，否则用户将产生眩晕感。

（1）清晰度。人眼在 1°视角内所能看到的像素数被称为 PPD（Pixels Per Degree，每度像素）。业界认为，人眼视网膜分辨率的极限是 60PPD，在 60PPD 以下，PPD 越大，清晰度越高。

显示屏 PPD＝显示屏单眼分辨率/单眼 FOV（视场角）。双眼 4K 分辨率，100°视场角

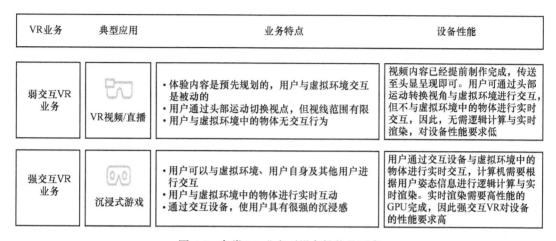

VR业务	典型应用	业务特点	设备性能
弱交互VR业务	VR视频/直播	·体验内容是预先规划的,用户与虚拟环境交互是被动的 ·用户通过头部运动切换视点,但视线范围有限 ·用户与虚拟环境中的物体无交互行为	视频内容已经提前制作完成,传送至头显呈现即可。用户可通过头部运动转换视角与虚拟环境进行交互,但不与虚拟环境中的物体进行实时交互,因此,无需逻辑计算与实时渲染,对设备性能要求低
强交互VR业务	沉浸式游戏	·用户可以与虚拟环境、用户自身及其他用户进行交互 ·用户与虚拟环境中的物体进行实时互动 ·通过交互设备,使用户具有很强的沉浸感	用户通过交互设备与虚拟环境中的物体进行实时交互,计算机需要根据用户姿态信息进行逻辑计算与实时渲染。实时渲染需要高性能的GPU完成,因此强交互VR对设备的性能要求高

图 4-9 各类 VR 业务对设备性能的要求

的显示器只有 19PPD。与普通视频不同,VR 全景视频会先把画面投影到一个空间球面上,因此,视频内容的 PPD=视频分辨率/360。4K VR 全景视频内容的只有 11PPD,远低于视网膜的极限,也远低于手机的清晰度。可见,当用户使用 4K VR 头显观看 4K 分辨率的 VR 全景视频时,视频清晰度要低于屏幕的分辨精度。因此,为提升用户观看 VR 视频的清晰度,需要同时提升头显设备与视频内容的分辨率,尤其是视频内容的分辨率。

(2)流畅性。刷新率一般指的是显示屏的垂直刷新率,即每秒钟屏幕刷新的次数。刷新率低于 60Hz,屏幕会出现明显抖动,一般要求高于 72Hz。帧率是指 1 秒钟内传输帧的数量。在 GPU(Graphics Processing Unit,视觉处理器)支持的情况下,帧率越高,画面越流畅。VR 的帧率一般要求在 90FPS(Frames Per Second,每秒传输帧数)以上。

可见,刷新率与帧率均会影响画面的流畅性。但是若刷新率低于帧率,将导致某些帧未能显示,造成有效帧减少,影响流畅性。因此,VR 需要高性能的 GPU 来保证稳定的、比较高的帧率,同时还要不断提高显示器的刷新率。

(3)交互感。MTP 是运动到成像的时延,业界认为 MTP 应小于 20ms,否则将产生眩晕感。对于本地 VR 来说,从输入设备采集用户姿态信息,将姿态信息传送至计算机,到计算机根据用户信息进行计算与画面渲染后,再发送至用户显示器显示,整个交互过程的时延要低于 20ms,否则将产生眩晕感。因此,要不断降低各环节处理时间,以降低整体时延,保证用户体验。本地 VR 系统 MTP 组成如图 4-10 所示。

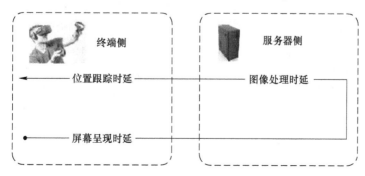

图 4-10 本地 VR 系统 MTP 组成

C 本地 VR 与云 VR

按照业务运行的位置分类，VR 可分为本地 VR 与云 VR 两大类。本地 VR 的内容存储与图像渲染均在用户侧进行。从头显设备形态来看，本地 VR 进行内容存储及图像渲染的设备有 PC、手机及 VR 一体机。高性能的 PC 虽能够带来良好的 VR 体验，但成本高。手机与 VR 一体机成本较低，但性能差，支持的业务类型有限，无法提供良好的 VR 体验。若提升手机与一体机性能又将导致成本增高，可见，成本与性能是两个相互矛盾且影响本地 VR 发展的因素。云 VR 将内容存储及图像渲染迁移至云端，VR 头显设备只需具备解码、呈现及网络接入能力。本地 VR 与云 VR 对比如图 4-11 所示。

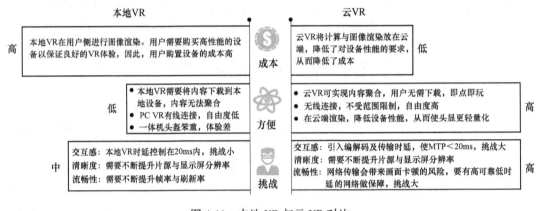

图 4-11 本地 VR 与云 VR 对比

因此，云 VR 大大降低了对头显设备的性能要求，有效降低头显设备成本的同时，也将促进头显设备向轻量化发展，助力 VR 加速普及。但云 VR 交互感与流畅性受网络影响，实现难度增大，挑战度高。在交互方面，云 VR 引入了编解码及传输时延，导致整体时延增加，要实现 MTP<20ms，挑战度高。在流畅性方面，网络传输会带来画面卡顿的风险，要有高可靠低时延的网络做保障，挑战度高。

D 云 VR

云 VR 由终端、网络、平台及内容四部分组成，利用云平台强大的计算能力将计算与渲染放在云端，经过处理的画面编码后通过网络传输至用户 VR 终端上，如图 4-12 所示。可见，相对于本地 VR，云 VR 引入了编解码及传输时延导致整体时延增加，若按照传统渲染技术将难以实现 MTP<20ms 的要求。端云异步渲染技术是将画面渲染与终端刷新显示这两个过程从串行处理分离成并行处理。在平台根据用户最新的姿态信息进行计算与渲染的同时，VR 终端将上一次平台传送回来的画面作为基础进行二次投影。可见，此时 MTP 由终端决定，不依赖于网络和云渲染，从而满足 MTP<20ms。

云 VR 的体验因素将受到网络的影响。对于清晰度来说，视频内容分辨率越高，视频越清晰，但也将导致信息量越大，对带宽的要求越高。对于流畅性来说，视频内容的有效帧率越高，视频越流畅，但也会导致信息量增加，对网络带宽的要求增高。另外，视频流畅性还需要高可靠低时延的网络保障，否则将会导致视频的卡顿与花屏。对于交互感来说，云 VR 引入网络传输时延，导致强交互业务的 MTP 时延很难控制在 20ms 内。虽然端云异步渲染技术可以使 MTP 不受实时渲染与网络的影响，但会造成黑

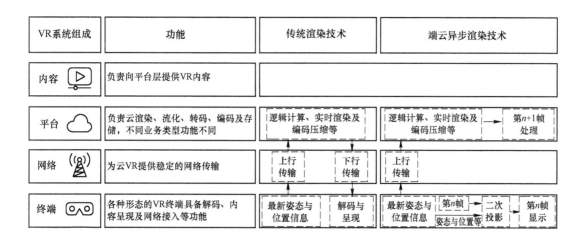

图 4-12 云 VR 系统组成与渲染技术

边的问题，且黑边占比与网络时延大小成反比，网络时延低则黑边占比小。可见，大带宽、高可靠及低时延的网络是云 VR 良好体验的保障。网络指标与云 VR 体验指标之间的关系如图 4-13 所示。

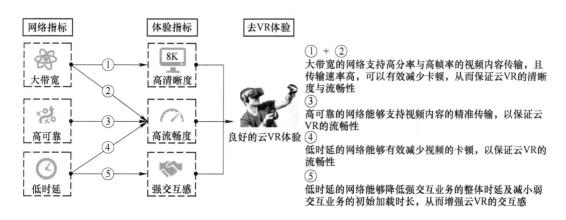

图 4-13 网络指标与云 VR 体验指标之间的关系

E VR 应用场景

近几年，经过业界的不断探索，VR 已经实现了在多个领域的应用。根据用户群体不同，VR 应用场景可划分为 2B 与 2C 两大类，2B 类应用场景涉及教育、医疗、房地产及主题馆等领域，2C 类应用主要包括直播、点播、云游戏及健身等，如图 4-14 所示。对于本地 VR 来说，成本与体验之间的矛盾阻碍了 VR 的普及。VR 普及率低又将影响内容厂商的投资意愿，从而导致内容匮乏，内容匮乏在一定程度上又影响了 VR 的普及。普及率与内容相互制约，影响了 VR 应用的规模化发展。5G 云 VR 利用云端强大的计算能力，将应用部署在云端并通过 5G 网络进行信息交互，能有效降低用户消费门槛，提升用户体验，助力 VR 的普及与 VR 应用的规模化发展。

图 4-14 5G 云 VR 应用场景

扫一扫查看视频 40

4.3.5.2 AR 技术

增强现实技术（Augmented Reality，AR），如果说虚拟现实（VR）中看到的场景和人物全是假的，是把你的意识带入一个虚拟的世界；那么增强现实（AR）看到的场景和人物一部分是真、一部分是假，是把虚拟的信息带入到现实世界中，如图 4-15 所示。你看到的东西是有虚有实，甚至分不清是虚假还是真实。

图 4-15 AR＝真实世界+数字化信息

AR 技术可以提供给人眼无法感知的信息，这些信息有着很大的便利性，如距离的测量等，在某些方面来说，它的发展优势大于 VR 技术。简单而言，AR 技术是利用科技对人类视觉进行补充，使人类更加便捷性的工作和生活。比如微软的 hello nice，这是一款类似于 AR 的头戴设备，有点像一个人头上戴着一个巨大的墨镜，而这款设备具有 6 个摄像头设备，一旦开启，它就会扫描你房间的环境，并且对其进行建模。它的应用也会根据你的真实环境而产生一些变化。它有一个用于体验的射击游戏，当游戏打开的时候，外星机器人就会在你家的墙上打几个洞，从洞中飞出来的机器人就会对着你射击，你只需要用手指着这些机器人做出射击的动作，就可以把它们击落，同时你也可以躲避机器人射过来的子弹。整个游戏环节，你所看到的背景、画面都是真实的房间环境。如果我们说 VR 是把你带到了虚拟世界中，而 AR 就是把虚拟世界带到你身边。

AR 的应用远不止于游戏这一个领域，在教育领域里，如果你翻开一本动物科普书，就可以看到各种各样栩栩如生的动物出现在你面前，你可以前后左右地观察它的样貌，如图 4-16 所示。老师在上课解释一些极其抽象的画面的时候，你可以看到，其实它已经展示在你的眼前了。而在工作中，如果你想看一个机器里面的线路图，只需要打开透视模式，虚拟电路图就会和你的机器结合，让你清晰地看到里面的结构。

图 4-16　AR 在教育领域的应用示例

AR 设备上，由于 AR 是现实场景和虚拟场景的结合，所以基本都需要摄像头。在摄像头拍摄的画面基础上，结合虚拟画面进行展示和互动。其实严格地来说，iPad、手机这些带摄像头的智能产品，都可以用于 AR，只要安装 AR 的软件即可。

4.4　AIoT 芯片

AIoT 的发展离不开四大核心芯片：SoC、MCU、通信芯片、传感器。其中，SoC 是数据运算处理中心，是实现智能化的关键；MCU 是数据收集与控制执行的中心，辅助 SoC 实现智能化；通信芯片是数据传输的中心，也是远程交互的关键；传感器是数据获取的中心，也是感知外界信号的关键。

4.4.1　SoC 芯片

SoC 芯片（System on Chip）又称为系统级芯片、片上系统，是将系统关键部件集成在一块芯片上，可以实现完整系统功能的芯片电路。SoC 是手机、平板、智能家电等智能化设备的核心芯片。SoC 芯片作为系统级芯片，集成有 CPU、GPU、NPU、存储器、基带、ISP、DSP、WiFi、蓝牙等模块。SoC 芯片的优缺点对比见表 4-1。

SoC 下游应用广泛，智能手机为最大应用，SoC 主要应用于消费电子、IT、通信及汽车。在过去几年，消费电子占最大市场份额，对智能手机、4K 电视等电子设备及 TWS 耳机、手表等智能可穿戴设备的需求不断增长，推动消费电子市场的增长。

表 4-1　SoC 优缺点对比

优点	芯片尺寸小：受益于 MOS 技术，SoC 芯片可实现功能增加的同时，芯片尺寸大大减小
	低功耗：SoC 的低功耗性能，可提高电子设备（如手机）的整体使用时间
	可再编程：开发人员可对 SoC 芯片再编程，重复使用 IP
	可靠性强：SoC 芯片提高电路安全性并降低设计复杂性
	成本效益高：SoC 相比其他电子器件，具有更少的物理组件和可再次设计
	更快的运行速度
缺点	生产周期长：SoC 芯片从设计到制造出来整个过程在 6 个月到 1 年
	设计验证时间长：SoC 芯片的设计验证环节约占总周期的 70%
	IP 核的授权和兼容情况大大影响产品上市时间
	制造成本指数型增长
	对于小批量的产品，SoC 不是最好的选择

4.4.2　MCU

　　MCU（Microcontroller Unit）又称为微控制器或单片机，是把 CPU 的频率与规格做适当缩减，并将内存（Memory）、计数器（Timer）、USB、A/D 转换、UART、PLC、DMA 等周边接口，甚至 LCD 驱动电路都整合在单一芯片上，形成芯片级计算机，从而实现终端控制的功能，具有性能高、功耗低、可编程、灵活度高等优点。

　　MCU 内部的功能部件主要是 CPU、存储器（程序存储器和数据存储器）、I/O 端口、串行口、定时器、中断系统、特殊功能寄存器等八大部分，还有一些诸如时钟振荡器、总线控制器和供电电源等辅助功能部件。此外，很多增强型单片机还集成了 A/D、D/A、PWM、PCA、WDT 等功能部件，以及 SPI、I2C、ISP 等数据传输接口方式，这些使单片机更具特色、更有市场应用前景。MCU 由 Intel 率先提出，经过 4 位、8 位、16 位、32 位乃至 64 位 MCU 迭代更新，已广泛应用于多种场景。目前市场上以 8 位和 32 位 MCU 为主，未来随着产品性能要求的不断提高，32 位 MCU 的市场规模将进一步扩大。在国内，现阶段 8 位、32 位 MCU 企业居多，未来这些企业将加大研发投入，进一步实现 MCU 的国产替代。

　　MCU、MPU（Micro Processor Unit，微处理器）、SoC 均可作为设备的主控，AIoT 通常会将 SoC、MCU 搭配使用。典型的 MCU、MPU 和 SoC 对比见表 4-2。

表 4-2　典型的 MCU、MPU 和 SoC 对比

项　　目	MCU	MPU	SoC
芯片数量	1	需要与其他芯片配合使用	1
成本	低	高	高
操作系统	无	有	有
快启动	是	否	否
位数	4/8/16/32	16/32/64	16/32/64
时钟频率	MHz	GHz	MHz～GHz

项　　目	MCU	MPU	SoC
存储（RAM）	KB	512MB~GB	MB~GB
外挂存储	KB~MB（Flash、E²PROM）	MB~TB（SSD、Flash、HDD）	MB~TB（SSD、Flash、HDD）
USB 接口	偶尔	需要	看具体应用
复杂接口（以太网、USB2.0 等）	否	是	是
功耗	低	高	看具体应用
图像处理	无	无	看应用
尺寸大小	小	大	小
产品	STM32F103	Intel x86	高通骁龙

总体来说，MCU 行业集中度高，国内厂商市场占有率较低。全球 MCU 供应商以国外厂商为主，行业集中度相对较高，全球 MCU 厂商主要为瑞萨电子（日本）、恩智浦（荷兰）、英飞凌（德国）、微芯科技（美国）、意法半导体等，TOP7 头部企业市场占有率超过 80%。

中国 MCU 奋起直追，逐步扩大市场份额，国内 MCU 芯片厂商在中低端市场具备较强竞争力。目前，兆易创新、华大半导体、中颖电子、东软载波、北京君正、中国台湾企业新唐科技、极海半导体等市场占有率稳步上升。

国外大厂如意法半导体、瑞萨电子、德州仪器、微芯、英飞凌采用 IDM 模式，集芯片设计、芯片制造、芯片封装和测试等多个产业链环节于一身；国外个别厂商如恩智浦以及我国大部分厂商采用 Fabless 模式，只负责芯片的电路设计与销售；中国盛群、松翰、新唐以及士兰微、华大半导体等企业采用 IDM 模式。

国外厂商产品种类齐全，覆盖消费电子、汽车电子、工业控制领域，且产能分布较为均衡，国内厂商产能主要集中消费电子特别是家电领域，芯旺微、比亚迪等企业拥有车规级 MCU 产品，其他厂商尚处在研发或认证阶段。

国内外厂商产品位数相差不大：国外厂商如意法半导体、恩智浦、微芯科技等主流产品均为 32 位，部分国内厂商如中颖电子产品以 8 位为主，目前大部分国内厂商均具备 32 位产品生产能力，整体差距不大。

内核方面，各家厂商均以 ARM 内核为主，国内厂商主要使用 ARM Cortex-M0/M3 内核，国外厂商对性能更好的 M4/M7 内核使用率较低。另外部分国外厂商如微芯科技拥有自主开发的内核，国内厂商中芯旺微拥有自研内核。

4.4.3　通信芯片

IoT 设备联网的关键在于通信组网技术，包括 LoRa（远距离无线电）、Zigbee（短距离低速）、WiFi、NB-IoT（蜂窝网络）、蓝牙等。其主要的通信组网方式是 WiFi 和蓝牙，2020 年 WiFi 和蓝牙组网技术占比达 67.3%，由于流量成本的降低，蜂窝网络组网占比逐年提升，由 2017 年的 3% 上升到 2020 年占 8.75%。

WiFi 每 4~5 年会出现一次技术变革，变革的主要目的是提高带宽。WiFi6 的理论带宽达 9.6Gbit/s；AP 接入容量是 WiFi5 的 4 倍，支持更多的终端并发接入；终端功耗节约 30% 以上，满足物联网终端对低功耗的要求。因此，WiFi6 将在接下来几年成为 WiFi 市场的主力技术，可极大提高接入用户的体验。根据 Dell'Oro 公司预测，到 2023 年支持 WiFi6 的芯片出货量占总出货量将达到 90% 左右，成为真正的主流产品。

通信方案主要有两种：单芯集成协议 MCU 和双芯 MCU+通信芯片。单芯方案主要用于智能灯泡、智能插座等比较简单的控制电路，双芯片方案主要用于智能摄像头、智能音响等运算要求高的电路。

双芯结构会增加设计和生产过程中的复杂性和安全风险，例如，存储在闪存中的网络安全密钥容易受到网络攻击、需要对不同软件开发工具进行更多投入、系统级应用没有技术支持等，物联网发展呈现通信协议+MCU 集成趋势。

4.4.4　传感器芯片

传感器是物和物之间得以相连的起点，是将接收到的物理感知转化为电信号的基本枢纽。作为物联网上游构件中最为基础的零部件之一，在各类物联场景中存在大量需求。传感器历经三个阶段，结构型传感器（1950~1969 年），固体传感器（1970~1999 年），智能传感器（2000 年至今），如图 4-17 所示。

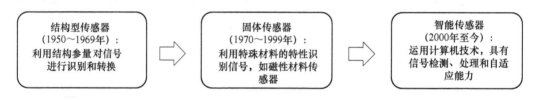

图 4-17　传感器发展历程

传感器作为一种检测装置，接收被测量的信息，并将其转换为电信号或其他所需形式的信息，以满足信息的传输、处理、存储、显示、记录和控制等要求。

Yole 数据显示，2018 年全球传感器类型结构中占比较大的是 CIS 传感器（27%）、MEMS 传感器（25%）、RF 传感器（15%）和雷达传感器（11%）。应用领域方面，赛迪顾问数据显示，2019 年全球传感器应用占比前三的领域分别是汽车电子（32.3%）、消费电子（17.7%）和工业制造（15.6%）。2021 全球 AIoT 开发者生态白皮书披露，2019 年全球智能传感器市场规模约 14 亿美元，预计 2024 年增长至 22.86 亿美元。

4.5　AIoT 的应用场景

4.5.1　AIoT 重塑交通格局与出行方式

在对万物互联时代的畅想中，汽车是智能生活场景中最为关键的一环。众所周知，汽车正向着电动化、智能化、网联化、共享化的"新四化"方向加速发展，汽车工业正面临着百年一遇的大变革，如图 4-18 所示。尤其是随着智联网时代的到来，智能汽车被看作是继智能手机之后的第二大智能移动终端。一方面，5G 技术能够为驾驶者带来更优质的娱乐体验，保障其出行安全，提升其出行效率，并为未来车辆的自动驾驶提供良好的先决条件；另一方面，AI 技术能够帮助座舱实现驾驶员识别、疲劳驾驶监测等数字化功能，让汽车成为智能化的"第三生活空间"。

图 4-18　智慧交通

4.5.1.1　5G 车联网：改善娱乐体验、保障出行安全，提升出行效率

从通信技术本身来看，具备超低时延、超高可靠、超大宽带特性的 5G 技术主要能够解决车载娱乐体验、出行安全以及出行效率三方面的问题。

首先，5G 超大带宽特性能为用户带来更好的车载娱乐体验。过去，虽然车内配有车载大屏，但大多数司机上车后还是更习惯使用手机来进行导航、聊天和娱乐，这是因为手机操作方便，能够实时联网，可以及时获得最新信息。如今，5G 则能让车载大屏不再成为"鸡肋"。例如，5G 使得车内多屏场景下同时播放多个高清 4K 视频成为可能，这样一来，在车辆停靠的情况下，驾驶员不再需要借助智能手机或 PAD，即可在车内观看视频或进行语音交互，畅享各种娱乐服务。

不仅如此，5G 超大带宽还可助力构建实时更新的高清 3D 地图，从而帮助车辆实现亚米级的精准定位与导航。基于实时更新的车况及 3D 高清地图信息，再结合惯性导航，车辆能够实时获知自身所处的准确位置以及车道变化，从而为辅助驾驶/自动驾驶提供了先决条件。司机可以根据路况进行最优决策，避免不必要的拥堵，从而大大提升出行效率。据研究，当道路通行不畅时，驾驶者需要频繁地踩油门、踩刹车，每次减速的燃油消耗是平常耗油的 3 倍。目前，交通领域的碳排放量占全球碳排放总量的 28%，而 5G 技术的应用则有助于让这一数字大大降低。

更重要的是，5G 的超低时延和超高可靠特性将为自动驾驶的实现铺平道路。身处车联网中的车辆会对速度、位置、方向等驾驶信息的响应更加及时，当存在前车减速、紧急制动、停止，或者后车加速等情况，甚至面临碰撞危险时，车辆可以及时提供更可靠的安全预警。同时，进入 5G 时代，3GPP R16 版本已经正式开始对基于 5G NR 的 V2X 技术进行研究，以通过 5G NR 更低的时延、更高的可靠性、更高的容量来提供更高级的 V2X 服务。基于 5G 网络的 C-V2X 能够减少车辆和网络之间的通信延时，并通过路侧单元实现道路基础设施和车辆发生通信，从而实现车与车、车与基础设施等所有外界信息交换，提升了出行安全系数，5G C-V2X 场景示意图如图 4-19 所示。据国外相关数据显示，包括车辆自动监测与前方汽车距离制动提示、盲区监测安全提示、疲劳驾驶提醒等 C-V2X 服务能够减少 80% 的道路安全事故，预计每年能在全世界范围内的交通事故中拯救超过 125 万人。

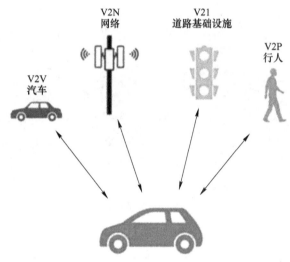

图 4-19　5G C-V2X 场景示意图

在 4G LTE 时代，车联网设计之初的主要目的是在以人为驾驶中心的环境中构建基础安全类场景下的辅助驾驶功能。然而，随着自动驾驶的等级越来越高，车辆本身开始逐步成为驾驶的中心。在行驶过程中，车辆和车辆之间需要进行驾驶意图的沟通，比如当一辆车想要进行并线的时候道路上的其他车辆是否允许，若允许车辆具体该如何执行并线操作等，这些信息的传递不但需要在极短的时间内完成，而且对可靠性有着近乎百分之百的极致追求，这恰好是具备超低时延、超高可靠特性 5G 技术的专长。

基于行业大势和客户需求，早在 2017 年 9 月，高通就发布了全球首款基于 3GPP R14 规范、面向 PC5 直接通信的 C-V2X 商用解决方案高通 9150 C-V2X 芯片组。此后，高通还于 2019 年 1 月推出了骁龙汽车 5G 平台，这是汽车行业首个宣布的车规级 5G 双卡双通平台，具备全面且业界领先的 5G 连接能力，可实现双卡双通、为车道级导航精确定位、数千兆比特云连接以及用于安全的车对车通信等功能，有助于推动网联汽车进入 5G 时代。

基于高通骁龙汽车 5G 平台，移动通信率先推出支持 5G C-V2X 技术的车规级模组产品 AG55xQ 系列，并首家通过国内 CCC、SRRC、NAL 三大认证。其中，支持 5G only 的 AG551Q-CN 模组在 2020 年底支持长城汽车实现量产，成为基于高通骁龙汽车 5G 平台的全球首个 5G 量产项目。2021 年，移远 AG55xQ 系列模组支持多家主流车厂的 5G C-V2X 商用车型陆续落地。移远车规级模组如图 4-20 所示。广和通基于高通车规级 5G 平台开发的 5G 车规级模组 AN958-AE 也于 2021 年 3 月连获三证，顺利通过 CCC（中国强制性产品认证）、SRRC（无线电型号核准）、NAL（电信设备进网许可）三项认证。2021 年，AN958 模组助力多家汽车厂商实现 5G 车型的商用落地。广和通车规级模组如图 4-21 所示。

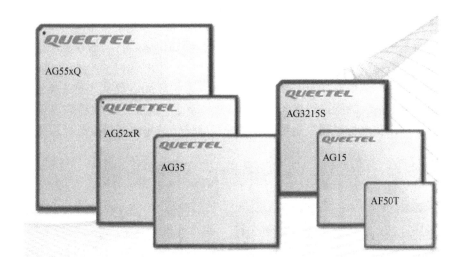

图 4-20 移远车规级模组

图 4-21 广和通车规级模组

4.5.1.2 让汽车成为智能化的"第三生活空间"

过去，汽车对大部分人来说，只是出行代步的工具而已。然而，随着万物互联时代的来临，汽车已逐渐成为人们的"第三生活空间"，其主要属性将不再只是"驾驶"，而是"生活"。具体而言，人机交互将是"第三空间"内非常重要的生活方式，这离不开具备高算力的数字座舱作为支撑。

基于 AI 技术，数字座舱能够实现驾驶员识别、疲劳驾驶监测等功能。例如，当驾驶员靠近汽车时，车载摄像头能够自动识别车主信息。在驾驶员上车后，座舱也能够自动调节更合适的座椅位置、空调温度、音乐曲目等。同时，车辆内的 AI 语音助手也能帮助驾驶员解放双手，还能够自动识别车内不同位置用户提出的语音需求，比如只打开提出需求的用户那一侧的车窗，做到精准服务。

针对疲劳驾驶，基于数字座舱芯片的 AI 算力功能，车载摄像头能够实时监测驾驶员行为及状态，如图 4-22 所示。当驾驶员未看路或者状态不佳时，车辆会及时预警与提醒；在驾驶员情绪不佳时，数字座舱也能够做出反应，例如，通过自动播放歌曲或降低车内温度来调节驾驶员情绪。

除算力外，将车载信息娱乐系统、导航系统、人机界面以及其他服务整合在一起进行集中运算也需要很强大的网络连接支撑。5G 的大带宽、低时延特性将会真正释放车载系统的潜力，让用户在出行过程中也可体验到娱乐导航、共享出行等个性化服务。

图 4-22　广汽传祺数字座舱交互场景

如今，汽车行业正经历百年未有之大变局，随着 AI、5G、云等数字技术快速发展，汽车也被认为是继个人电脑、手机之后最具前景的智能终端。各大公司在对沉浸式图形图像多媒体、计算机视觉和 AI 等功能的支持一脉相承；但是，车规级芯片对于可靠性的要求更高，产品的全生命周期更长，研发、测试、认证的过程也更为复杂，这也就对企业的技术能力提出更高要求。

4.5.2　AIoT 拉开"机器人总动员"大幕

1983 年，正当工业机器人销量随着现代工业革命的推进水涨船高之际，被誉为"机器人之父"的恩格尔伯格先生和他的同事们却做出了一项惊人的决定，毅然决然将亲手创立并研制出世界上第一台工业机器人的 Unimation 公司以 1.07 亿美元的价格转让给了西屋公司，由此退出了工业机器人行业。次年，恩格尔伯格先生另辟蹊径创建了一家名为 TRC 的公司，主攻服务机器人领域，并在 1988 年推出了世界上第一台服务机器人 Help-Mate。谈及"转行"，恩格尔伯格在接受彭博商业周刊采访时直言："服务机器人比工业机器人有更广阔的市场前景"。一旦服务机器人像其他机电产品一样被人们所接受，其市场将不可限量。

数十年后的今天,"预言"正在成为现实,服务机器人开始走进千家万户。然而,相比更加成熟的工业领域,服务机器人的全面大范围普及仍需时日。因为相对工业机器人偏重"去人化",服务机器人则是"背道而行",以人为中心,这就对其智能化水平提出了更高的要求。基于此,越来越多的机器人厂家更加倾向于在未来将机器人打造成为末端计算设备,甚至在 AIoT 的赋能下实现机器人从"设备"向"超级硅基生命体"的"进化"。

4.5.2.1 AI "千面"机器人,助力万千场景

服务机器人包含两大类,一种是个人/家庭服务机器人,例如,进入人们视野已久的家用扫地机器人;另一种是专业领域服务机器人,例如,针对运动员的陪练机器人等。目前,服务机器人市场整体规模正以突飞猛进的姿态增长,尤其是在国内。根据中国电子学会报告,2021 年全球机器人市场规模达到 365.1 亿美元,其中服务机器人为 131.4 亿美元,2013~2021 年间,全球服务机器人销售额年均复合增长率达到 19.2%,增长速度超过机器人整体市场增速。聚焦到国内,2021 年中国服务机器人市场规模达到 38.6 亿美元,在全球市场比重中接近 30%。

在这一背景下,市场相关企业也被推向历史潮头,其中包括北京猎户星空(Orion Star)科技有限公司(以下简称"猎户星空")。猎户星空为"真有用"机器人而生,其愿景是"让人们从重复的体力劳动中解放出来,让传统商业像互联网一样高效"。基于业内首倡的"AI+软件+硬件+服务=机器人"的公式,猎户星空推出了各类型的服务机器人产品,如图 4-23 和图 4-24 所示。

图 4-23　"招财豹"餐厅营销服务机器人　　　图 4-24　"消毒豹"智能消毒服务机器人

猎户星空机器人采用高通骁龙 845 计算平台,打造了坚实可靠、高性能的基础算力底座,使其更好地发挥 AI 算法的优越性,突破各种场景的限制。例如,猎户星空餐厅营销服务机器人招财豹,主打"忙时送餐,闲时揽客","招财豹"从进店到出店为顾客带来的特色体验,可实现餐饮递送、巡航模式、跑堂模式、播放音乐、主动揽客、自主行走、精准导航、智能避障、语音交互、多机协作等功能。

除了算力之外,网络通信的传输能力也是服务机器人真正照进现实,实现万物互联的保

障。5G 改变以往借助传统的 WiFi、有线等方式，机器人无法实现即时性动作，导致用户体验不佳的状况。而借助底层 5G 通信能力，未来所有机器人的实时控制过程有望集中在算力资源和智能化程度更高的边缘云端或终端侧，这对服务机器人价值的重构将不言而喻。

4.5.2.2　AIoT 开拓服务机器人新蓝海

随着 AIoT 技术的不断成熟，越来越多的机器人厂商也正对智能化、自动化、类人化的机器人在场景上进行更加深入、更加精细化的探索，赋予机器人全新的使命和身份。

2019 年，国务院办公厅在《关于促进全民健身和体育消费推动体育产业高质量发展的意见》和《关于印发体育强国建设纲要的通知》中均提到，要支持体育用品制造业创新发展，打造现代产业体系。推动智能制造、大数据、人工智能等新兴技术在体育相关领域应用创新，服务体育事业的转型升级与提质增效。

基于高超的机器人技术水平和希望为中国乒乓球事业助力的情怀，上海庞勃特科技有限公司（以下简称"庞勃特"）面向更加专业的体育领域推出了庞伯特发球机器人。如图 4-25 所示，一款针对乒乓球训练的 AI 乒乓球机器人，让机器人摇身一变成为了"教练"和"老师"。庞勃特的愿景是改变整个传统的乒乓球运动，用科技提供智能化，为用户创造价值的同时，让乒乓球运动有趣、娱乐化。众所周知，在专业的乒乓球训练或教学中，发球最为耗时、耗力，多球训练占比达到了整个过程的 70%~80%；而且，传统训练中往往依据教练或老师的专业经验进行，对于数据的使用和个人特点的分析较少。

图 4-25　庞伯特发球机器人

庞伯特发球机器人搭载高通集成了 AI 和 5G 的机器人平台 RB5，在人工智能方面，平台集成第五代 Qualcomm 人工智能引擎，可提供每秒 15 万次 AI 运算；在通信方面，平台集成了 5G、WiFi、蓝牙等通信模式，并且在其他方面 RB5 还具有相对体积更小、功耗更低的特性。这为庞伯特发球机器人鹰眼系统 200Hz 帧率高速捕捉、数据传输以及识别分析起到了重要保障，可以实现诸如远程乒乓球教学、娱乐对战等场景需求。

4.5.3　AIoT 引爆智能制造——"工业 5G 时代"到来

2020 年 7 月 3 日，国际标准组织 3GPP 官宣了 5G R16 标准的冻结，其中一个核心亮点是对超可靠低时延通信（URLLC）做了全球统一的标准支持，这标志着"工业 5G 时代"的大幕正式拉开。

5G 的"易部署"，消除了旧工厂升级改造过程中的重重障碍，让工程实施变得更加容易；5G 的"低时延"，让重要数据可以及时回传，保证关键业务的连续性；5G 的"高可靠"，让机器设备因通信干扰造成的"失联"现象将不复存在；5G 的"大带宽"，使得视频数据可以被上传到云端进行统一的处理；5G 的"广连接"，使得成百上千台设备都可以实现一张网的全覆盖；等等。当前，越来越多的 5G 创新应用和成功商业实践已经在工厂里落地生根，助力制造企业实现成本的节约和效率的提升。

4.5.3.1 5G 助力智慧工厂全覆盖

国内某大型汽车配件制造商是一家典型的民营制造企业，近些年正遭遇全球竞争加剧等挑战，期待能在降本提效和精益化管理方面更进一步。

在该制造商工厂的熔炼区、压铸区、初加工区及机加工区域，分布有上百台 MES 工控终端、手持终端、PDA 和工业 iPad，管理者需要采集终端数据以实现对设备状态的远程监控。然而，由于其工厂厂区面积大、环境复杂，导致有线部署十分困难。

过去，该制造商曾采用过 WiFi 组网的方案，显然存在许多问题。首先，一个工厂需要安装 30 多台路由器，两台路由器切换区域容易发生信号不稳定的现象，而制造商现有的生产对稳定性要求极高，WiFi 组网在时延及可靠性上无法满足实际生产需求；其次，该工厂里同时联网的终端多达上千台，每秒钟的计算量、交互量高达数百条，客户时常会因网络问题造成的数据采集中断而感到困扰；最后，基于 WiFi 的网络环境也不具备边缘能力，一些需要配合边缘计算才能完成的潜在故障分析工作无法胜任。

针对于此，深圳市宏电技术股份有限公司（以下简称"宏电"）为其提供了 5G 转 WiFi Mesh 的智慧工厂解决方案，实现了对"有线+WiFi"网络的整体替代和低成本改造。该解决方案通过部署宏电 5G 工业 CPE（Customer Premise Equipment）作为无线组网的关键主节点和子节点（强 AP），如图 4-26 和图 4-27 所示。CPE 内置基于高通骁龙 X55 平台的广和通 FM150 5G 模组，实现了 5G 无线 Mesh 组网，WiFi Mesh 则使用多个组合设备形成一张树状网络，覆盖全厂。方案实施后，宏电为该制造商节约了上百个热点以及车间内数十余千米网线的铺设。由于没有了线缆的"牵绊"，制造商的生产线可以根据需要随时调整，为工厂的柔性制造提供支撑，更容易满足市场各类个性化定制的需求。同时，宏电 5G 工业 CPE 支持本地数据处理和分析，可扩展部署 5G 边缘计算和网络切片，实现设备预测性维护、智能巡检等 5G 智造场景的应用。

图 4-26 宏电 Z1 5G CPE

图 4-27　宏电 5G CPE 吸顶式安装

5G 的"大带宽"支撑了"AR 人机交互系统""实时视频空间指挥系统"等创新应用，为客户的日常运维和管理提供助力；5G 的边缘计算和网络切片则能保障数据不出园区，让数字化工厂的数据安全性没有后顾之忧。得益于此，该制造商能够快速响应和处置各类网络异常，设备平均利用率整体提高，全流程费时缩减为原来的 1/6。

4.5.3.2　5G 机器人颠覆工厂传统运维

随着工厂里线缆的消失，原本束缚手脚的机器人也重获自由。基于 5G 可靠性网络的连续覆盖，机器人可以按需到达工厂里的各个地点，这将给工厂的生产运维模式带来极大的想象空间。例如，在某国际领先的汽车主机厂乘用车生产制造基地的总装车间里，每小时都有数十辆新车下线，产线要求每天停机时长不能超过 2min，这就对整条流水线的运维水平提出了极高的要求。

为了保证高效的运维，供应商会将非生产型零件的备品备件提前存放在车间旁边的仓库里，每当需要检修或者更换的时候，运维人员便会在机器人的辅助下将替换件搬运到目的地，完成相应的维保工作。传统的工业搬运机器人遵循巡线导航的模式来搬运重物，但由于其行进路线是固定的，一旦需要更改会涉及整条流水线上配套设备的同步变更，成本很高。同时，传统的机器人作业采用人机分离的模式，即机器人运行的区域工人不能随意进出，从而会浪费很多的空间。

重庆创通联达智能技术有限公司（以下简称"创通联达"）基于高通机器人 RB5 平台开发研制的 5G 工业搬运机器人则是对传统模式的颠覆，如图 4-28 所示。其搭载了创通联达 T55M-EA 5G 模组，集成高通骁龙 X55 5G 调制解调器——射频系统，支持 5G Sub-6GHz、毫米波频段和独立及非独立组网模式，并兼容 4G/3G 网络，支持 GPS/GLONASS／北斗/伽利略/ QZSS 卫星定位，在简化产品设计的同时提供了更快、更准确和更可靠的定位能力。

4.5.3.3　融合 AI 和边缘计算的 5G 智能网关

当越来越多的工厂设备接入 5G 网络后，随之产生的数据量也与日俱增，尤其是很多场景都需要利用摄像头来收集视频流数据。

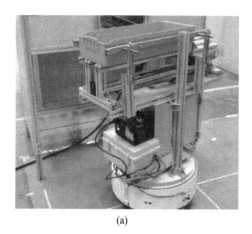 

(a)   (b)

图 4-28   创通联达 5G 工业搬运机器人

比如，工业产品的瑕疵检测是保证产品质量的重要环节，一个看起来毫不起眼的缺陷或瑕疵，轻则致使企业的商誉和财产遭受损失，重则甚至会导致伤亡事故的发生，仅靠传统的人工检测手段无法保证效率和准确率，所以很多企业正在用摄像头替代人眼进行质量的检测和瑕疵的识别。这个过程中，不但需要基于 5G "大带宽"的特性实现数据的采集和传输，还需要利用人工智能技术在边缘侧或云端快速且准确地对图像和视频进行视觉异常检测。换言之，5G 和 AI、边缘计算等技术的融合正在成为大势所趋。

山东华辰连科通信网络有限公司（以下简称"华辰连科"）推出了 AI 边缘智能网关 AG1002X，该款智能网关基于高通骁龙 X55 5G 基带芯片和 QCA6391 WiFi6 芯片研发，搭载广和通 FM150 5G 模组，具有极高的性能，如图 4-29 所示。

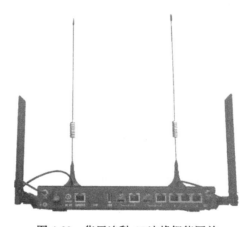

图 4-29   华辰连科 AI 边缘智能网关

过去，工厂需要通过多款设备的组合来实现综合的功能，而华辰连科的这款设备则创新性地将 5G 传输、SD-WAN、边缘计算、路由、交换、AI、WiFi6 融为一体，用"白盒化"的解决方案替代传统的分离设备。其具备的技术能力就像一个个现成的积木块，客户可以根据自己的需求灵活地进行组合和搭建，比如 5G+AI，华辰连科将专门用于网络处理的智能网关与 AI 推理芯片相结合，使得传统网络处理的智能网关在满足承载网络应用的同时拥有 AI 推理能力。

4.5.4　AIoT 在智慧安防中的应用

在智慧安防领域，AIoT 被应用于全国各地的各类摄像头终端设备，通过 AI、大数据、云计算等技术对海量数据结构化处理并实时分析，优化了各类安防系统，取得了较好成果。

安防的发展经历了由模拟时代到数字时代，再到 AIoT 时代的过程，其产生的数据类型也由最初的模拟视频流到数字化视频流，再到结构化数据，如图 4-30 所示。就目前的安防领域来看，视频监控是 AIoT 应用的主战场，以人脸识别技术为主的 AI 技术发挥了较大作用，可以大幅提升识别的准确率。在初期，人脸识别技术只有 AI 却没有互联，被单点用于单一安防产品上实施布控报警、黑名单、白名单报警等基本功能，能力范围非常受限。后来各大厂家开始致力于将 AI 与 IoT 技术结合，向场景化应用推动并形成完整的解决方案，如图 4-31 所示。人脸识别布控系统可以通过在关键场所布置联网的人脸识别监控前端，采集视频与人脸数据，与不同的人脸信息库实时对比，锁定在逃、涉案、黑名单人员，帮助公安部门布控犯人。此外，多个地区搜集的人脸信息可以经过汇总绘制出嫌疑人的人脸轨迹，从而分析、预测其动向。除了人脸信息以外，该项技术还可被用于人体数据、车辆数据、环境数据收集与分析。

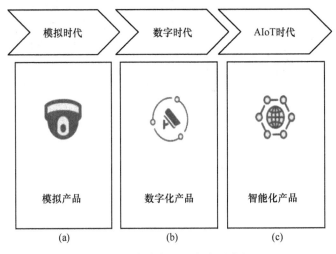

图 4-30　安防行业三大发展阶段
（a）2010 年之前；（b）2010 年；（c）2017 年之后

4.5.5　AIoT 助力智能家居升级

AIoT 助力智能家居实现功能升级。智能家居可以通过温度感知、视觉识别等技术进行数据采集，基于大量设备 AIoT 化，底层与云端实现互联并在用户数据大量沉淀的基础上，开展大数据分析，构建人物画像，最终实现主动智能。根据 Statista 的相关预测，随着 AI 与 5G 的技术加持，以及智能家居产品在消费者终端认知的逐步提升，智能家居产品有望迎来爆发增长，2025 年全球智能家居的市场规模将超过 1900 亿美元，其中智能电

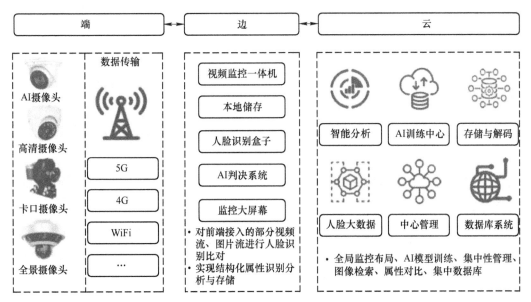

图4-31 AI视频监控体系

工（如智能插座、开关等）、家庭安防、智能照明、智能家电与智能音箱是 AI 在智能家居领域的主要应用场景。智能家居全景图如图 4-32 所示。

图4-32 智能家居全景图

 项目总结

本项目围绕 AIoT 的基本概念、AIoT 与 IoT 的关系、AIoT 的关键技术及应用、AIoT 芯片及 AIoT 的典型应用场景进行展开，有助于全面了解 AIoT 的基本知识及典型的行业应用。

 知识过关

1. 选择题

（1）1997 年 5 月，著名的"人机大战"，最终计算机以 3.5 比 2.5 的总比分将世界国际象棋棋王卡斯帕罗夫击败，这台计算机被称为（　　）。

　　A. 深蓝　　　　　B. IBM　　　　　C. 深思　　　　　D. 蓝天

2. 人工智能的含义最早由一位科学家于 1950 年提出，并且同时提出一个机器智能的测试模型，请问这个科学家是（　　）。

　　A. 明斯基　　　　B. 扎德　　　　　C. 图林　　　　　D. 冯·诺依曼

3. 要想让机器具有智能，必须让机器具有知识。因此，在人工智能中有一个研究领域，主要研究计算机如何自动获取知识和技能，实现自我完善，这门研究分支学科称为（　　）。

　　A. 专家系统　　　B. 机器学习　　　C. 神经网络　　　D. 模式识别

4. AI 的英文缩写是（　　）。

　　A. Automatic Intelligence　　　　　B. Artifical Intelligence

　　C. Automatice Information　　　　　D. Artifical Information

2. 思考题

（1）请结合所学知识，阐述人工智能有哪些研究领域和应用领域。

（2）请结合所学知识，阐述 AIoT 与 IoT 的关系。

（3）请结合所学知识，阐述 AIoT 关键技术。

（4）请结合所学知识，阐述 AIoT 所涉及的芯片技术。

（5）任选一个已实施或正在实施的 AIoT 项目案例进行简要描述，要点包括所属行业、场景、重点难点问题及达到的效果。

（6）分析基于 AIoT 智慧交通系统用到了哪些技术，涉及哪些学科知识？

 项目任务

1. 任务目的

（1）掌握 AIoT 与 IoT 的关系。

（2）熟悉 AIoT 关键技术。

（3）熟悉 AIoT 应用场景。

2. 任务要求

通过项目 4 的学习，掌握 AIoT 的概念、关键技术及应用场景，充分发挥自己的想象力，运用所学知识设计一个基于 AIoT 的智慧交通系统。本次任务通过课后学习小组内部讨论的方式进行，讨论内容包含以下关键点：

（1）通过学习，分析智慧交通系统功能；

（2）结合智慧交通系统的调研报告和关键技术选型，描绘其拓扑结构图；

（3）分析结构功能，并选择该系统所需关键技术及设备；

（4）采用PPT形式进行课堂汇报，每组时间8~10min。

3. 任务评价

项目任务评价表见表4-2。

表 4-2　项目任务评价表

序号	项目要求	教师评分
1	智慧交通系统功能完整（15分）	
2	系统调研完善、技术选型准确（25分）	
3	拓扑结构完整（30分）	
4	PPT制作精美、讲解流畅（20分）	
5	具有创新拓展功能（10分）	

项目 5　5G IoT 面向行业应用案例

项目思维导图

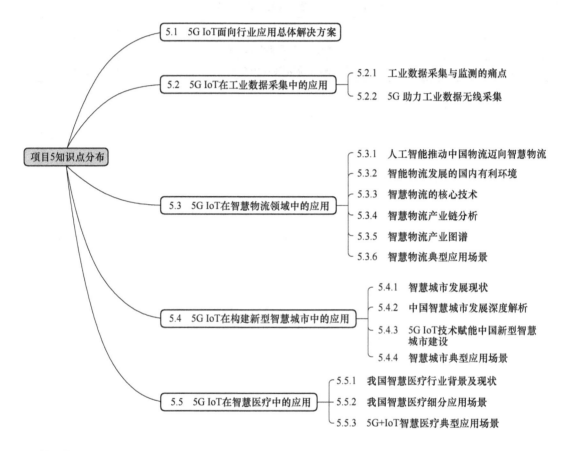

教学目标

　＊知识目标

（1）了解 5G IoT 面向行业应用总体解决方案的内容。

（2）了解 5G IoT 标准的发展过程。

（3）熟悉 5G IoT 第一阶段 R15 应用场景及业务特征。

（4）了解 5G IoT 在工业数据无线采集中的应用。

（5）了解 5G IoT 在智能运维中的应用。

（6）理解 5G IoT 智能运维案例过程。

（7）了解 5G IoT 在智慧物流领域中的应用。

（8）掌握 5G IoT 在新型智慧城市中的应用过程。

（9）了解 5G IoT 在智慧医疗领域的应用。

（10）掌握 5G IoT 智慧医疗典型应用场景。

＊技能目标

（1）能够理解 5G IoT 面向行业的整体解决方案的内涵。

（2）能够分析 5G IoT 第一阶段 R15 应用场景及业务特征。

（3）能够分析 5G IoT 在工业数据无线采集中的应用。

（4）能够分析 5G IoT 在智能运维中的应用。

（5）能够理解 5G IoT 智能运维案例实现过程。

（6）能够分析 5G IoT 智慧物流领域典型案例。

（7）能够分析 5G IoT 新型智慧城市典型应用案例。

（8）能够分析 5G IoT 智慧医疗典型应用场景。

＊思政目标

（1）具备中国航天精神。

（2）具备大国工匠精神。

（3）具备技术创新精神。

（4）具备强烈的民族自豪感。

（5）具备爱岗敬业精神。

5.1　5G IoT 面向行业应用总体解决方案　扫一扫查看视频22

2020 年 11 月 20 日，2020 中国移动物联网联盟产业生态峰会在广州顺利举办。本届峰会以"5G+IoT 赋能行业创新，助力万物互联"为主题，围绕 5G 行业应用、落地成果、5G+平台赋能、白皮书/产品发布、战略合作签约等方面的内容展开。

我国《中华人民共和国国民经济和社会发展第十四个五年规划和 2035 年远景目标纲要》明确指出，要加快数字化发展，推进数字产业化和产业数字化，推动数字经济和实体经济深度融合。以 5G、物联网为代表的新型基础设施，已经成为千行百业数字化转型的关键抓手，成为经济社会发展提速换挡、提质增效的重要引擎。为深入落实国家战略部署，更好地服务千行百业，整个行业应该立足网络优势，积极锻造"云-网-边-端"一体化的 5G+物联网能力，使能万物智联。5G 是一个融合发展的时代，线上化、智能化、云化已成为经济社会数字化转型的三大共性需求，5G 与物联网的融合可以创造出更多新技术、新模式、新业态，加速数字生活的到来。

目前我国代表性的总体解决方案是依托 5G+IoT，构筑"云-网-边-端-安全"的物联网服务架构，从终端层设备、5G 网络、平台及应用服务，全方位赋能行业创新，助力万物互联。相关企业全力建设 NB-IoT（窄带物联网）、4G（含 LTE-Cat.1）与 5G 协同发展的移动网络，形成全方位的 5G 网络层，使得网络层具备广覆盖、高容量、大连接、低时延的特点。全力打造具备 5G 计算处理和数据分析功能的应用层，在平台层融合人工智能、大数据、云计算、边缘计算及区块链技术，充分发挥平台层的数据处理能力、数据挖掘能力及数据分析能力。以物联网开放平台、物联网连接管理平台和 5G 专网运营平台三大平台为核心，打造海量设备连接管理、数据服务、5G 切片、边缘计算等核心能力；通过安全实验室、安全态势感知平台、安全芯片、安全接入终端等方式，提供完整的物联网安全解决方案、安全检测和安全测评服务；在端侧，聚焦 5G 新型终端、5G 智能硬件、芯片模组、物联网操作系统及 5G 网关等行业终端（包括无人机、AR/VR、机器人、手机、可穿戴设备、车载设备、医疗器械、工业硬件等），使得 5G 终端层具备更广泛的感知能力、反馈能力及操控能力，进而助力行业解决方案落地。5G IoT 面向行业总体解决方案如图 5-1 所示。

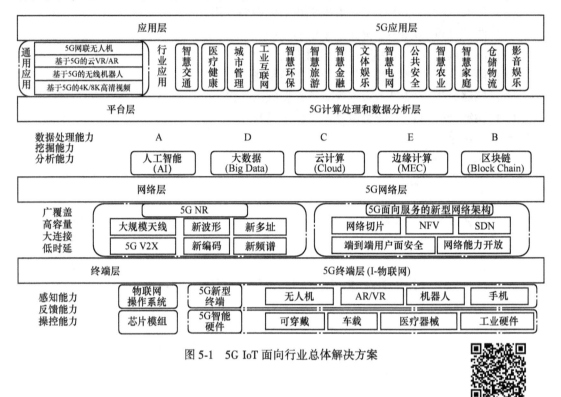

图 5-1 5G IoT 面向行业总体解决方案

扫一扫查看视频 24

5.2 5G IoT 在工业数据采集中的应用

5G、IoT 设备、边缘计算的迅速发展推动了工业互联网的超融合，实现了工控系统、通信系统和信息化系统的智能化融合。制造企业为实现设备自动化与柔性生产，同时推动工厂上下游制造生产线能实时调整协同，集成了无线通信数据传输功能、数据采集功能与图像分析的工业手持终端（见图 5-2），因携带方便、操作方便、通信及时等优势，逐渐成为智能制造、工业巡检、智慧仓储与物流等领域的重要工具。

5.2.1 工业数据采集与监测的痛点

5.2.1.1 工业数据采集范围不断扩大

随着工业企业信息化建设，工厂运作会产生越来越多的工业数据；同时工厂内部管理也伴随大量 CRM 信息，需要采集并管理的数据范围不断扩大，传统 WiFi 和有线数据采集已不能适应工业互联网的新需求。

图 5-2　工业无线数据采集便捷式终端

5.2.1.2　工业数据采集颗粒度不断细化

从单一产品到多条产品线，从单机机床到联网机床，都使得数据交互频率大大增强。产品加工精度加深，数据统计频率变短，使得采集数据的精细度不断提高。

5.2.1.3　工业数据采集从事后反馈到实时监测管理转变

通过工业大数据分析，可提前预测故障危机，实现对设备的可预测性维护，这对数据实时监测提出更高要求。

5.2.1.4　对算力的要求越来越高

大量工业级数据通过无线收集后，采集设备需进行自主计算与精确判断，这要求工业手持设备具备计算与分析能力。

5.2.2　5G 助力工业数据无线采集

智能工业手持终端的形态多样，如可扫描 RFID 标签的智能手持终端、用于读取传统介质上正常印刷或覆有薄膜的条码数据采集器、读取手机屏幕上的工业手持 PDA 等，其特点是坚固、耐用，适应各种不同的工业恶劣环境。5G 采集信号的无线传输，具有低时延、无相互干扰、可靠性高、部署覆盖面更广的优势。5G 具有可连接百万级别的物联网终端数量能力，通过装载 5G 通信模组的工业手持设备可实时将采集到的运行数据传输至云端，代替现有状态感知的有线传输方式，满足端到端的数据传递。图 5-3 为 5G 智能模组工业数据采集系统。

依托工业手持终端，行业企业可以低成本快速实现移动作业，同时提升管理效益。例如，在时效性高、对移动信息处理稳定性要求高的物流行业，通过部署移动数据采集解决方案，在每个货品流转环节配备工业手持数据终端，能及时更新物流数据，大大提高物流流转速度，在制造工厂生产环节、货品仓储、货品出入库环节均可使用工业手持终端来降低失误率。图 5-4 为 5G 智能模组工业数据采集应用场景。

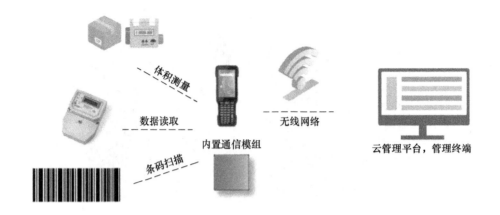

图 5-3　5G 智能模组工业数据采集系统

图 5-4　5G 智能模组工业数据采集应用场景

5.3　5G IoT 在智慧物流领域中的应用

近年来，中国物流业在互联网经济的推动下发展较快，在成本不断攀升、效率提升缓慢的背景下，物流业最迫切的需求即"降本增效"。5G+人工智能技术及相关软硬件产品的加入能够在运输、仓储、配送、客服等环节有效降低物流企业的人力成本，提高人员及设备的工作效率，是缓解物流业顽疾的一味良药。

5.3.1   人工智能推动中国物流迈向智慧物流

扫一扫查看
视频 26

改革开放之前，国内的生产资料及消费品都以"计划"的形式流转，货物流通的价值并未显现。1979 年，我国物资工作代表团赴日本参加第三届国际物流会议后，"物流"概念才第一次出现。在经历了十余年的摸索、学习与实践后，20 世纪 90 年代中期，以顺丰、申通等为代表的民营物流企业纷纷成立，中国的现代物流才正式发展起来。进入 21 世纪后，随着电子商务与互联网经济的爆发，中国物流行业迎来了超高速增长期，全国社会物流总额由 2001 年的不到 20 万亿元提升至 2010 年的 125.4 万亿元。在市场需求旺盛、信息技术与物流科技飞速进步的带动下，中国物流行业也逐步由自动化走向信息化、网络化，"智慧物流"成为新的发展方向。2011 年以来，随着大数据与物联网的融入，物流企业开始着手建立无人仓、智能物流中心，各类新理念、新业态不断涌现。而人工智能的加入，将会使中国物流行业真正实现智能化，进化至具备状态感知、实时分析、自主决策、精准执行等多项能力的"智慧物流"极为关键的一步。1991~2019 年中国社会物流总额情况及物流行业发展阶段如图 5-5 所示。

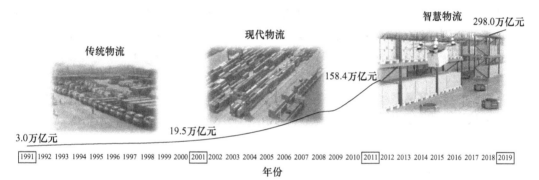

图 5-5   1991~2019 年中国社会物流总额情况及物流行业发展阶段

5.3.2   智慧物流发展的国内有利环境

近年来，物流行业发展基础和整体环境发生显著变化，新兴技术广泛应用、包裹数量爆发增长、用户体验持续升级等因素对物流企业的运作思路、商业模式、作业方式提出新需求、新挑战。作为物流行业转型升级的新动能，物联网人工智能技术进入物流领域的时间尽管相对较短，但发展环境非常有利。政策层面，国务院、国家发改委等政府相关部门纷纷出台物流相关政策及规划，鼓励企业利用人工智能技术及产品降低物流成本、提升物流效率；经济层面，一方面全国物流业总收入始终处于稳定增长状态，另一方面物流总费用依然居高不下，企业亟须进一步控制物流成本，"人工智能+物流"的空间极为广阔；社会层面，"人工智能+物流"既能满足城市居民对提升即时物流服务效率的需求，又可拓展快递快运的服务边界以惠及农村居民。"人工智能+物流"的发展环境总结如图 5-6 所示。

5.3.3   智慧物流的核心技术

目前，在物流行业实际应用的人工智能技术主要以深度学习、计算机视觉、自动驾驶

经济环境

- 物流总收入与物流总费用持续增长，企业既有资金也有意愿通过大数据、物联网、人工智能等新技术降低物流成本、提升物流效率
- 新零售、C2M等新的商业模式及业态释放的物流新需求推动人工智能落地物流行业

社会环境

- 城市居民对于即时物流服务效率的需求不断提高，催生基于大数据与机器学习技术的智能调度系统快速发展
- 利用无人机配送，拓展快递快运边界，改善边远地区、农村地区的物流服务水平

政策环境

- 国务院发布的《新一代人工智能发展规划》提出大力发展智能物流，推动人工智能与物流行业融合创新，提升仓储运营管理水平和效率
- 国家发改委发布的《关于推动物流高质量发展促进形成强大国内市场的意见》提出实施物流智能改造行动，加强信息化管理系统和云计算、人工智能等信息技术应用，提高物流软件智慧化水平

图 5-6　"人工智能+物流"发展环境总结

及自然语言理解为主。物流领域中，深度学习在运输路径规划、运力资源优化、配送智能调度等场景中发挥至关重要的作用；计算机视觉是现阶段物流领域应用最广的人工智能技术，智能仓储机器人、无人配送车、无人配送机等智能设备都以视觉技术为基础，此外，计算机视觉还能实现运单识别、体积测量、装载率测定、分拣行为检测等多项功能；自动驾驶技术是运输环节智能化的核心技术，尽管尚未正式投入使用，但头部企业的无人卡车已经开始在特定路段进行实地路测和试运行；自然语言理解主要用于物流企业，尤其是快递快运企业的智能客服系统，该技术能有效降低企业在客服环节的人工成本。"人工智能+物流"的核心技术如图 5-7 所示。

深度学习

深度学习技术通过分层结构之间的传递数据学习特征，对物流活动中产生的数据具有良好的适用性。深度学习既是实现路径规划、智能调度等功能的核心技术，也是推动计算机视学、自动驾驶、自然语言理解等其他技术发展进化的训练方式

自动驾驶

自动驾驶技术主要是通过高精度传感器+深度学习实现车辆对于周围环境中障碍物的探测，加以识别判断并进行动作决策。与城市道路相比，自动驾驶在港口、园区、高速公路等相对封闭的物流运输环境应用难度较小

计算机视觉

计算机视觉通过对采集的图片或视频进行处理以获得相应场景的信息，智能仓储机器人、无人机、无人车等智能物流设备广泛应用了计算机视觉技术，以实现识别、导航、避障等功能

自然语言理解

自动语言理解主要研究用电子计算机模拟人的语言交际过程，使计算机能理解和运用人类社会的自然语言，实现人机之间的自然语言通信。基于该项技术的智能客服系统，能够大幅降低快递快运企业客服坐席的人工成本

图 5-7　"人工智能+物流"的核心技术

5.3.4 智慧物流产业链分析

　　人工智能+物流产业链与传统物流产业链差异最大的地方在于，其上下游关系并非泾渭分明，或者说人工智能+物流的产业链还不太成熟，AI 公司、物流企业、电商平台都在产业链中扮演重要角色，AI 公司通过直客模式或集成商渠道向下游客户提供 AI+物流相关产品与技术服务，而物流企业与电商平台也通过建立研发团队、成立科技子公司等方式研究开发 AI 技术在物流各环节中的可行应用，三者之间存在合作加潜在竞争的关系，生

态比较开放。"人工智能+产业链"分布图如图 5-8 所示。

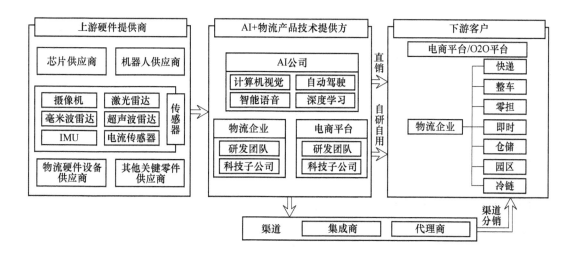

图 5-8　"人工智能+产业链"分布图

5.3.5　智慧物流产业图谱

"人工智能+物流"产业图谱由基础层、技术层、应用层构成。其中，基础层包含软硬件/底层技术供应商，即芯片+传感器+云服务；技术层包含算法、产品及解决方案提供商，即包括智能运输+智能配送+智能仓储+智能客服；应用层主要指的是技术使用者，包括快递、快运、整车、零担、即时、仓储、冷链、园区及电商。"人工智能+物流"产业图谱如图 5-9 所示。

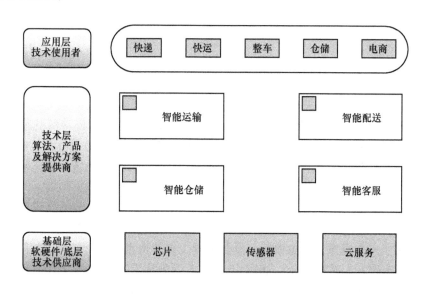

图 5-9　"人工智能+物流"产业图谱

扫一扫
查看视频 27

5.3.6　智慧物流典型应用场景

5.3.6.1　智慧运输中的应用场景分析

（1）智慧运输建设主要集中在无人卡车及车辆管理。运输是物流产业链条的核心环节，也是物流成本构成的重要内容，运输费用在社会物流总费用中的占比始终在 50% 以上。但由于运输环境及运输设备的复杂性，现阶段人工智能在物流运输中的应用尚处于起步阶段。目前国内人工智能在物流运输环节的应用集中于公路干线运输，主要有两大方向：一种是以自动驾驶技术为核心的无人卡车；另一种是基于计算机视觉与 AIoT 产品技术，为运输车辆管理系统提供实时感知功能。人工智能赋能物流运输的最终形态必然将是由无人卡车替代人工驾驶卡车，尽管近两年自动驾驶在卡车领域进展顺利，无人卡车在港区、园区等相对封闭的场景中已经开始进入试运行阶段，但与实际运营的距离尚远。未来数年内，人工智能在物流运输中的商业化价值主要体现在车辆状态监测、驾驶行为监控等功能。2019 年国内人工智能+物流运输的市场规模为 6.1 亿元，预计到 2025 年超过 30 亿元。2014～2019 年中国运输费用总额及占社会物流总费用比重情况如图 5-10 所示，2019～2025 年中国人工智能+运输市场规模预测如图 5-11 所示。

图 5-10　2014～2019 年中国运输费用总额及占社会物流总费用比重情况
　■ 全国运输费用总额　　—●— 运输费用占社会物流总费用的比重

（2）自动驾驶技术将使道路运输更经济、更高效、更安全。自动驾驶是指让汽车自己拥有环境感知、路径规划并且自主实现车辆控制的技术，也就是用电子技术控制汽车进行的仿人驾驶或者自动驾驶。美国汽车工程师协会（SAE）根据系统对于车辆操控任务的把控程度，将自动驾驶技术分为 L0～L5，系统在 L1～L3 级主要起辅助功能；当到达 L4 级时，车辆驾驶将全部交给系统，而 L4、L5 的区别在于特定场景和全场景应用。在物流运输领域，配备 L4 级别自动驾驶技术的无人卡车即可以满足港口、园区、高速公路等多种运输场景，并在人力资源、能源费用、设备损耗、保险费用等多个层面大幅降低运输整体成本。根据国家统计局数据显示，2018 年国内重型载货汽车已超过 700 万辆，自动驾驶技术一旦进入商业化应用阶段，其市场空间及所能创造的价值将以数千亿乃至万亿元计。自动驾驶的定义分层及在物流运输领域的应用价值如图 5-12 所示。

（3）无人卡车的商业化前夜已经到来，但大规模应用仍需时日。近年来，自动驾驶

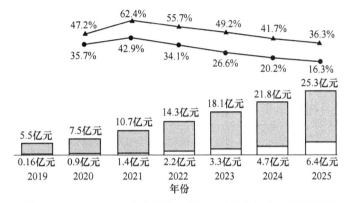

图 5-11　2019~2025 年中国人工智能+运输市场规模趋势预测

□ 无人卡车业务市场规模　　　▨ 车队管理系统市场规模
▲ 无人卡车业务市场规模增速　　● 车队管理系统市场规模增速

自动驾驶级别	划分标准	车辆控制	环境感知	物流领域应用价值
L1/L2	在特定驾驶模式下，单/多项驾驶辅助系统通过获取行车环境信息对车辆横向或纵向驾驶动作进行操控，但驾驶员需要负责对除此以外的动态驾驶任务进行操作			自动驾驶技术的应用可以减少甚至替代卡车司机，降低人力成本
L3	在特定驾驶模式下，系统负责执行车辆全部动态驾驶任务，驾驶员需要在特殊情况发生时，适时对系统提出的干预请求进行回应			自动驾驶技术结合动力传动控制系统和跟车行驶系统，减少单位油耗
L4	在特定驾驶模式下，系统负责执行车辆全部动态驾驶任务，即使驾驶员在特殊情况发生时未能对系统提出的干预请求做出回应			提高车辆运行的安全性，有效降低运输的交通事故率，节省保费成本
L5	系统负责完成全天候全路况的动态驾驶任务，系统可由驾驶员进行管理			

图 5-12　自动驾驶的定义分层及在物流运输领域的应用价值

技术的开发与应用一直深受各界关注，与无人卡车相比，无人驾驶乘用车往往更吸引普通民众的眼球。从技术角度出发，应用在无人卡车上的自动驾驶技术与乘用车并无二致，其系统架构同样是由感知层、决策层与执行层组成（见图 5-13），感知载体也都以摄像头、激光雷达、毫米波雷达、超声波雷达等传感器为主。但对于目前尚处在实验阶段的无人驾驶车辆而言，城市路况的复杂程度和不确定因素给无人驾驶乘用车的商业化道路带来极大的障碍。反观物流领域，港口、物流园区、高速公路等道路运输主要场景的封闭性较高，运输路线相对较为固定，测试数据的获取与积累也更容易。从商业化的进程来看，以图森未来为代表的 L4 级别自动驾驶卡车已经率先进入了试运营阶段，无人卡车的商业化序幕正在缓缓拉开。但这只是无人卡车在物流运输中的初步尝试，目前仍然存在技术稳定性有待验证、可测试路段较少、国内甩挂运输份额较小等诸多问题还未解决，无人卡车距离大规模商业化应用尚需时日。

（4）实时感知车辆与司机状态，适用于各类运输车辆。无人卡车能够从根本上颠覆整个物流运输流程，但可预见的是在未来一段相当长的时间内，国内公路运输的主力依然

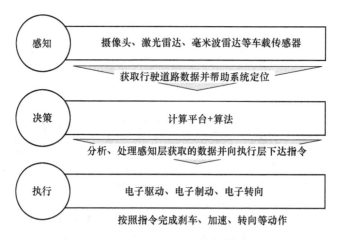

图 5-13　无人卡车自动驾驶系统架构

会是规模不一的物流企业及其管理的车队。目前，国内人工智能赋能物流运输的主要形式
是基于计算机视觉技术与 AIoT 技术，在车队管理系统中实现车辆行驶状况、司机驾驶行
为、货物装载情况的实时感知功能，使系统在车辆出现行程延误、线路异常和司机危险行
为（瞌睡、看手机、超速、车道偏离等）时进行风险报警、干预和取证判责，并最终达
到提升车队管理效率、减少运输安全事故的目的。与无人卡车的"替代性"功效不同，
车队管理系统中应用的计算机视觉技术是对原有物联网功能的补充与拓展，依然是以辅助
者的角度来帮助司机和车队管理者，其感知设备是后装形式的车载终端，决策来自系统平
台，对车辆的控制和动作执行要通过司机手动完成。因此就现阶段而言，融入人工智能技
术的车队管理系统在适用性和商业化程度上领先于无人卡车。人工智能在车队管理系统中
的应用示例如图 5-14 所示。

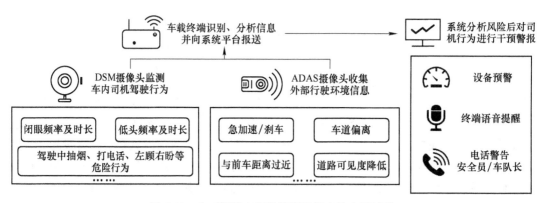

图 5-14　人工智能在车队管理系统中的应用过程

5.3.6.2　智慧仓储中的应用场景分析

（1）目前仍以点状应用散落于整个智能仓储系统的各个子系统中。物流业是一个
"动静结合"的产业，运输与配送代表着物流的"动"，仓储则代表物流的"静"。为了
提升效率，物流产业对仓储也有"动"起来的强烈需求，智能仓储即通过物联网、大数

据、人工智能、自动化设备及各类软件系统的综合应用，让传统静态仓储也朝着动静结合的方向进行转变。智能仓储属于高度集成化的综合系统，一般包含立体货架、有轨巷道堆垛机、出入库输送系统、信息识别系统、自动控制系统、计算机监控系统、计算机管理系统以及其他辅助设备组成的智能化系统等。因此在智能仓储中，商品的入库、存取、拣选、分拣、包装、出库等一系列流程中都有各种类型物流设备的参与，同时需要物联网、云计算、大数据、人工智能、RFID 等技术的支撑。从目前来看，5G IoT 技术在智能仓储系统中的应用还不够成熟，仍以货物体积测算、电子面单识别、物流设备调度、视觉引导、视觉监控等多种类型的点状应用散布于整个系统的各个环节中。智能仓储系统构成以及 5G IoT 技术在系统中的应用情况如图 5-15 所示。

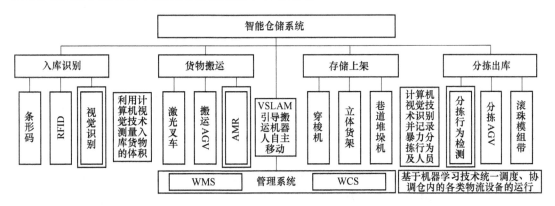

图 5-15　智能仓储系统构成以及 5G IoT 技术在系统中的应用

（2）仓储环境中的智能"类自动驾驶"机器人。在仓储环境下的各类智能设备中，AMR 是发展速度较快的领域之一。AMR（Automatic Mobile Robot）即自主移动机器人，在仓储环境中一般用于搬运与拣货，与传统 AGV 不同的是，AMR 的运行不需要地面二维码、磁条等预设装置，而是依靠 SLAM 系统定位导航。如果把 AGV 比作仓内轨道交通，那么 AMR 可以视为"类自动驾驶"机器人。在灵活性与适应性方面，AMR 不仅可以与仓储环境进行交互，一旦仓内布局发生变化，AMR 也能够迅速重新构建地图，节省重新部署环境的时间与成本。AMR 采用的导航方式主要有激光 SLAM 与视觉 SLAM（VSLAM）两种，激光 SLAM 起步较早，但成本高且应用场景有限；而随着人工智能算法与算力的不断进步，基于计算机视觉的 VSLAM 快速成长起来。视觉导航 AMR 通过 VSLAM 系统能够实现地图构建、自主定位、环境感知，具备自主路径规划、智能避障、智能跟随等能力。AGV、激光导航 AMR 与视觉导航 AMR 的对比分析见表 5-1。

表 5-1　AGV、激光导航 AMR 与视觉导航 AMR 的对比分析

设备类型	预设装置	主传感器	环境信息获取	路径规划及避障方式	计算需求	多机协作
AGV	地面需铺设磁道轨或二维码	红外传感器	探测前方是否有障碍物	按照预设路径运行，如遇障碍物则停止运行直至障碍物消失	无	严格按照调度系统指令执行

续表 5-1

设备类型	预设装置	主传感器	环境信息获取	路径规划及避障方式	计算需求	多机协作
激光导航 AMR	无	激光雷达	分散的、具有准确角度和距离信息的点，即点云	在 SLAM 系统构建的地图信息基础上，从出发点到到达点之间自主选取行进路径，在传感器感知到障碍物后主动避让或重新更换路径	可在普通 ARM CPU 上实时运行	激光雷达主动发射，在较多机器人时可能产生干扰
视觉导航 AMR		摄像头	海信息量的、富于冗余的纹理		需要较为强劲的准桌面级 CPU 或者 GPU 支持	视觉主要是被动探测，不存在多机器人干扰问题

（3）基于深度学习与运筹优化算法，提升设备群体的智能化程度。随着 AS/RS、AGV、AMR、穿梭车、激光叉车、堆垛/分拣机器人等不同类别的自动化及智能化设备越来越多地进入仓储环境中，设备的调度与协同成为影响设备工作效能的关键因素之一。如果把仓储环境中的各类设备比作一支足球队，那么设备调度系统就相当于球队的教练，负责制定球队战术、选择出场球员以及指挥球员跑位等工作。早期仓储设备的调度与控制主要是以 WCS（仓库控制系统）为载体，接收 WMS/ERP 等上层系统的指令后，控制着设备按照既定设计的运行方式进行工作。而在人工智能技术，尤其是深度学习与运筹优化算法的驱动下，设备调度系统在准确性、灵活性、自主性方面取得显著提升。以 AGVS 为例（见图 5-16），基于大规模聚类、约束优化、时间序列预测等底层算法，AGV 智能调度系统能够灵活指挥数百乃至上千台 AGV 完成任务最优匹配、协同路径规划、调整货架布局、补货计划生成等多项业务，并随数据积累与学习不断自主优化算法。可以说，AI 算法加持的设备调度系统能够在一定程度上将系统自身的智能赋予设备本体，使设备群体的智能化程度得以提升。

任务匹配优化
以历史匹配经验数据作为驱动，将需要搬运的货驾与空闲机器人进行一一匹配，使用在线与离线学习相结合的方式最大化当前和未来奖励值，不断迭代学习得到最优匹配策略

订单波次规划
对海量历史订单数据进行挖掘和分析，同时对未来订单进行预测，通过特征提取、关联性分析和无监督聚类，综合得到最优的订单波次组合

路径动态规划
打破传统路径规划的局限，采有深度强化学习结合动态规划的算法使多智能体进行分布式协同路径规划，在保证安全避障的同时以最短的时间使目标到达目的地

货架优化调整
基于对货物未来订单需求的预测，对货架可能被搬运的次数（即货架的热度）进行识别，通过生成机器人搬运任务让不同热度的货架调整到最适合的位置，从而最小化预期的货架总体搬运距离

图 5-16　人工智能算法在 AGVS 中的应用

（4）未来发展方向是形成统一的设备协同控制系统。从目前的情况来看，大部分仓储设备调度系统都是由设备供应商单独为本企业产品开发的标准化软件系统。对于设备类型较多的仓储环境，尤其是 AGV、激光叉车、分拣/堆垛机械臂等机器人类设备数量较多的大型自动化仓库，往往存在多种设备调度软件"山头林立"的局面，这些软件分别与

WMS/ERP 等上层系统连接，但彼此之间并无关联。因此要最大程度发挥机器人的效能，就需要搭建连接 WMS 与仓内所有机器人的中间协同调度系统，为企业提供多设备、多厂商的统一接入与调度能力，使一定范围内的多种设备高效、联动、连贯地完成同一任务。但是，由于设备调度系统在整个智能仓储体系中的定位是中间件，向上要能够适配市场主流 WMS 软件，向下要接入各种不同导航方式、功能类型、工作区域的仓储设备并以算法为基础调度指导设备完成各项工作，实现难度较大，目前尚处于实验阶段。较为可行的路径是由具备生产多种仓储机器人技术能力的企业自主研发或与 AI 公司共同开发能够将自身生产的各类机器人在同一环境内统一调度管理的平台型机器人操作系统，在充分验证与优化后，尝试向通用型设备协同控制系统发展。图 5-17 为仓储设备协同控制系统的典型产品架构。

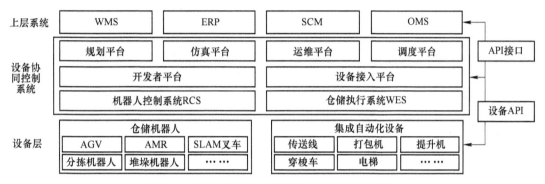

图 5-17　仓储设备协同控制系统的典型产品架构

5.4　5G IoT 在构建新型智慧城市中的应用

5.4.1　智慧城市发展现状

5.4.1.1　全球城市化水平提升对城市的可持续发展带来诸多挑战，智慧城市建设将成为城市长远发展的重要基础保障

根据联合国及世界银行统计数据，从 1960 年到 2019 年，世界城市人口从 10.19 亿人增长至 42.74 亿人，全球城市化水平不断提高，从 1960 年的 33.6% 发展至 2019 年的 55.7%；未来，全球城市化进程依然会加快向前推进，联合国《2018 年世界城市化趋势》报告中预测 2050 年全球城市化率有望达到 68.4%，接近 70% 的世界人口将生活在城市。

城市化进程提高对城市经济发展、资源利用、生态环境、生活质量带来了严峻挑战，为应对城市发展中的一系列挑战，实现长远的可持续发展，构建智慧城市发展体系，提升科学决策水平和精细化管理效率成为更多城市管理者的首要选择。图 5-18 为 1960~2050 年全球城市化水平及发展预测。

5.4.1.2　全球疫情突发凸显传统城市发展短板，数字化治理成为智慧城市建设的重要课题

突如其来的疫情使智慧城市建设面临重大考验。部分智慧城市建设落实情况较好的城

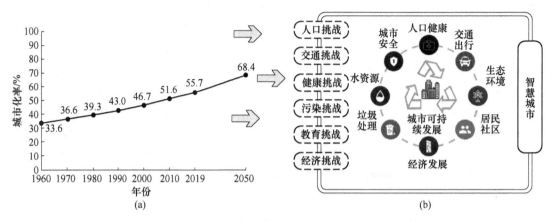

图 5-18　1960~2050 年全球城市化水平（a）及发展预测（b）

市，运用互联网、大数据、人工智能等信息技术手段提升了城市治理及管理的精细化、智能化水平，成功为疫情控制提供了有效协助，如图 5-19 所示。但其中也有大部分与智慧城市相关的设施在此次防疫战争中陷入瘫痪状态，暴露出中国智慧城市建设中基础设施薄弱、"数据孤岛"等现实短板，智慧城市应用在疫情防控中的凸显问题（见图 5-20）主要表现在：

（1）硬件系统高效运转问题。由于容易被量化评估，在推动智慧城市建设时大部分参与者首要注重硬件体系搭建；但管理者需要提供治理业务服务和运营来维持硬件系统高效运转，这样才能真正产生价值与效益。

（2）数据获取问题。时空轨迹数据不全、精度不高，城市网格管理精细程度不够，数据共享程度不足，公民知情权与数据隐私权间存在矛盾。

（3）顶层设计问题。自上而下的"智慧城市"设计缺乏社区有效反馈，导致整体反馈机制效率不高，且各部分难以迅速形成合力应对突发问题。

图 5-19　智慧城市应用有效协助疫情防控

图 5-20　智慧城市应用在疫情防控中凸显的问题

未来仍需继续探索提升智慧城市科学治理水平的有效路径，提升智慧城市数字化管理能力。

5.4.1.3 全球智慧城市市场广阔，公共安全需求、智慧政务及交通将成为市场增长主要驱动力

目前，全球多数国家都积极投身智慧城市的建设发展。根据德勤对全球智慧城市在建数量统计，中国是全球智慧城市建设最为火热的国家，试点数量占比达到了 48%，如图 5-21 所示。据市场研究机构 Markets and Markets 最新发布的研究报告统计，2018 年全球智慧城市市场规模为 3080 亿美元，预计到 2023 年这一数字将增长为 7172 亿美元，年均复合增长率为 18.4%，图 5-22 所示。

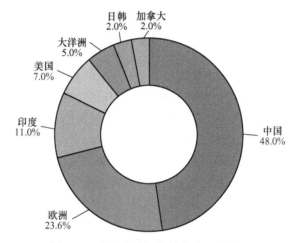

图 5-21　全球在建智慧城市分区域占比

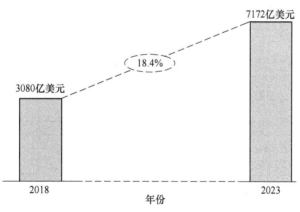

图 5-22　2018~2023 年全球智慧城市市场规模及增长预测

扫一扫查看视频 28

5.4.2　中国智慧城市发展深度解析

（1）目前国内外对于智慧城市的概念仍没有形成统一明确的定义，但可从技术层面、城市发展层面及社会层面三种不同维度（见图 5-23）对中国智慧城市概念进行深度理解。

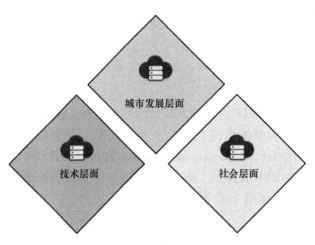

图 5-23　中国智慧城市发展维度

1）技术层面。智慧城市是运用物联网、云计算、大数据、地理空间信息等新一代 5G 信息技术，促进城市规划、建设、管理和服务智慧化的新理念和新模式。以 IBM、中国联通等公司为代表，它们强调智慧城市建设中的核心系统数据与信息技术支撑。

2）城市发展层面。智慧城市是综合城市运行管理、产业发展、公共服务、行政效能为一体的城市全面发展战略，是现代城市发展的高端形态。

3）社会层面。智慧城市是一个由新技术支持的涵盖市民、企业和政府的新城市生态系统，是对城市地理、资源、生态、环境、人口、经济等复杂系统的数字网络化管理，具备服务与决策功能的信息体系。

（2）中国智慧城市建设进入新型智慧城市发展阶段，致力于构建一体化运行格局。中国智慧城市建设历经三个发展阶段：从智慧城市概念导入的分散建设阶段，到智慧城市试点探索的规范发展阶段，再到 2016 年正式进入以人为本、成效导向、统筹集约、协同创新的新型智慧城市发展阶段，如图 5-24 所示。

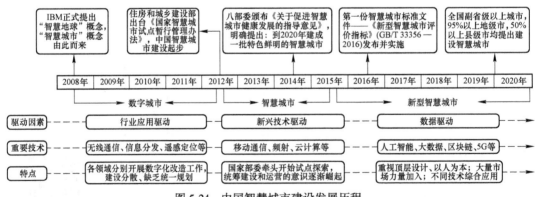

图 5-24　中国智慧城市建设发展历程

（3）"新型智慧城市"是数字中国、智慧社会的核心载体。相较于"智慧城市"，其更加重视顶层设计与数据的融合，发展重点在于进一步强化城市智能设施统筹布局和共性平台建设，破除数据孤岛，加强城乡统筹，形成智慧城市一体化运行格局。

（4）中国智慧城市建设逐步下沉到基层社区建设，城市精细化管理日益重要。2018年是智慧城市建设的爆发之年，全国共有 14249 个智慧城市相关中标项目，而智慧社区相关中标项目为 12162 个，虽然数量不及智慧城市项目，但智慧社区项目数量增速高于智慧城市增速。此次疫情更进一步加快了智慧城市建设下沉，需要将其落实到城市各角落的社区、街道等细分单元格内，将"大数据+网格化"作为管理的基础流程。

建设智慧社区是智慧城市建设走向精细化的表现。中央会议多次强调城市管理精细化的重要性，2017 年后各省（市区）陆续出台城市管理精细化工作的指导意见，如图 5-25 所示。

时间	文件/会议	相关内容
2015年12月	中央城市工作会议	要把握好城市发展规律，彻底改变粗放型管理方式，为人民群众提供精细的城市管理
2017年3月	十二届全国人大五次会议上海代表团全团审议	习近平总书记提出要求：像绣花一样精细化地进行城市管理
2018年1月	《贯彻落实〈中共上海市委、上海市人民政府关于加强本市城市管理精细化工作的实施意见〉三年行动计划(2018—2020年)》	到2020年，上海在城市设施、环境、交通、应急等方面的常态长效管理水平全面提升，市民对城市管理的满意度明显提高，城市更加有序安全干净、宜居宜业宜游，生活更加方便舒心美好
2018年9月	内蒙古自治区人民政府关于深入推进城市精细化管理的实施意见	健全城市综合管理体制机制，下沉执法力量，发挥基层作用。以街道或社区为单位划分网络，细化城市治理责任
2019年1月	北京市发布《关于加强城市精细化管理工作的意见》	加强基层综合执法；健全网络化城市管理体系，统筹网格化城市管理云平台；夯实社区治理基础，进一步细分治理单元
2019年8月	安徽省人民政府《关于进一步加强城市精细化管理工作的指导意见》	统筹推动市政公用基础设施向城中村、棚户区、老旧小区、近郊区延伸覆盖；加快推进城镇老旧小区改造

图 5-25　中国城市精细化管理部分相关文件/会议

扫一扫查看视频 29

5.4.3　5G IoT 技术赋能中国新型智慧城市建设

智慧城市是一个复杂的、相互作用的系统，各类资源要素优化配置且共同作用，推动城市的智慧运行。城市综合管理和指挥中心负责各类资源的汇聚共享、智能决策并进行跨部门协调联动，是城市的"大脑"。图 5-26 为智慧城市全景图。

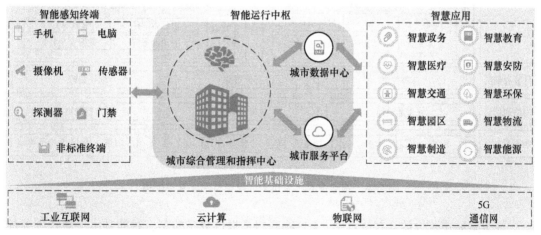

图 5-26　智慧城市全景图

5.4.3.1　5G、云计算、物联网等技术共同支撑智慧城市底层架构

在智慧城市中各项技术发挥的作用环环相扣（见图 5-27），共同支撑起智慧城市的底

层架构。同时，在新基建的作用下，信息基础设施建设将不断完善，助力基础技术与城市建设深度融合。5G 使数据传输实现跳跃式发展，满足更多智慧城市应用场景；云计算提供计算存储等基础服务，为大规模软件、硬件、数据的操作和管理提供平台；人工智能提供深度学习等数据算法支持；物联网采集海量数据，并根据反馈提供命令执行支持；区块链则有助于打通数据孤岛，并提供智能合约支持。图 5-28 为基础技术支撑我国智慧城市建设基本架构。

图 5-27　智慧城市建设中的各项技术

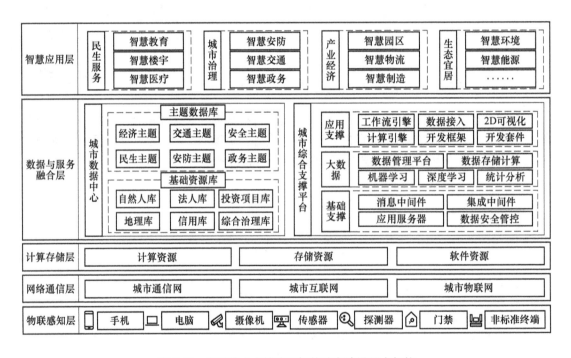

图 5-28　基础技术支撑我国智慧城市建设基本架构

　　在智慧城市建设的众多技术中，5G+物联网是提供数字转型、智能升级、融合创新等服务的基础设施体系，而物联网是实现数字化转型的根本。

　　智慧城市建设是面向国家高质量发展需要，提供数字转型、智能升级、融合创新等服务的基础设施体系；但不论是数字转型还是智能升级都建立在万物互联的基础上，而物联网正是实现万物互联的根本。

　　物联网是互联网基础上延伸和扩展的网络，通过将各种物品接入物联网，从而实现智能化识别、定位、跟踪、监控和管理。物联网涉及的技术种类较多，从感知技术到传输技术，再到数据挖掘及分析都是其涉及领域，这些技术也赋予物联网三种基础能力（见图 5-29）：基于感知技术的采集能力、依托于传输技术的连接能力，以及依托于数据分析技术的服务能力。

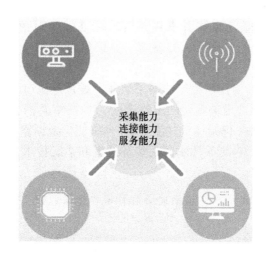

图 5-29　智慧城市建设中的物联网三大基础功能

5.4.3.2　物联网是智慧城市建设的关键因素与技术基础

目前，物联网基础设施已是一项集终端、通信、平台、服务等多种模块的高度智能的新型基础设施。从整体架构上来看，物联网主要由四个部分组成，分别是感知层、传输层、平台层以及应用层。其中，感知层是物联网的底层基础，也是其发展的核心；传输层的主要功能是将感知层中采集的信息传输至平台层；平台层则主要基于云计算将感知网络采集到的信息/数据进行处理。

智慧城市发展就建立在物联网"万物互联"的基础之上，物联网为智慧城市提供了庞大的感知网络，是实现智慧城市建设的关键因素与技术基石，而智慧城市则是物联网发展的具体应用，对比物联网技术架构与智慧城市架构也可发现二者较为相似。智慧城市物联网架构如图 5-30 所示。

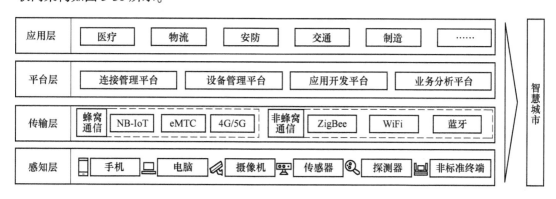

图 5-30　智慧城市物联网架构

5.4.3.3　5G 网络以高性能通信特性及差异化网络架构重构智慧城市网络通信基础设施层

随着物联网终端在基础设施中的大规模应用，数据采集更加普遍化，海量数据传输对数据传输手段的需求日渐提高。5G 网络则具有超高速率、超低时延及超大连接的特性，其网络的广泛部署能够对原有通信网络进行升级换代，满足智慧城市各应用场景对通信网络大带宽、低时延的要求，并能够使低成本、小型的传感器海量连接成为可能。

涵盖 5G、固网宽带、专用网络等的网络通信层是智慧城市架构中信息数据传输的管道，是连接数据采集端和处理决策端的重要通道。5G 网络架构相较之前通信网络的重大变革是其核心网采用了服务化架构，这使得 5G 网络能够根据智慧城市各应用场景的不同需求灵活配置网络资源。5G 可采用不同的切片技术和边缘技术，使服务更加贴近用户需求，实现灵活部署变更。

5.4.3.4　5G 网络应用从不同层面助力智慧城市体系建设，为快速实现各建设目标增加动能

5G 与人工智能、云计算、大数据等各项基础技术结合构建通用能力（见图 5-31），促进各要素间的相互联系和作用，从数字空间、行业领域、城市空间各不同层面助力智慧城市体系建设。

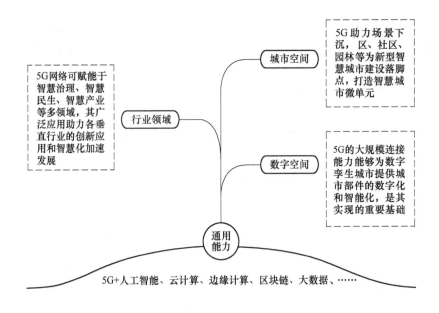

图 5-31　5G 与各项基础技术结合构建通用能力

5G 网络的具体实际应用，能够推动新型智慧城市建设中的公共服务便捷化、城市管理精细化、生活环境宜居化、基础设施智能化、网络安全长效化等目标实现，如图 5-32 所示。

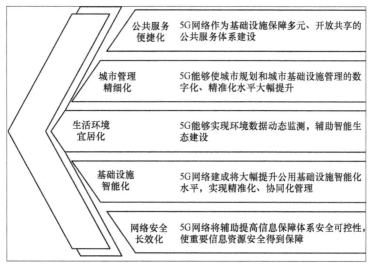

图 5-32　5G 助力智慧城市建设目标加速实现

5.4.3.5　5G 与三大技术体系相结合，从"端""边""枢"重构新型城市智能体系

5G 网络能够从"端""边""枢"多层面重构智慧城市智能体系（见图 5-33），是智慧城市建设与应用创新的强大技术支撑。5G 网络与智能物联网（AIoT）相结合能够满足感知设备对网络通信能力的更高要求，从而进行全域数据采集，实现海量数据收集，真正做到万物智联；5G 与移动边缘计算（MEC）相结合能够构建边缘智能，使云端处理能力下沉，实现开展本地化智能服务，建立全新的边缘 AI 分布体系；5G 与智能运营管理平台（IoC）相结合能够实现中心智能，辅助其向下连接基础端云底座，向上承载开放的能力与应用，推动数据实现融合应用、流通共享及交互协同。

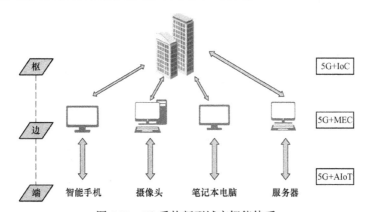

图 5-33　5G 重构新型城市智能体系

5.4.4　智慧城市典型应用场景

5.4.4.1　智慧安防

智慧安防是"平安城市"的重要组成部分，主要应用为视频监控、防盗警报、楼宇对讲及出入控制。

自 2015 年起，安防行业逐渐引入人工智能技术，"智慧安防"一词开始进入大众视野，伴随着政府"平安城市""天网工程""雪亮工程"等项目不断推出，智慧安防快速成为智慧城市应用中落地情况较好、技术与服务相对成熟的领域之一。目前，智慧安防的主要应用为视频监控、防盗报警、楼宇对讲以及出入控制，如图 5-34 所示。

视频监控

一般涵盖了对运动对象的提取、描述、跟踪、识别和行为分析等方面的技术，可应用于人脸身份确认、车辆识别、视频结构化以及人员行为分析

防盗报警

主要通过报警主机进行报警，同时，部分研发厂商会将语音模块以及网络控制模块置于报警主机中，缩短报警反映时间

出入控制

集成了人脸识别、车辆识别技术，依据权限对进入区域内的人员、车辆进行准入管理

楼宇对讲

实现访客、住户和物业管理中心的信息交流。与智能家居结合，除了传统的视频/对讲开锁功能外，还集合了短信通知、手机APP远程控制、安防报警、室内监控查看、电梯呼唤等功能

图 5-34　智慧安防的主要应用

随着 5G、人工智能、云计算等新一代信息技术的快速发展，安防的边界越来越模糊，安防行业开始与电信、交通、建筑、物业等多领域进行融合，并呈现出优势互补、协同发展的产业格局。目前，安防产业已经进入一个全新的时代——泛安防时代。

视频监控是安防行业的核心，目前中国各地已经基本完成视频监控网络部署。不过虽然视频监控网络部署已经基本完成，但传统的视频监控手段相对单一，只负责感知（前端摄像头拍摄实时画面，将拍摄的实时视频传输到后台，再由后台人工查看），这样的模式难以满足智慧安防的精准识别、智能分析、主动响应等需求。

随着人工智能、大数据、云计算等技术与视频监控技术的不断结合，海量的数据将得到结构化处理，呈现在用户面前的不再是实时的大量视频数据，而是经过 AI 分析后的结果，同时将监控数据分流至边缘计算节点，还可有效降低网络传输压力和业务端到端延时。AI 视频监控体系如图 5-35 所示。

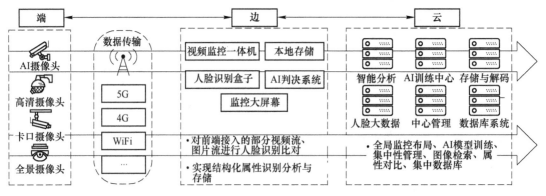

图 5-35　AI 视频监控体系

5.4.4.2 智慧教育

智慧教育是借助新一代信息技术对原有教育模式的改进、补充和完善。教育信息化是智慧教育的重要政策背景，从 2013 年教育部发布《教育信息化十年发展规划（2011—2020 年)》开始，中国教育信息化发展已从 1.0 时代步入 2.0 时代；2018 年教育部印发的《教育信息化 2.0 行动计划》中提出以人工智能、大数据、物联网等新兴技术为基础，依托各类智能设备及网络，积极开展智慧教育发展行动。

智慧教育是教育信息化发展的新形态，是对原有教育的改进、补充和完善，其是由政府主导、学校和企业共同参与的现代教育信息化服务体系，是依托于物联网、云计算、人工智能等新一代信息技术而打造的物联化、智能化的新型教育模式，如图 5-36 所示。

图 5-36 信息技术赋能教育领域

智慧教育主要应用场景为在线教育、智慧校园以及智慧课堂，目前智慧教育的主要应用场景可以分为在线教育、智慧校园以及智慧课堂，如图 5-37 所示。这些应用很大程度上解决了传统教育一直存在的教育资源不足，且地区分配不均，教学难度大、教育效率低下，校园管理效率低下，信息流通不畅，各部门之间存在数据孤岛，校园安防隐患等问题。

在线教育	智慧校园	智慧课堂
通过有线和无线网络进行授课、自主学习、互动学习的互联网学习方式。在 5G、互联网等技术助力下，可以实现跨时跨地共享教学资源	全面感知校园物理环境，将学校的物理空间和数字空间有机衔接起来，通过在网络空间的计算掌握校园运行规律并反馈、控制物理空间，为师生建立智能开放的教育教学环境和便利舒适的生活环境	智慧课堂是新一代信息技术与课堂教学的深度融合，构建个性化、智能化、数字化的智慧教学环境。智慧课堂不仅可以增加趣味性、提供沉浸式体验，还能提升课堂的交互度、活跃度以及参与度

图 5-37 智慧教育主要应用场景

5.5 5G IoT 在智慧医疗中的应用

扫一扫查看视频 30

5.5.1 我国智慧医疗行业背景及现状

（1）智慧医疗的概念及研究范围：创新技术及医疗充分融合形成了智慧医疗。智慧医疗的概念：以创新技术为底座，以解决医院、患者及亚健康人群、区域公共卫生、制药企业这四方在医疗场景中的痛点为目的，根据医疗场景的特征，不同的产品组合，以解决场景内的痛点。当前阶段，智慧医疗产品提供方多以互联网技术企业为主，部分硬件厂商为辅。图 5-38 为智慧医疗的研究范围。

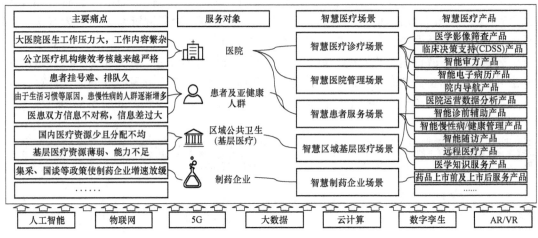

图 5-38　智慧医疗的研究范围

注：集采是国家组织药品集中带量采购的简称，可以理解为大型"团购"或"拼团"，就是国家以相对较低的价格一次性向药企购买比较多数量的药品或者医药器材；

国谈指的是国家有关机构通过与药企进行价格和采购量方面的谈判，最终决定是否要将药企的相关产品纳入医保范围内。

（2）智慧医疗发展历程：多项政策促使创新技术与医疗场景结合愈发紧密。智慧医疗的发展以时间和创新技术同医疗场景的结合程度划分，共分为三个阶段，如图 5-39 所示。

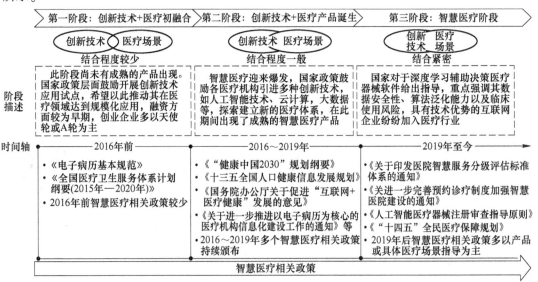

图 5-39　我国智慧医疗发展的三个阶段

（3）需求端：以医院为首的需求端对于创新技术的认可程度越来越高。2014～2018年，公立医院对于信息化建设的预算投入逐年增加，向外释放了关于医疗信息化的利好机会。伴随着智慧医院等政策的推出，医院对于电子病历、临床辅助决策、大数据建设与应用等信息化系统越来越重视，且接受程度越来越高。对于医院，在取消药占比以及药品集采等一系列政策实施后，医院开始面临较重的运营压力，且对于医院的绩效考核要求越来越高，尤其医疗质量、运营效率、持续发展、满意度评价等方面，医院急需提升医疗效率，减轻医生的工作负担。随着人工智能技术与医疗场景融合的程度越来越高，在多场景中，人工智能技术同时赋能医生和患者极大地提升了医疗效率，减轻了医生的工作压力。

（4）供给端。智慧医疗在 2021 年的发展按下加速键，5G+IoT 大型企业是行业新势力，如图 5-40 所示。伴随着创新技术之间（如云计算+5G，大数据+5G 等）协同发展成熟，5G+IoT 基于自身优势纷纷布局智慧医疗这一赛道。除了大型互联网企业，中小型企业也迎来了爆发。以人工智能企业为例，截至目前，共有 4 家人工智能医学影像公司已递交招股书，其中一家已上市，另有一家医疗大数据解决方案（使用人工智能技术）公司上市。除此之外，2021 年 Q3 在医疗 AI 的融资数量已达到 30 次，远远高于 2020 年全年的 19 次。

| | 灵医智惠是百度推出的IoT医疗品牌，依托百度的IoT能力，构建医疗IoT中台、医疗知识中台和医疗数据中台，面向医疗场景提供医疗产品服务，全面赋能医、患、药大健康产业 | 腾讯IoT运用计算机视觉、机器学习、自然语言处理、深度学习等人工智能领先技术与医学跨界融合，辅助医生进行疾病筛查和诊断，提高临床医生的诊断准确率和效率 | 阿里健康人工智能开放平台提供医疗IoT建模、训练及开放应用服务，针对医疗机构真实临床场景，提供多部位、多病种医学IoT系统应用及IoT辅助诊断决策系统应用平台 | 基于科大讯飞语音识别、语音合成和自然语言理解等技术，为患者、医生提供智慧医疗产品 | | | |

场景	百度灵医智惠	腾讯医疗健康	华为医疗	讯飞医疗	平安智慧医疗	阿里健康	京东健康	字节跳动
智慧医疗诊疗场景	5	4	1	2	3	2	1	1
智慧患者服务场景	4	4	1	2	1	3	3	2
智慧医院管理场景	4	4	4	2	1	1	1	1
智慧区域基层医疗场景	5	4	4	5	4	1	1	1
智慧制药企业场景	2	2	2	1	1	2	2	2

各智慧医疗内包含产品的数量：低 ①②③④⑤ 高

图 5-40　我国 IoT 智慧医疗企业

5.5.2　我国智慧医疗细分应用场景

我国的智慧医疗应用场景可以细分为智慧医疗诊疗场景、智慧患者服务场景、智慧医院管理场景、智慧区域基层医疗场景及智慧制药企业场景，如图 5-41 所示。

5.5.2.1　智慧医疗诊疗应用场景

智慧医疗诊疗场景能够减轻医疗资源分配不均情况，提升各级医院的诊疗效率。当前

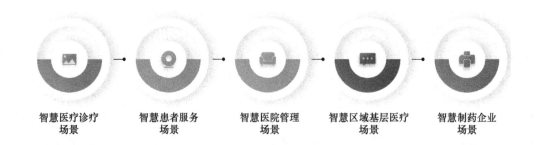

图 5-41　智慧医疗细分场景

三级医院承接了我国 57% 的就诊人数，由于一、二级医院与三级医院的医疗水平差距较大，医疗资源与就诊人数严重不匹配。通过辅助决策系统、人工智能医学影像等产品，有机会实现缩小医院间的医疗差距，并提升各级医院的诊疗效率。

当前医院资源存在的问题主要有：国内医疗资源不足，2018 年中国每千人医师数量 2.59 人，而发达国家则超过 4 人；国内医疗资源分配不均，2020 年中国等级医院数量 2.57 万个，其中三级医院数量占总数量的 12%，承载了全国 57% 的医疗需求（见图 5-42）；医学影像需求增速远远超过放射科医生增速。

医院级别	医院数量	就诊人数
一级医院	47%	6%
二级医院	41%	37%
三级医院	12%	57%

图 5-42　2021 年医院数量与就诊人数的分布情况

临床决策支持系统（CDSS）指针对半结构化或非结构化医学问题，通过人机交互方式改善和提高决策效率的系统。人工智能和医学影像的结合大大提升了影像科医生阅片、标注的效率，降低漏诊率。当前我国 AI 医学影像已迎来了产品成熟的阶段，截至 2021 年共有 15 款产品获得了三类证。图 5-43 为我国 CDSS 企业。

5.5.2.2　智慧患者服务场景：在院内外，分别以便捷就诊及患者管理为核心

院内诊疗全流程与创新技术结合，根据患者特征提供定制化的服务，满足不同类型患者的需求，提高患者就诊效率。根据相关调研数据显示，截至 2020 年，大部分医院已建立了患者便捷挂号功能。对于患者服务，医院未来的建设方向集中在了院内导航系统，有 37% 的医院将其列入了计划建设的范围内。通过 5G+人工智能技术进行院内导航场景分析（见图 5-44），有助于解决患者在院内的两大难题（见图 5-45）：停车场车位紧张，环境复杂，停车难；医院环境复杂，找诊室难，患者焦虑。通过分析患者的就医路径可以发现，患者在医院的时间仅占 10%，而剩下 90% 的治疗时间都发生在院外。尤其对于慢性病患者，院外的慢性病管理过程尤为重要，如图 5-46 所示。

企业	参与方向（科室/病种）
腾讯医疗健康	全科
百度灵医智惠	全科、VTE、中医等
讯飞医疗	全科
零氪	肿瘤
惠每科技	全科、VTE、心梗等
森亿智能	全科、VTE、儿科等
平安智慧医疗	全科
大数医达	全科、儿科

图 5-43　我国 CDSS 企业

线上挂号
智能诊前助手
智能分诊
云端影像
无感支付
机器人护理
床旁智能交互

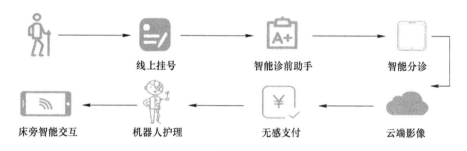

图 5-44　智慧医疗患者院内服务

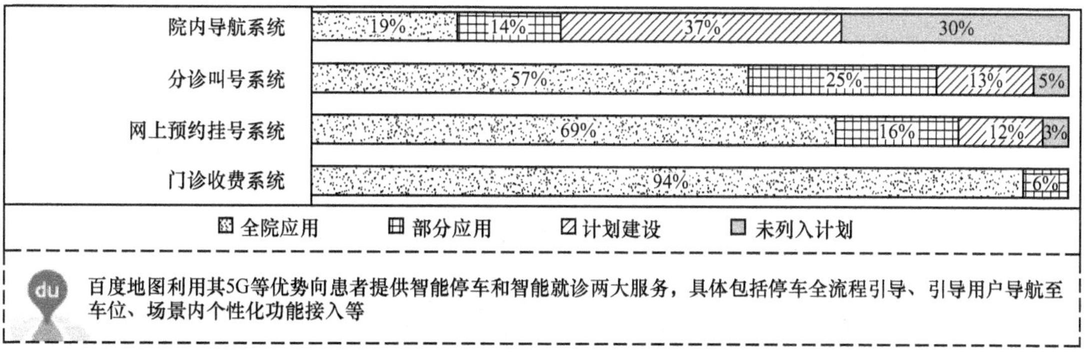
院内导航系统 19% 14% 37% 30%
分诊叫号系统 57% 25% 13% 5%
网上预约挂号系统 69% 16% 12% 3%
门诊收费系统 94% 6%
全院应用
部分应用
计划建设
未列入计划
百度地图利用其5G等优势向患者提供智能停车和智能就诊两大服务，具体包括停车全流程引导、引导用户导航至车位、场景内个性化功能接入等

图 5-45　医院的患者就诊管理与服务信息系统应用情况（部分）

5.5.2.3　智慧医院管理场景：帮助医院进行精细化管理，降低运营风险，提升运营效率

智慧医院管理场景的服务角色包括医院内管理者、院内药房药师、医院信息科、病案管理人员等。在国家政策导向医院转型精细化管理的大背景下，以公立医院为首的医疗机

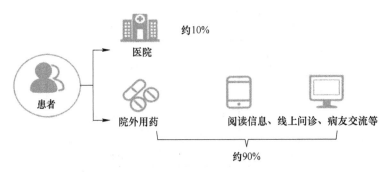

图 5-46　智慧医疗患者院外服务

构亟待提升运营效率，降低运营成本，通过 AI 技术，可帮助医院优化运营方式，寻找潜在的数据风险。

2020 年，国家卫健委加速智慧医院建设。目前我国电子病历应用广泛但深度不足，其核心难点在于病历的非结构化以及描述语言的不统一。通过利用 AI 算法实现病历、病案数据的质量控制，提升医院内电子病历的易用程度及等级，由此规避医保结算风险。

5.5.2.4　智慧区域医疗场景：区域卫生信息化向智能化升级，省级卫健委将是主要需求方

区域卫生协同化是我国医疗供给侧改革一大发展趋势。为缓解基层医疗机构服务能力不足、院间断联、区域医疗卫生管理低效等问题，区域卫生信息化集中得到补充和迭代。近年来，随着政府对于创新技术的逐步认可，智慧医疗产品的招标热度有所提升，部分区域卫生信息化建设正在向数字化、智能化升级，如图 5-47 所示。

图 5-47　我国区域卫生信息化建设向智能化升级

我国区域卫生信息化的建设进程不一，省级的信息化建设基础较好，创新技术的覆盖率相比市、县两级高，占比 30%。省级区域卫生信息化正处在数字化向智慧化的升级阶段，是未来中短期内的主要需求方；而市、县两级多处在向数字化的升级阶段，智慧医疗产品的应用尚在初步探索阶段。

5.5.2.5　智慧药企场景：AI 技术辅助药品上市前研发和上市后营销，受到多方认可

随着药品零加成、集采带量采购政策的逐步落地，制药企业近年来的销售收入下降。因此，制药企业集中创新药研发，加速对院外市场患者的挖掘，尝试多类营销方式，寻求业务增长。然而，药企在药品上市前后会面临诸多难题，正倾向于寻求答案。其中，AI 技术在药品上市前后的应用，辅助提升药物研发和营销效率，得到市场青睐。

智慧药企获得了资本和药企的关注，迎来红利期。2020~2021 年，AI+计算制药领域的融资金额迎来激增，2021 年的国内 AI+计算制药领域的融资金额达 61.69 亿元。同时，2021 年药企与 AI+计算制药公司的合作意愿较 2020 年也有所提升。

5.5.3　5G+IoT 智慧医疗典型应用场景

随着 5G 正式商用的到来以及与大数据、物联网、人工智能、区块链等前沿技术的充分整合和运用，5G+IoT 医疗健康越来越呈现出强大的影响力和生命力，对推进深化医药卫生体制改革、加快"健康中国"建设和推动医疗健康产业发展，起到重要的支撑作用。

（1）远程会诊。我国地域辽阔，医疗资源分布不均，农村或偏远地区的居民难以获得及时、高质量的医疗服务。传统的远程会诊采用有线连接方式进行视频通信，建设和维护成本高、移动性差。5G 网络高速率的特性，能够支持 4K/8K 的远程高清会诊和医学影像数据的高速传输与共享，并让专家能随时随地开展会诊，提升诊断准确率和指导效率，促进优质医疗资源下沉。

（2）远程超声。与 CT、磁共振等技术相比，超声的检查方式很大程度上依赖于医生的扫描手法，一个探头就类似于医生做超声检查时的眼睛，不同医生根据自身的手法习惯来调整探头的扫描方位，选取扫描切面诊断病人，最终检查结果也会有相应的偏差。由于基层医院往往缺乏优秀的超声医生，故需要建立能够实现高清无延迟的远程超声系统，充分发挥优质医院专家优质诊断能力，实现跨区域、跨医院之间的业务指导、质量管控，保障下级医院进行超声工作时手法的规范性和合理性。远程超声由远端专家操控机械臂对基层医院的患者开展超声检查，可应用于医联体上下级医院，以及偏远地区对口援助帮扶，提升基层医疗服务能力。

5G 的毫秒级时延特性，将能够支持上级医生操控机械臂实时开展远程超声检查。相较于传统的专线和 WiFi，5G 网络能够解决基层医院和海岛等偏远地区专线建设难度大、成本高，以及院内 WiFi 数据传输不安全、远程操控时延高的问题。

（3）远程手术。利用医院智能机器人和高清音视频交互系统，远端专家可以对基层医疗机构的患者进行及时的远程手术救治。5G 网络能够简化手术室内复杂的有线和 WiFi 网络环境，降低网络的接入难度和建设成本。利用 5G 网络切片技术，可快速建立上下级医院间的专属通信通道，有效保障远程手术的稳定性、实时性和安全性，让专家随时随地掌控手术进程和患者情况，实现跨地域远程精准手术操控和指导，对降低患者就医成本、助力优质医疗资源下沉具有重要意义。不仅如此，在战区、疫区等特殊环境下，利用 5G 网络能够快速搭建远程手术所需的通信环境，提升医护人员的应急服务能力。

（4）应急救援。急救医学是一门处理和研究各种急性病变和急性创伤的一门多专业

的综合科学，需要在短时间内对威胁人类生命安全的意外灾害和疾病采取紧急救护措施，并且急救医学还要研究和设计现场抢救、运输、通信等方面的问题，急救设备是急救医学的重要组成部分。当前，急救医学在我国的发展还处于初级阶段且农村与城市地区发展极不平衡，诸多地方有待改善，急救医务人员结构不合理、设备配置不足等情况仍较严重，在现场没有专科医生或全科医生的情况下，通过无线网络能够将患者生命体征和危急报警信息传输至远端专家侧，并获得专家远程指导，对挽救患者生命至关重要，并且远程监护也能够使医院在第一时间掌握患者病情，提前制定急救方案并进行资源准备，实现院前急救与院内救治的无缝对接。

通过 5G 网络实时传输医疗设备监测信息、车辆实时定位信息、车内外视频画面，便于实施远程会诊和远程指导，对院前急救信息进行采集、处理、存储、传输、共享，可充分提升管理救治效率，提高服务质量，优化服务流程和服务模式。基于大数据技术可充分挖掘和利用医疗信息数据的价值，并进行应用、评价、辅助决策，服务于急救管理与决策。

 项目总结

本项目围绕 5G IoT 面向行业总体解决方案的内容、标准的发展过程、第一阶段 R15 应用场景及业务特征、在工业数据无线采集中的应用、在智能运维中的应用、在智慧物流领域中的应用、在新型智慧城市中的应用及在智慧医疗领域的应用进行展开，全面介绍了 5G IoT 等相关技术的应用领域。

 知识过关

1. 简答题

（1）简述 5G IoT 面向行业整体解决方案的主要内容。

（2）简述 5G IoT 面向行业整体解决方案的分层结构及功能。

（3）简述 5G IoT 标准产业发展。

（4）5G IoT 第一阶段 R15 典型应用场景有哪些？

（5）简述 5G IoT 第一阶段 R15 典型应用场景特征。

（6）工业数据采集与监控的痛点有哪些？

（7）简述 5G 如何助力工业无线数据采集。

（8）运维行业面临的挑战有哪些？

（9）简述运维技术演进的过程。

（10）智慧物流发展的国内有利条件有哪些？

（11）智慧物流的核心技术有哪些？

（12）简述智慧城市发展现状。

（13）概括中国智慧城市发展内涵。

（14）简述 5G IoT 技术如何赋能中国智慧城市建设？

（15）简述我国智慧医疗行业背景及现状。

（16）我国智慧医疗细分场景有哪些？

2. 分析题

（1）分析 5G IoT 等相关技术在工业数据无线采集中的应用过程。

（2）分析 5G IoT 等相关技术在智能运维中的应用过程。

（3）分析 5G IoT 等相关技术在智慧物流中的应用过程。

（4）分析 5G IoT 等相关技术在智慧城市建设中的应用过程。

（5）分析 5G IoT 等相关技术在智慧医疗中的应用过程。

 项目任务

项目任务 1：调研 5G IoT 在现代农业建设中的服务方案

1. 任务目的

（1）了解 5G IoT 在农业建设中的作用。

（2）加深对 5G IoT 相关技术在农业建设中支撑作用的理解。

2. 任务要求

通过项目 5 的学习，初步了解 5G IoT 等相关技术在行业中的应用，为加深学生对 5G IoT 在行业发展中的支撑作用，进行 5G IoT 在现代农业建设中的服务方案调研，通过书籍和网络资料，对目前国内外 5G IoT 服务方案进行素材收集与分析，编写调研报告。报告内容应包含：

（1）准确的方案分析；

（2）具体的分析和结论报告；

（3）结合分析结果提出自己的看法；

（4）采用 Word 整理调研报告；

（5）整理一个完整的设计方案，并制作 PPT 辅助进行阐述。

分组课后完成，每组 3~5 人，采取课堂汇报的形式，时间 8~10min。

3. 任务评价

项目任务 1 评价表见表 5-2。

表 5-2 项目任务 1 评价表

序号	项目要求	教师评分
1	充实的基础数据（15 分）	
2	准确的方案分析（30 分）	
3	具体的分析结论报告（30 分）	
4	提出自己的看法（15 分）	
5	报告的文字和整体性（10 分）	

项目任务 2：调研 5G IoT 在环境保护领域中的服务方案

1. 任务目的

（1）了解 5G IoT 在环境保护领域中的作用。

（2）加深对 5G IoT 相关技术在环境保护中支撑作用的理解。

2. 任务要求

通过项目 5 的学习，初步了解 5G IoT 等相关技术在行业中的应用，为加深学生对 5G IoT 在行业发展中的支撑作用，进行 5G IoT 在环境保护中的服务方案调研，通过书籍和网络资料，对目前国内外 5G IoT 服务方案进行素材收集与分析，编写调研报告。报告内容应包含：

(1) 准确的方案分析；

(2) 具体的分析和结论报告；

(3) 结合分析结果提出自己的看法；

(4) 采用 Word 整理调研报告；

(5) 整理一个完整的设计方案，并制作 PPT 辅助进行阐述。

分组课后完成，每组 3~5 人，采取课堂汇报的形式，时间 8~10min。

3. 任务评价

项目任务 2 评价表见表 5-3。

表 5-3　项目任务 2 评价表

序号	项目要求	教师评分
1	充实的基础数据（15 分）	
2	准确的方案分析（30 分）	
3	具体的分析结论报告（30 分）	
4	提出自己的看法（15 分）	
5	报告的文字和整体性（10 分）	

项目 6 物联网虚拟仿真资源平台

项目思维导图

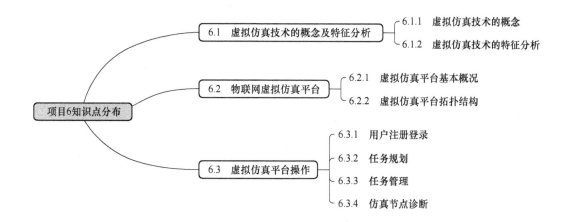

教学目标

　∗ 知识目标

（1）熟悉虚拟仿真的概念。

（2）了解虚拟仿真技术的特征。

（3）了解无线传感网实验床虚拟仿真系统的组成。

（4）熟悉无线传感网实验床虚拟仿真系统的功能。

　∗ 技能目标

（1）能够借助无线传感网实验床虚拟仿真系统进行节点拓扑设计。

（2）能够借助无线传感网实验床虚拟仿真系统进行任务规划。

（3）能够借助无线传感网实验床虚拟仿真系统进行任务管理。

（4）能够借助无线传感网实验床虚拟仿真系统进行传感器节点仿真诊断。

　∗ 思政目标

（1）具备航天精神与创新意识。

（2）具备大国工匠精神。

（3）具备实事求是精神。

（4）具备职业道德与操守。

6.1　虚拟仿真技术的概念及特征分析

6.1.1　虚拟仿真技术的概念

所谓虚拟仿真技术，主要指的是利用一种虚拟系统对一个真实系统进行模仿的技术或者方法。从狭义角度来分析，虚拟仿真技术就是一种试验研究的新技术；而从广义角度来讲，虚拟仿真技术是一种人类认识自然、探究客观规律的技术。在计算机不断发展的大环境与大时代下，虚拟仿真技术逐渐自成体系，并成为继科学实验、数学推理后认识自然客观规律的一种有效方法或技术，逐渐成为人类认识世界、改造与创造世界的战略性、通用性技术。

虚拟仿真技术是在虚拟现实技术、多媒体技术、网络通信技术快速发展基础上虚拟现实技术与仿真技术的融合性产物，是一种高级仿真技术。为了促进现代仿真技术的快速发展，虚拟仿真技术网络化、虚拟化与集成化的特性能够更好地满足其发展需求，并推动相关行业协调发展。

6.1.2　虚拟仿真技术的特征分析

虚拟仿真技术有很多特征，如沉浸性、交互性、逼真性与虚幻性。虚拟仿真技术的沉浸性主要是指在虚拟仿真系统中，使用者能够获得动觉、触觉、嗅觉、听觉及视觉等多种感知，从而有身临其境的感觉。理想化的虚拟仿真系统应该具有对信息的感知能力。交互性是虚拟仿真系统的重要特性。在虚拟仿真系统中，环境能够对人产生作用，人也会作用于控制环境。人们通过肢体、语言等行为对环境进行影响与控制，且虚拟环境还能够对人的操作与行为进行反应。虚幻性是虚拟仿真技术的重要特性之一，其表明虚拟系统环境是虚幻的，是人类利用计算机技术虚拟出来的环境，其既能够对真实存在的环境进行模拟，又能够对世界上现存或者之前存在的现象进行模拟，同时能够对未来可能出现的环境进行模拟；对于客观世界中不存在的事物也可以虚拟出来，只要是人们能够幻想出来的，都可以通过虚拟技术进行模拟，创造幻想性的环境。逼真性是虚拟仿真系统的又一特性，虚拟的环境与客观世界的环境极为相似，感官上显得比较逼真，就像在真实世界一样。

6.2　物联网虚拟仿真平台

6.2.1　虚拟仿真平台基本概况

物联网虚拟仿真平台的全称为：无线传感网实验床控制系统软件。该实验床是针对物联网领域无线传感网（WSN）开发的虚拟实验仿真设施，无线传感网实验床虚拟仿真系统的目的在于建立一套灵活的面向 WSN 应用开发的测试平台，能够使得传感网算法实现、数据采集分析能更加符合实际应用场景。无线传感网实验床控制系统软件 V1.0 编写团队申请拥有该虚拟仿真平台资源的软件著作权，如图 6-1 所示。

无线传感网实验床控制系统的虚拟仿真系统支持 130 个节点，兼容 Telosb 和 Contiki；提供了高集成度的页面入口，整个系统节点采用簇方式进行管理；注册用户可以上传写入底层节点的 bin 文件并对实验进行规划、控制和诊断；系统可支持扩展到 130 个传感器节

中华人民共和国国家版权局

计算机软件著作权登记证书

证书号：软著登字第9000536号

软 件 名 称：无线传感网实验床控制系统软件 V1.0

著 作 权 人：黄河清;刘金亭;刘文晶;李婷

开发完成日期：2021年07月24日

首次发表日期：未发表

权利取得方式：原始取得

权 利 范 围：全部权利

登 记 号：2022SR0046337

根据《计算机软件保护条例》和《计算机软件著作权登记办法》的规定，经中国版权保护中心审核，对以上事项予以登记。

No. 10005584

中华人民共和国国家版权局 计算机软件著作权登记专用章

2022年01月07日

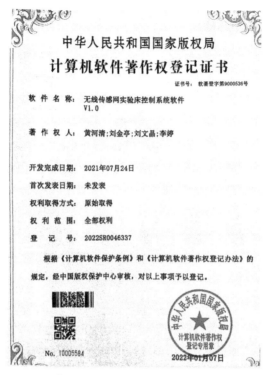

图 6-1 无线传感网实验床控制系统软件著作权登记证书

点，其中 telosB 节点包括一个 8MHz 运行的 TI MSP430 处理器、10KB RAM、1Mbit 闪存和一个 2.4GHz 运行的 Chipcon CC2420 无线射频。每个节点包括光传感器，这些节点连接到作为簇管理器的笔记本电脑上，每个簇管理器可连接 6~12 个节点。每个节点都由笔记本电脑供电，所有笔记本电脑都连接到以太网，这有助于直接捕获数据和上传新程序。以太网连接仅用作调试和重新编程功能，节点则通过无线信道进行通信。软件节点运行 TinyOS-2.0.2 操作系统，并使用 NesC 编程语言（C 的一种面向组件的变体）进行编程。作为簇管理器的笔记本电脑和服务器运行在 UNIX 上。MySql 用于后端，PHP 用于前端 web 编程，主要功能页面包括：首页、拓扑结构、节点状态及我的工作。输入网址 http：//10.0.0.99 打开登录界面，如图 6-2 所示。

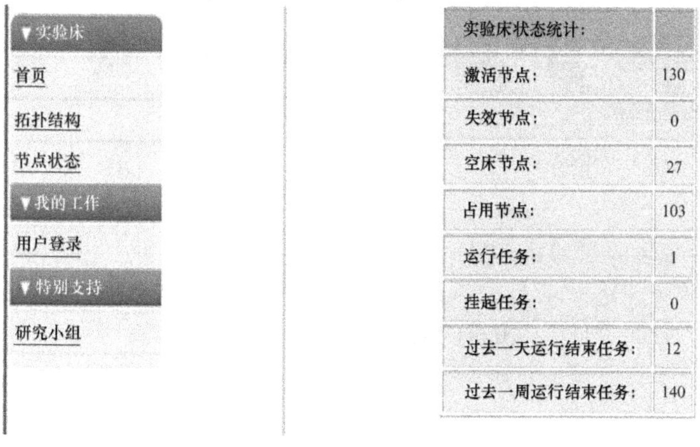

▼实验床
首页
拓扑结构
节点状态
▼我的工作
用户登录
▼特别支持
研究小组
实验床状态统计：
激活节点： 130
失效节点： 0
空床节点： 27
占用节点： 103
运行任务： 1
挂起任务： 0
过去一天运行结束任务： 12
过去一周运行结束任务： 140

图 6-2 虚拟仿真登录界面

6.2.2 虚拟仿真平台拓扑结构

整个系统节点采用簇方式进行管理，实验床簇拓扑界面如图 6-3 所示。

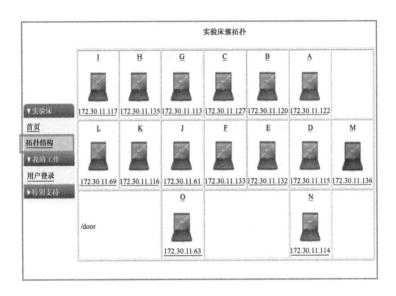

图 6-3 实验床簇拓扑操作界面

每个簇可以管理若干个节点（见图 6-4），一个簇可以管理 12 个传感器节点。

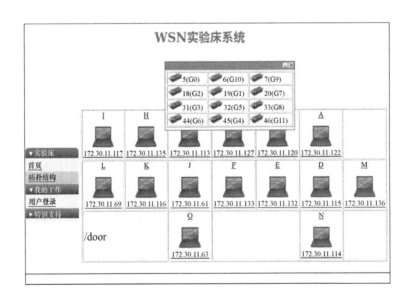

图 6-4 每个簇管理的 12 个节点

6.3 虚拟仿真平台操作

6.3.1 用户注册登录

如果使用者已有用户名和密码则可直接登录，如图 6-5 所示。

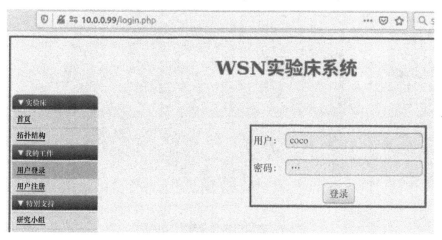

图 6-5 虚拟仿真平台登录操作

若使用者没有账户，则可进行在线注册，填写的注册信息主要包括：姓、名、E-mail、院校、官网地址（可选）、注册者身份（若是学生，还需填写导师姓名与邮箱）及使用该平台的主要用途等，如图 6-6 所示。

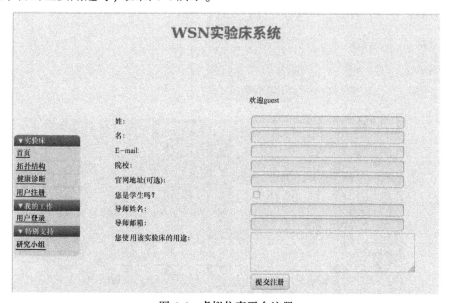

图 6-6 虚拟仿真平台注册

6.3.2 任务规划

在实验床我的工作单元可以进行虚拟仿真任务规划，操作界面如图 6-7 所示。

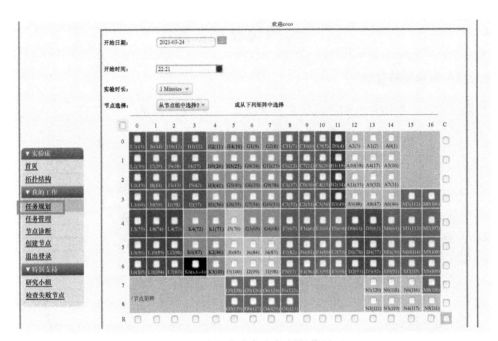

图6-7 虚拟仿真任务规划操作界面

可进行的任务规划操作主要有：

（1）选择仿真开始日期，如图6-8所示。

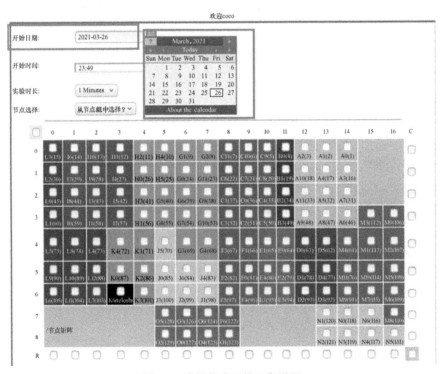

图6-8 虚拟仿真开始日期设置

（2）选择仿真实验起始时间，如图 6-9 所示。

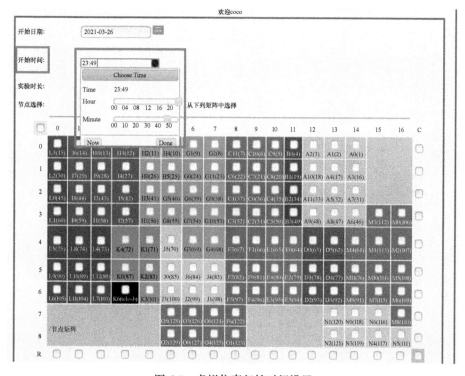

图 6-9 虚拟仿真起始时间设置

（3）设置仿真实验持续时间，如图 6-10 所示。

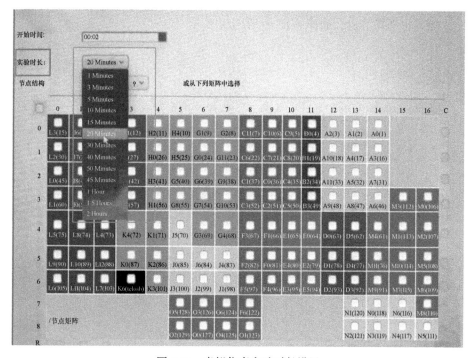

图 6-10 虚拟仿真实验时长设置

（4）虚拟仿真节点选择，虚拟仿真节点有两种选择方式：

1）从节点组中选择，如图 6-11 所示。

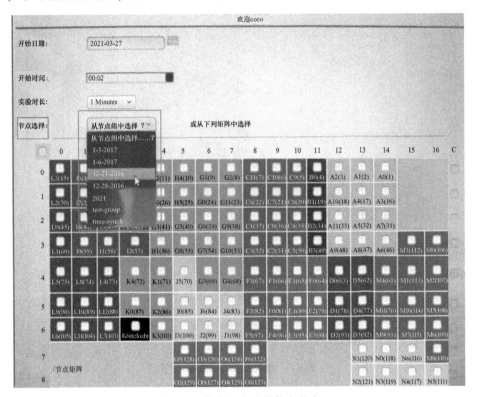

图 6-11　节点组中选择仿真节点

2）从矩阵中选择节点，如图 6-12 所示。

图 6-12　从矩阵中选择仿真节点

6.3.3 任务管理

查看每个任务 ID 的信息。在实验床工作菜单中选择任务管理,此时会显示所有工作任务,如图 6-13 所示。

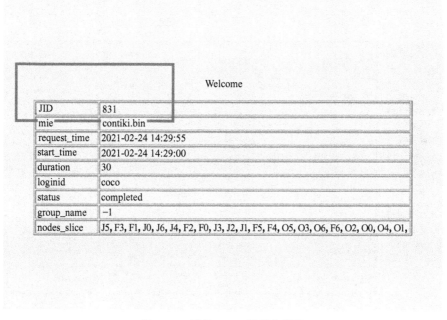

欢迎coco

First　　Prevlous　　Next　　Last

任务ID	写入文件	请求时间	开时时间	实验时长	output	状态	组别	未烧写节点数
823	contiki.bin	2021-02-23 21:21:02	2021-02-23 21:20:00	20min	823.zip	completed	−1	0
822	contiki.bin	2021-02-23 20:16:54	2021-02-23 20:16:00	20min	822.zip	completed	−1	0
821	contiki.bin	2021-02-23 18:54:53	2021-02-23 18:54:00	20min	821.zip	completed	−1	0
820	contiki.bin	2021-02-23 18:05:25	2021-02-23 18:04:00	20min	820.zip	completed	−1	0
819	contiki.bin	2021-02-23 17:29:19	2021-02-23 17:28:00	20min	819.zip	completed	−1	0
818	contiki.bin	2021-02-23 16:52:08	2021-02-23 16:51:00	20min	818.zip	completed	−1	0
817	contiki.bin	2021-02-23 16:15:44	2021-02-23 16:15:00	20min	817.zip	completed	−1	0
816	contiki.bin	2021-02-23 15:37:00	2021-02-23 15:36:00	20min	816.zip	completed	−1	0

Records 17 to 24 of 789

图 6-13　虚拟仿真任务管理界面

左侧菜单:
▼实验床
首页
拓扑结构
▼我的工作
任务规划
任务管理
节点诊断
创建点节组
退出登录
▼特别支持
研究小组
检查失败节点

例如,单击任务 ID831 如图 6-14 所示,可以获取任务 ID831 的请求时间、开始工作时间、工作持续时间、当前工作状态及节点簇等信息。

Welcome

JID	831
mie	contiki.bin
request_time	2021-02-24 14:29:55
start_time	2021-02-24 14:29:00
duration	30
loginid	coco
status	completed
group_name	−1
nodes_slice	J5, F3, F1, J0, J6, J4, F2, F0, J3, J2, J1, F5, F4, O5, O3, O6, F6, O2, O0, O4, O1

图 6-14　任务 ID831 的基本信息

6.3.4　仿真节点诊断

实际操作时，从软件界面可以看出，三种不同的颜色代表节点的三种状态：红色表示工作状态，绿色表示空闲状态，灰色代表无效状态，如图 6-15 所示。

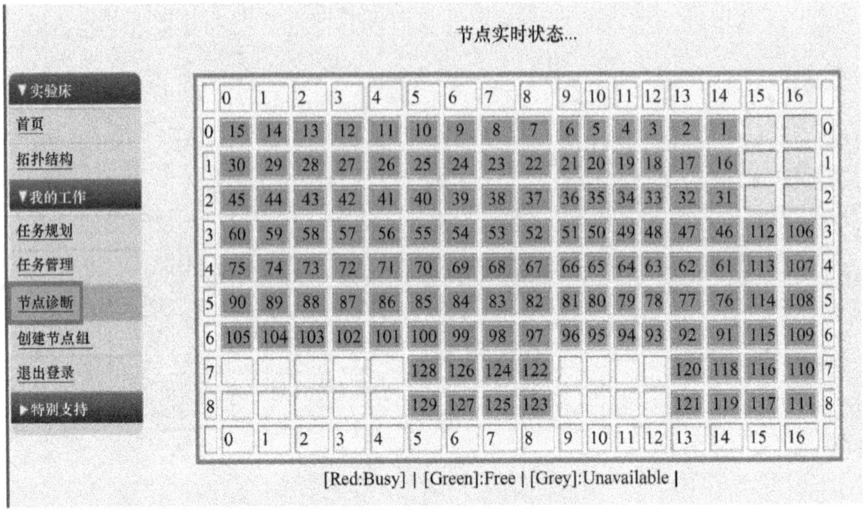

	0	1	2	3	4	5	6	7	8	9	10	11	12	13	14	15	16	
0	15	14	13	12	11	10	9	8	7	6	5	4	3	2	1			0
1	30	29	28	27	26	25	24	23	22	21	20	19	18	17	16			1
2	45	44	43	42	41	40	39	38	37	36	35	34	33	32	31			2
3	60	59	58	57	56	55	54	53	52	51	50	49	48	47	46	112	106	3
4	75	74	73	72	71	70	69	68	67	66	65	64	63	62	61	113	107	4
5	90	89	88	87	86	85	84	83	82	81	80	79	78	77	76	114	108	5
6	105	104	103	102	101	100	99	98	97	96	95	94	93	92	91	115	109	6
7						128	126	124	122					120	118	116	110	7
8						129	127	125	123					121	119	117	111	8
	0	1	2	3	4	5	6	7	8	9	10	11	12	13	14	15	16	

图 6-15　仿真节点实时状态

最后，在工作界面可以进行数据采集任务编号，查看任务请求时间和开始时间、实验时长、可以向节点写入控制程序文件，观测传感器节点的实验状态（包括是否运行或者完成），如图 6-16 所示。

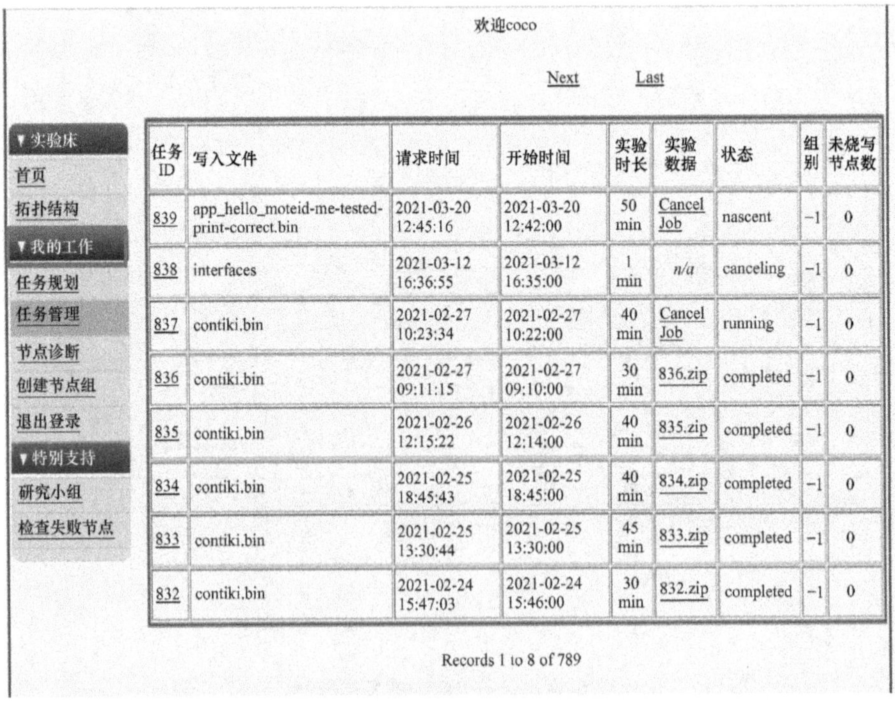

任务ID	写入文件	请求时间	开始时间	实验时长	实验数据	状态	组别	未烧写节点数
839	app_hello_moteid-me-tested-print-correct.bin	2021-03-20 12:45:16	2021-03-20 12:42:00	50 min	Cancel Job	nascent	−1	0
838	interfaces	2021-03-12 16:36:55	2021-03-12 16:35:00	1 min	n/a	canceling	−1	0
837	contiki.bin	2021-02-27 10:23:34	2021-02-27 10:22:00	40 min	Cancel Job	running	−1	0
836	contiki.bin	2021-02-27 09:11:15	2021-02-27 09:10:00	30 min	836.zip	completed	−1	0
835	contiki.bin	2021-02-26 12:15:22	2021-02-26 12:14:00	40 min	835.zip	completed	−1	0
834	contiki.bin	2021-02-25 18:45:43	2021-02-25 18:45:00	40 min	834.zip	completed	−1	0
833	contiki.bin	2021-02-25 13:30:44	2021-02-25 13:30:00	45 min	833.zip	completed	−1	0
832	contiki.bin	2021-02-24 15:47:03	2021-02-24 15:46:00	30 min	832.zip	completed	−1	0

图 6-16　虚拟仿真运行结果

项目总结

本项目从理论方面介绍了虚拟仿真技术的概念、特征、无线传感网实验床虚拟仿真系统的组成及其功能；从实践技能角度介绍了无线传感网实验床虚拟仿真系统节点拓扑设计、任务规划、任务管理及传感器节点仿真结果诊断分析。

 知识过关

思考题

（1）从不同的角度描述虚拟仿真技术的概念。

（2）虚拟仿真技术在物联网工程应用中的作用是什么？

（3）描述虚拟仿真技术的特征。

 项目任务

1. 任务目的

（1）能够熟练操作无线传感网实验床控制系统。

（2）通过物联网虚拟仿真平台加深对物联网专业知识的理解。

2. 任务要求

注册登录无线传感网实验床控制系统仿真平台，完成以下任务：

（1）在任务规划模块，设置仿真启动时间、仿真持续时间、选择仿真节点。

（2）完成仿真节点的识别及状态诊断。

3. 任务评价

项目任务评价表见表 2-7。

表 2-7　项目任务评价表

序号	项目要求	教师评分
1	仿真平台基本操作规范（15 分）	
2	仿真任务规划合理（35 分）	
3	仿真节点布局合理（30 分）	
4	仿真节点诊断准确（20 分）	

参 考 文 献

[1] 张园, 于宝明. 物联网技术及应用基础 [M]. 北京: 电子工业出版社, 2021.

[2] 吴功宜, 吴英. 物联网技术与应用 [M]. 北京: 机械工业出版社, 2018.

[3] 丁飞, 张登银, 程春卯. 物联网概论 [M]. 北京: 人民邮电出版社, 2021.

[4] 刘云浩. 物联网导论 [M]. 北京: 科学出版社, 2013.

[5] 夏妍娜, 赵胜. 中国制造 2025 产业互联网开启新工业革命 [M]. 北京: 机械工业出版社, 2016.

[6] 邬贺铨. 物联网的应用与挑战综述 [J]. 重庆邮电大学学报: 自然科学版, 2010, 22 (5): 526-531.

[7] 何宝宏. 5G 与物联网通识 [M]. 北京: 机械工业出版社, 2020.

[8] 江林华. 5G 物联网及 NB-IoT 技术详解 [M]. 北京: 电子工业出版社, 2018.

[9] 王淑华. MEMS 传感器现状及应用 [J]. 微纳电子技术, 2011, 48 (8): 516-522.

[10] 赵志军, 沈强, 唐晖, 方旭明. 物联网架构和智能信息处理理论与关键技术 [J]. 计算机科学, 2011, 38 (8): 1-8.

[11] 王雪文, 张志勇. 传感器原理及应用 [M]. 北京: 北京航空航天大学出版社, 2004.

[12] 蔡自兴. 人工智能及其应用 [M]. 北京: 清华大学出版社, 2016.

[13] 朱晨鸣, 王强, 李新, 何浩. 5G: 2020 后的移动通信 [M]. 北京: 人民邮电出版社, 2016.

[14] 凌永成. 车载网络技术 [M]. 北京: 机械工业出版社, 2013.

[15] 周苏, 王文. 人机交互技术 [M]. 北京: 清华大学出版社, 2016.

[16] 张重生. 刷脸背后: 人脸检测、人脸识别、人脸检索 [M]. 北京: 电子工业出版社, 2017.

[17] 刘丹. VR 简史: 一本书读懂虚拟现实 [M]. 北京: 人民邮电出版社, 2016.

[18] 陈明, 梁乃明. 智能制造之路: 数字化工厂 [M]. 北京: 机械工业出版社, 2017.

[19] 戴博, 袁弋非, 余媛芳. 窄带物联网 (NB-IoT) 标准与关键技术 [M]. 北京: 人民邮电出版社, 2016.

[20] Dieter Uckelman. 物联网架构-物联网技术与社会影响 [M]. 别荣芳, 孙运传, 郭俊奇, 王慎玲译. 北京: 科学出版社, 2013.

[21] 吴欢欢, 周建平, 许燕, 李润萍. RFID 发展及其应用综述 [J]. 计算机应用与软件, 2013, 30 (12): 203-206.

[22] 吴功宜, 吴英. 物联网工程导论 [M]. 北京: 机械工业出版社, 2018.

[23] 何蔚. 面向物联网时代的车联网研究与实践 [M]. 北京: 科学出版社, 2014.

[24] 赵永科. 深度学习 [M]. 北京: 电子工业出版社, 2016.

[25] Damith C Ranasinghe, Quan Z Sheng, Sherali Zeadally. 物联网 RFID 多领域应用解决方案 [M]. 唐朝伟, 邵艳清, 王恒译. 北京: 机械工业出版社, 2014.